Découvrez l'histoire par les archives de presse

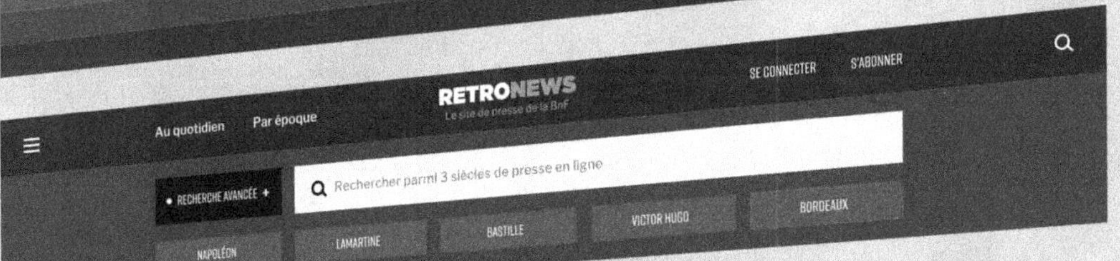

RETRONEWS

Le site de presse de la BnF

www.retronews.fr

LES PETITES

CHRONIQUES

DE LA SCIENCE

PAR

S. HENRY BERTHOUD

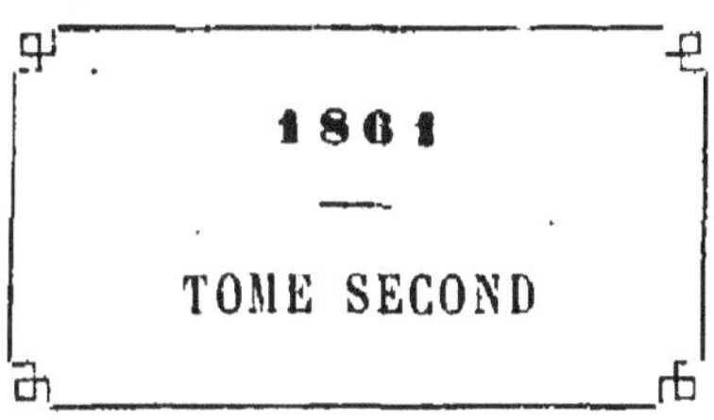

PARIS

GARNIER FRÈRES, LIBRAIRES-ÉDITEURS

6, RUE DES SAINTS-PÈRES, ET PALAIS-ROYAL, 215

—

1862

Tous droit réservés.

LES PETITES
CHRONIQUES DE LA SCIENCE

ANNÉE 1861

II

PARIS. — IMP. SIMON RAÇON ET COMP , RUE D'ERFURTH, 1.

LES PETITES
CHRONIQUES DE LA SCIENCE

ANNÉE 1861

JUIN

—

La garance. — Les fèves. — Les laitues.

5 juin.

Que ne finira-t-on pas par découvrir dans la houille? Déjà, sans compter le gaz, le coke, le goudron, l'ammoniaque, les hydro-carbures, l'éthérine, la benzine, la carburine, l'acide et l'éther butyrique et bien d'autres, elle fournit encore aux confiseurs des essences pour fabriquer des dragées qui rivalisent d'arome avec les végétaux les plus délicats et les plus exquis.

Or voici qu'elle donne, s'il faut en croire M. Roussin, une substance tinctoriale essentielle et identique à l'*alizarine*, principe colorant de la garance.

M. Dumas, en annonçant cette grave nouvelle, a fait des réserves, tant la chose lui paraît merveilleuse et d'une incalculable fécondité de résultats.

En effet, si l'alizarine minérale (on nomme ainsi le nouveau produit) est réellement trouvée, si l'expérimentation n'amène point avec elle de déception, cette substance n'est destinée à rien moins qu'à opérer une révolution industrielle.

Tout ce que nous pouvons dire aujourd'hui, c'est que l'alizarine obtenue par M. Roussin possède les caractères et présente les réactions de l'alizarine ordinaire.

Peu soluble dans l'eau, elle se dissout dans l'alcool et l'éther.

Elle se volatilise entre + 215° et 240° avec une vapeur jaune, et donne des aiguilles cristallines d'un rouge foncé.

La teinte de ces cristaux semble, du reste, fort variable. Elle reste inattaquable à l'acide chlorhydrique et à l'acide sulfurique concentré.

Elle se dissout dans les alcalis caustiques et carbonatés avec une couleur bleu pourpre foncé. Les acides précipitent cette solution en flocons rouges orangés.

Comme l'alizarine de la garance, elle fournit des laques colorées de la plus grande beauté.

Elle se fixe sur les étoffes, encore comme l'alizarine naturelle, avec des nuances analogues.

L'analyse élémentaire de l'alizarine extraite de la garance avec celle de l'alizarine extraite de la houille a donné jusqu'à ce jour des résultats peu concordants; il faut sans doute l'attribuer aux impuretés dont il est difficile de débarrasser le premier de ces produits.

L'analyse élémentaire de l'alizarine artificielle, que M. Roussin va faire dans quelques jours, établira sans doute d'une manière définitive la formule de cette importante matière colorante.

On connait une vingtaine d'espèces de garances. Celle d'où provient la teinture qui porte son nom s'appelle en langue botanique *rubia tinctoria*, et en langue populaire *garance des teinturiers*.

Elle croit naturellement dans le midi de l'Europe et de la France, sous des buissons, dans des tas de pierres, et le long des murs et des haies. Sa racine longue, rouge en dedans et au dehors, devient parfois rampante, quoiqu'elle soit le plus souvent en forme de pivot. Ses tiges, rameuses, quadrangulaires, rudes au toucher, hautes d'un mètre environ, se couvrent de feuilles hérissées de dents crochues autour de leurs bords; enfin, vers le mois de juin, des fleurs jaunâtres s'épanouissent au sommet de ces tiges, pour donner naissance à des baies noires et globuleuses.

La garance forme une des riches cultures des départements du Nord, du Bas-Rhin, et surtout des marais desséchés du département de Vaucluse. Elle résiste aux températures les plus variées, demande une terre profonde, meuble, fraîche et assez légère pour ne point s'opposer au développement des racines. Elle dévore avec avidité les principes fertilisants contenus dans le sol et exige par conséquent beaucoup d'engrais riches et consommés.

La racine de la garance forme la base d'un des produits les plus importants de l'industrie et connu sous le nom de rouge d'Andrinople. Elle sert, en outre, dans les opérations de la teinture, à consolider les couleurs ; on en fait une consommation immense.

Après sa dessiccation, la racine de la garance donne deux matières colorantes et une résine amère.

La première de ces matières fournit un rouge éclatant ; mêlé à de l'alumine, il devient une belle couleur rose dont se servent particulièrement les peintres et qui possède plus de solidité que les laques obtenues de la cochenille.

On extrait de la seconde une couleur fauve.

Les bestiaux recherchent, avec autant d'avidité que la luzerne, même les fanes de la garance.

Enfin, on sait qu'en nourrissant avec de la garance des mammifères et même des oiseaux, leurs os se teignent en rouge. On a pu étudier ainsi la manière dont croissent et se développent ces os. Le nom de M. Flourens se rattache avec éclat à cette découverte et aux belles et utiles études qu'on en a déduites.

Les Celtes cultivaient la garance sous le nom de *waranche*, et Strabon, célèbre géographe de la Cappadoce, qui écrivait environ cinquante ans avant la naissance du Christ, raconte que les habitants de la Gaule méridionale mêlaient les sucs de la garance et ceux du pastel pour fabriquer une teinture violette.

Le pastel est, on le sait, une autre plante tinctoriale qui pousse à peu près spontanément sur les Alpes, dans le bassin oriental de la Méditerranée et dans les régions voisines du Caucase, de la mer Noire et de la mer Caspienne.

D'autre part, Doublet, dans les chartes de Dagobert et de Childebert, apprend qu'au septième siècle on vendait à la foire de Saint-Denis la garance *robée*, c'est-à-dire à laquelle on a laissé son écorce (sa robe), et les étoffes *passées* à la teinture de la garance.

Malgré ces documents authentiques, la garance devait avoir et a ses légendes.

L'agronome Gasparin écrivait, en 1820, que :

« Vers l'an 770, un pèlerin revenant de Jérusalem rapporta dans le ci-devant comtat d'Avignon, son pays, un sac de garance ; il en distribua les graines aux propriétaires qui lui faisaient des aumônes, et leur recommanda surtout de semer sans retard et de cultiver avec le plus grand soin cette plante, qui les enrichirait eux et leurs descendants.

« Beaucoup rirent de ses propositions, aucun ne prêta attention à ce qu'il disait, et on taxa d'insigne folie la résolution prise par un riche propriétaire de Caumont de sacrifier la culture certaine du blé à celle d'une plante inconnue, donnée par un mendiant et bonne tout au plus à être jetée aux bestiaux.

« La récolte cependant fut belle ; la racine, excellente, inconnue au commerce, et surtout aux teinturiers, se paya cent vingt francs le quintal, ou les quarante-huit kilogrammes. Un succès aussi remarquable fit bientôt changer de langage ; la culture s'établit, on défricha beaucoup de terres demeurées stériles, et en peu d'années cette culture gagna les bords de la Durance, du Rhin et de la Loire. »

En 1834, un membre de l'Académie des sciences fit à son tour son petit roman sur la garance.

A l'en croire, un homme du comtat Venaissin, condamné pour vol à la corde, s'était échappé et réfugié sur le littoral de l'archipel Indien. Là, bravant la peine de mort

qui menaçait quiconque exporterait une seule graine de
garance, il en avait dérobé une poignée; puis, l'ayant cachée au fond d'un ballon creux, il l'avait rapportée dans son
pays, en demandant que ce vol héroïque le fit absoudre
du vol commis autrefois sous la pression de la faim. On
n'hésita point à lui accorder sa grâce en faveur de la plante
précieuse dont il dotait le comtat.

On voit que dans ce temps les académiciens ne lisaient
ni Strabon ni les chartes du roi Dagobert; mais qu'ils in-
ventaient des fables dans le goût des pendules-trouba-
dour, si fort en vogue sous la Restauration.

Pierre Boitard, dont je vous ai déjà entretenu, ne procédait pas ainsi; il riait des savants, mais il traitait la science
avec respect. Souvent en badinant il révélait quelques-
uns de ses mystères; il en riait, mais il leur sacrifiait son
existence entière. Souvent il risqua sa santé et même il
exposa sa vie pour observer les mœurs d'un oiseau ou les
habitudes d'un insecte. On pouvait lui dire comme Casi-
mir Delavigne disait à son frère Germain : *Viens, que je te
feuillette, livre inépuisable!* On était toujours sûr de trouver dans sa conversation, empreinte de bonhomie et de
malice, des trésors de savoir.

Un soir, après dîner, un peu animé par quelques verres
d'un vin généreux, qu'en sa qualité de Mâconnais il se
gardait bien de dédaigner, il prétendit que rien ne pouvait offrir autant d'intérêt que l'histoire des légumes. La
plupart des convives, surtout les femmes, accueillirent
cette idée avec un sourire d'incrédulité et comme un
des paradoxes ordinaires du spirituel vieillard,

Mais il prit la chose au sérieux.

— Vous riez! s'écria-t-il... Je parierais que pas un de vous ne sait que les fèves et les haricots remontent à la plus haute antiquité de l'art culinaire. Isidore, dans son livre VII des *Origines*, proclame la fève le plus ancien légume dont l'homme ait fait usage: Les Hébreux s'en gorgeaient en Égypte; les Grecs en mélangeaient la farine au froment pour faire du pain.

En Asie, les gladiateurs et les forgerons les regardaient comme un aliment propre à entretenir leur agilité et leur vigueur. Au temps de Gallien, on les prescrivait pour donner de la souplesse aux muscles et combattre la maigreur. *Mollem et laxam carnem generant.* Martial, livre XII, parle, en se pourléchant les lèvres, de la fève servie dans sa cosse. « Si la fève t'apparaît bouillante et rouge dans sa cosse, tu ne peux refuser de souper avec nous. »

Pythagore donnait à la fève un rôle mystérieux. « Manger des fèves, dit-il, c'est comme si l'on frappait mortellement ses parents. » En effet, d'après les théories de la métempsycose, les âmes des morts, en quittant leur dépouille mortelle, se réfugiaient dans les fleurs de la fève.

Les taches noires de la corolle de la fève passaient pour des caractères funèbres; aussi les offrait-on aux mânes des morts dans une cérémonie expiatoire que les anciens nommaient les *Lémuries*.

« Trois fois, dit Ovide, trois fois il purifia ses mains dans l'eau pure d'une fontaine, se tourna, prit dans sa bouche des fèves noires et les jeta derrière lui. « En te « jetant, murmura-t-il, je me rachète et je rachète mes « lares. »

« Selon la tradition, l'ombre les ramassa, et, invisible, suivit ses pas. »

La religion romaine interdisait aux flamines de manger des fèves, et même d'en prononcer le nom. A ce sujet, je ne suis pas fâché de vous citer une sottise pommée d'un savant de mes amis. Comme beaucoup de ses confrères, allant chercher midi à quatorze heures, ne s'est-il pas mis la tête à l'envers pour prouver que la défense *à fabis abstine*, ne touchez pas aux fèves, signifiait : *n'allez pas aux élections*, parce que les anciens votaient avec une fève quand ils nommaient un magistrat !

Théophraste prétendait que les fèves donnaient le cauchemar et empêchaient la femme de devenir mère. Saint Jérôme, comme Pythagore, en défendait l'usage à ses disciples. Enfin, de nos jours, Tissot et le docteur Rocque les ont accusées de provoquer des accidents nerveux, surtout chez les femmes.

Là-dessus Boitard vida son verre et continua en riant :

— La fève est un sujet de légendes et d'idées erronées, même pour les cultivateurs. Certains d'entre eux prétendent que les fèves, parvenues à la maturité complète de leurs graines, engraissent les terres. J'ai fait des essais comparatifs, d'où il résulte qu'elles appauvrissent le sol !

A entendre encore certains agronomes, le miel ramassé sur leurs fleurs par les abeilles serait mauvais. C'est une sottise.

En Allemagne, on torréfie les féveroles et on en fait une sorte de café dont Dieu vous garde !

Carême, le plus grand artiste culinaire des temps modernes, m'a raconté sur les fèves l'histoire suivante, dont il était le héros.

L'illustre maître-d'hôtel n'était point partisan des primeurs obtenues par une culture artificielle et forcée. Il prétendait, avec beaucoup de raison, que les fruits ou les légumes venus en serre ou à force de cloches de verre, d'eau et de couches, manquaient de saveur.

En 1814, tandis qu'il dirigeait la bouche du prince-régent d'Angleterre, ce dernier se plaignit à Carême de n'avoir point encore vu paraître sur sa table des fèves nouvelles.

— Milord, répliqua Carême, la saison véritable des fèves n'est point encore venue. Mon honneur et mon savoir ne me permettront jamais d'exposer Votre Altesse à une indigestion ou à un mets insipide et médiocre.

— Vous êtes fou, Carême, et j'entends que, ce soir même, on me serve des fèves nouvelles.

— Votre Altesse, en ce cas, peut donner ses ordres à un autre maître d'hôtel, repartit Carême; un artiste français comme moi dirige et n'obéit pas.

Et il se retira avec autant de respect que de résolution.

Le prince se leva violemment et fit donner à un des hauts employés de sa bouche l'ordre de lui servir des fèves au dîner.

Carême, suivant l'usage, vêtu de noir et l'épée au côté, se tenait derrière George IV. Lorsqu'il vit apparaître le plat de fèves, il rougit, il pâlit et faillit se trouver mal; pour ne point tomber, il lui fallut s'appuyer sur le dossier du fauteuil du prince.

Le lendemain matin, à l'heure où il venait d'habitude prendre les ordres de George, il le trouva souffrant des suites d'une indigestion.

— Le dîner d'hier, dit George, était excellent, mais il m'a rendu malade.

— Milord, répondit Carême, ce n'est point mon dîner qui vous a rendu malade, mais bien les fèves que Votre Altesse Royale a mangées malgré moi. Elle a manqué de confiance dans mon dévouement et dans ma science; je lui apporte ma démission.

Le régent, qui tenait beaucoup à son maître d'hôtel, eut beau faire : dès le lendemain Carême le quitta et revint en France, « le seul pays où l'on sache manger, » disait-il.

Quant au régent, il fut bien longtemps à se consoler du départ de Carême. Lorsque, en 1821, il devint George IV, il écrivit une lettre autographe à Carême pour lui demander de reprendre la direction de sa table. Carême refusa par une réponse aussi respectueuse que ferme :

« Quel honneur pour ma vieillesse et pour ma vie, disait-il en terminant, que le roi de la Grande-Bretagne daigne se souvenir de mon art! »

Ne riez pas, conclut Pierre Boitard. Un cuisinier de génie et qui sait son métier peut bien avoir un peu de l'orgueil de tant de savants médiocres qui ne savent guère leur science.

Et là-dessus il se versa un grand verre de vin de Champagne qu'il but rubis sur l'ongle.

— Grâce aux chemins de fer, reprit-il, nos marchés

s'approvisionnent de primeurs; elles arrivent à la fois des départements du Midi et même de l'Algérie.

Les laitues, par exemple, ont apparu bien avant l'époque ordinaire dans le palais fantastique de fer et de verre qu'on nomme les Halles, et qui, assurément, est l'édifice le plus original de Paris et le mieux approprié à sa destination.

Les laitues sont un légume non-seulement exquis, mais qui remonte encore à la plus haute antiquité.

Les Hébreux en faisaient un des principaux aliments de leur festin pascal, et les Romains terminaient leurs repas en mangeant les feuilles les plus délicates du cœur de ce légume.

Cette coutume provenait de la guérison inespérée d'Auguste, due, selon Pline, à l'usage des laitues, conseillé par le médecin Musa au divin empereur : *Divus certe Augustus lactuca conservatus in ægritudine fertur prudentia Musæ medici.*

En effet, Auguste souffrait constamment d'une soif ardente, qu'il n'apaisait qu'en suçant une tige de laitue.

Cependant Hippocrate accusait cette même laitue d'être, par sa trop grande humidité, l'une des causes du choléra. (*Epid.* lib. VII.) Pythagore n'en disait guère plus de bien, car il prétendait qu'elle engourdissait l'imagination et les sens.

Horace, au contraire, l'appelle *grata nobilium requies ciborum :* agréable calmant des repas copieux. Castel, dans son poëme des Plantes, parle avec tendresse de la laitue :

> Et la jeune laitue, au soleil de l'hiver,
> Bravant le long d'un mur l'inclémence de l'air,

> Ira, dès le printemps, de sa feuille agréable
> Vous payer le tribut, et parer votre table.

La chicorée, l'escarole et la romaine, qui appartiennent à la famille de la laitue, jouissent de propriétés dépuratives et rafraîchissantes. Puisque je suis en train de citations, laissez-moi vous en dire encore une de Martial, qui raconte combien la chicorée, grâce à sa base mucilagineuse, était en usage chez les anciens parmi les artisans qui travaillent au feu.

> Ut sapiant fatuæ fabrorum prandia betæ,
> O quam sæpe petit vina piperque cocus!

De nos jours, la pharmacie extrait les sucs de la laitue pour en composer un sirop qui calme la toux. Elle l'a nommé *lactucarium*.

Le père de madame Malibran, Garcia, artiste ardent, passionné, fougueux, et aussi merveilleux comédien que chanteur accompli, avait souvent recours à l'usage de la laitue pour apaiser la violence du sang espagnol qui bouillonnait dans ses veines. Il lui arrivait parfois, durant plusieurs jours, de ne se nourrir que de ce légume, qu'il mangeait sans assaisonnement.

Certains soirs, avant d'entrer en scène, il calmait, en croquant dans sa loge un ou deux cœurs de laitue, l'ardeur qui desséchait son gosier et les palpitations qui soulevaient convulsivement son cœur.

Rubini, dont l'humeur était complétement opposée, et qui mangeait toute la journée du jus de réglisse pour lubréfier sa voix, Rubini, dis-je, aimait à raconter qu'à une représentation d'*Otello*, madame Malibran, qui n'était point encore mariée, se plaignait d'un grand malaise ; elle pouvait à peine se soutenir. On allait entrer en scène. Garcia, qui sans doute n'avait pas eu recours, ce soir-là, aux feuilles de laitue, étreignit dans sa petite main musculeuse et d'une forme exquise le bras de la frêle enfant, sur lequel il imprima, en traces rouges, l'empreinte de ses doigts.

— Maria ! lui cria-t-il en espagnol, si tu ne chantes point la Desdemona de manière à soulever l'enthousiasme du public, je te jure, — et il accompagna ce serment des expressions violentes que, plus que toute autre, la langue espagnole fournit aux gens en colère, — je te jure que je te poignarderai réellement !

La pauvre Maria savait qu'il était homme à le faire. Mourante de terreur, elle chanta le dernier acte d'*Otello* d'une façon si sublime, que toute la salle la rappela à grands cris.

Elle ne put reparaître, car elle gisait évanouie sur le théâtre, où son père, désespéré, la couvrait de baisers et de larmes en cherchant à la ranimer.

Du reste, madame Malibran avait gardé au théâtre, grâce sans doute à sa terrible éducation, quelque chose de la *furia* paternelle.

Un soir, elle jouait avec Marco Bordogni ce même cinquième acte d'*Otello*. Or Bordogni, admirable chanteur et le meilleur professeur qui ait jamais enseigné le chant (témoin ses élèves, madame Damoreau et Mario), n'aimait pas à se donner beaucoup de mouvement en scène. — Comme il le disait plaisamment : « Puisque je remue mon public sans me remuer, pourquoi me donnerais-je la peine de me remuer ? » — En cela il était du même avis que Rubini, qui lui succéda et dans son calme et dans ses succès.

Madame Malibran, au rebours, s'identifiait tellement à un rôle qui, sans doute, lui rappelait la farouche leçon de son père, qu'elle allait et venait éperdue sur la scène, cherchant à se soustraire à la rage d'un Otello qui ne voulait point se fatiguer, et que déconcertait la conscience de la jeune artiste à remplir son personnage. Il se pencha donc vers elle, et d'un ton légèrement impatient :

— Maria, ma fille, lui dit-il en italien, ne crois pas que j'aie le diable au corps comme toi, et que j'éprouve la tentation de me fatiguer et de me démener à ta façon. Si tu veux que je te tue, viens ici!

Madame Malibran vint en effet se jeter dans les bras de Bordogni, qui put la poignarder à son aise. Cette fois Desdemona mourut, ayant grand'peine à comprimer la plus folle envie de rire que jamais elle eût éprouvée.

L'excellent Bordogni m'a raconté lui-même, avec sa charmante bonhomie, cette anecdote, qui caractérisait si bien sa douceur, sa patience et son horreur pour la fatigue.

Réaumur. — Le boucher de Charenton. — Le prisonnier russe. — Le *cerceris arenarius*. — Les insectes odorants. — La famille Cromwell.

9 juin.

On connaît peu de noms de savants aussi populaires que le nom de Réaumur.

Ce qui lui vaut cette popularité, ce ne sont ni ses belles découvertes sur la conversion du fer en acier, ni les moyens de donner au verre l'opacité de la porcelaine, ni de nombreux travaux sur l'histoire naturelle et la physique.

Il la doit aux thermomètres, sur lesquels se trouve inscrit son nom, qui, dès leur création, en 1731, sont entrés dans l'usage usuel de la vie de tous; dont chaque maison française possède aujourd'hui, pour le moins, un exemplaire, et dont enfin nos bourgeois interrogent chaque jour la colonne d'esprit-de-vin ou de mercure enfermée dans un tube de verre, avec des divisions et des subdivisions tracées en noir sur une tablette blanche.

Or, malgré cela, la plupart des ouvrages de Réaumur, faute de se voir réimprimés, sont devenus, à l'heure qu'il est, d'une extrême rareté, surtout les *Mémoires pour servir à l'histoire des insectes*, composés de six volumes in-quarto et publiés de 1734 à 1742. On en rencontre bien, par-ci, par-là, quelques volumes dépareillés, mais l'édition complète et en bon état forme une sorte de phénix d'autant plus introuvable que les autres entomologistes, en la pillant sans vergogne, ne la laissent plus guère intéressante que pour les bibliophiles.

Ils ont si complétement pris le bien d'autrui où ils le trouvaient, qu'on a fini par croire ce bien à eux.

Un bibliophile qui, depuis des années et des années, aspirait à posséder un bel exemplaire des *Mémoires pour servir à l'histoire des insectes*, et qui avait fini par désespérer de conquérir ce *desideratum*, fut arrêté l'autre jour à Londres par un rassemblement nombreux formé autour de la voiture d'un *street bookseller;* on appelle ainsi, en Angleterre, un bouquiniste.

Debout sur sa charrette plate, chargée de livres et attelée de deux chevaux d'assez bonne mine, ce vieillard à cheveux gris haranguait les *cockney* qui formaient son auditoire. Une physionomie fine, un grand nez aquilin et des yeux d'un gris clair prenaient une singulière expression des reflets du bec de gaz, jaillissant d'une poterne sous laquelle stationnait la librairie ambulante.

— Messieurs, disait-il, je vends des livres, — et je ne sais pas lire, il faut que j'en fasse l'aveu. — Après avoir mangé un joli petit patrimoine, je ne savais trop à quel métier recourir pour vivre, quand je fis rencontre d'un *cheap Jack* (Jacques bon marché, colporteur), qui me dit: « Viens avec moi, et tu verras comment on peut trouver de l'ale à boire et du pudding à mettre sous la dent. » Il vendait tantôt des bottes, tantôt des chemises, tantôt des livres. Après mûres réflexions, je me consacrai exclu-

sivement aux livres, et depuis ce temps je cours les marchés, les foires et même les capitales, comme vous le
voyez. Mais, me direz-vous, si vous ne savez pas lire,
comment achetez-vous les livres que vous revendez? C'est
le public qui me guide, messieurs.

En prononçant ces mots, il souleva son chapeau et reprit :

— L'année dernière, on ne me demandait que des sermons; cette année, ce sont des *magazine* qu'on veut. Je
vends donc à présent des *magazine*, comme je vendais,
l'année dernière, des sermons. N'achetant que de seconde
main, ne commerçant qu'en vieux, je puis gratifier de mes
marchandises, à des prix extrêmement bas, les personnes
qui m'honorent de leur confiance, ainsi que vous allez
m'en honorer.

Et il se mit à prendre un à un les livres de son étalage
ambulant. Au rebours de nos commissaires-priseurs, il
leur assignait un prix élevé, qu'il diminuait graduellement
jusqu'à ce qu'un acheteur l'interrompît et payât ce volume.

Le *street bookseller* n'avait pas été sans remarquer dans
la foule le bibliophile français et sans flairer la passion
de l'excellent homme pour les livres rares.

Laissant donc là les *magazine* et les volumes à gravures,
il éleva au-dessus de sa tête un gros paquet de livres reliés
et cria :

— Une édition de Froissard de 1632!

Pas un des muscles de la physionomie du Français ne
bougea.

Le bouquiniste rejeta les volumes et annonça :

— Le *Fruict de la coustume du païs et comté de Poictou*,
par Menanteau de Nanteuil, 1566.

Le *Temple de Gnide*, avec figures gravées par Lemire, d'après les dessins de M. Eisen, le texte gravé par Drouot. Paris, 1772, in-8°.

La *Comédie des comédies, par du Peschier, sieur de Barry, gentilhomme auvergnat, traduite d'italien en langage de l'orateur françois*, à Paris, aux despens de l'auteur; 1629, in-8°, maroquin vert, filet et tranche d'or.

Une édition complète des *OEuvres* de Piron, imprimées en Hollande.

Le bibliophile fit un demi-tour sur ses talons pour s'éloigner.

Le colporteur, renforçant sa voix, s'écria :

— *Mémoires pour servir à l'histoire des insectes*, par le sieur de Réaumur, six volumes non rognés. A quatre livres !

Le Français s'était rapproché, l'œil brillant.

— A quatre livres ! édition rarissime de 1754, avec l'*Histoire du boucher de Charenton*. Allons, à trois livres ! à deux livres !

— Je l'achète ! cria le Parisien.

— My good ! le gentilhomme connait le vrai prix des ouvrages. Prenez, monsieur, c'est un vrai cadeau que je vous fais. Vous l'eussiez payé quatre livres, aussi vrai que je m'appelle John Griffiths, si je ne l'eusse trouvé chez un gentilhomme de Woolwich, qui me l'a vendu au poids du papier.

Le Français s'était hâté de payer le *street bookseller* pour se soustraire au bavardage de cet homme et à la curiosité des badauds quelque peu déguenillés qui entouraient la charrette, et surtout pour rentrer à son hôtel et y examiner l'ouvrage précieux dont il désirait depuis si longtemps la possession.

Rien n'y manquait. Pas la plus petite avarie ne déshonorait le magnifique exemplaire ; c'était bien l'édition de 1734, avec l'*Histoire du boucher de Charenton*.

Cette histoire, qui, lors de la publication de l'œuvre de Réaumur, causa une vive sensation, amena pendant un an et plus une partie de la population parisienne près du pont de Charenton, chez un boucher.

Réaumur raconte que ce boucher s'était trouvé un jour envahi par une bande de guêpes du genre *vespa*.

Les espèces du genre *vespa* sont très-friandes de viande crue ; elles la mangent après en avoir découpé des morceaux au moyen de leurs fortes mandibules, et elles opèrent ce travail avec une telle voracité, qu'on peut alors les toucher sans crainte d'en être piqué.

Lorsqu'elles se sont rassasiées, elles ne partent jamais sans avoir préalablement excisé quelque autre morceau, qu'elles emportent comme provision. D'ordinaire, elles font ce morceau si gros, que son poids les entraîne et les fait tomber à terre. Enfin, elles préfèrent à la chair proprement dite les parties délicates et tendres, telles que le foie.

Le boucher, en observateur intelligent, plaça dans le fond de son étal un morceau de foie de veau de grosseur raisonnable, et harcela les guêpes toutes les fois qu'elles voulurent s'abattre autre part que sur ce morceau.

Au bout d'une demi-heure, le pacte était conclu, si bien conclu, que les guêpes allaient tout droit se placer sur la part qui leur était abandonnée, et ne touchaient pas au reste.

Cependant le nombre allait croissant de jour en jour; elles semblaient s'amener les unes les autres. Elles finirent même par construire, dans l'angle d'une poutre du plafond, un de leurs singuliers nids fabriqués en carton et qui affectent la forme d'une grosse rose grisâtre.

Non-seulement elles allaient et venaient dans la boucherie, sans jamais piquer personne, mais encore sans picorer les morceaux qu'on y étalait. Les seuls êtres qu'elles traitassent en ennemis et qu'elles missent impitoyablement à mort étaient les mouches bleues, si redoutables, l'été, aux viandes fraiches. Dès qu'il en paraissait une, elles se ruaient sur l'intruse, la perçaient de leurs aiguillons, la pétrissaient dans leurs pattes et la portaient aux larves qui se développaient dans le nid placé entre deux poutrelles.

Du reste, les guêpes s'en prennent souvent à des insectes autrement redoutables que les mouches bleues à viande, qui sont sans armes pour se défendre.

Postées dans les environs des ruches, elles tombent comme des éperviers sur les abeilles, les saisissent au moment où elles arrivent chargées de miel, les entraînent à terre et les tuent en leur séparant du thorax l'abdomen, qu'elles emportent ou qu'elles dévorent sur place. En Allemagne, on redoute beaucoup leur voisinage, et, en Amérique, on les a vues, dans des moments de grande disette, empêcher la multiplication des abeilles; tant elles s'acharnaient à les détruire. Les guêpes attaquent aussi les papillons, même les plus grands.

Quand, suivant leur habitude, les papillons blancs, si communs dans nos campagnes, tournoient en bande autour des plantes sur lesquelles ils déposent leurs œufs et où se nourrissent leurs chenilles, on voit presque toujours des guêpes accourir à tire-d'aile. Celles-ci, comme le faucon, planent quelque temps au-dessus de leur proie, se laissent littéralement tomber sur le papillon qu'elles visent, le saisissent dans leurs pattes armées d'ongles, lui coupent les cuisses et les ailes et emportent les restes du cadavre sur quelque branche d'arbre à laquelle elles se pendent la tête en bas. Là, elles pétrissent ces débris encore palpitants et en façonnent une sorte de paquet, qu'elles emportent ensuite entre leurs jambes.

C'était là une des grandes distractions du célèbre entomologiste la Treille.

— Il y a de grands seigneurs qui dépensent des cent mille francs pour se procurer le plaisir de la chasse au faucon, disait-il de sa bonne voix et en se frottant les mains. Je parierais cinquante francs, — c'était la plus grosse somme qu'eût jamais proposée l'excellent homme, qui pourtant adorait, sinon de conclure des paris, du moins d'en proposer, — oui, je parierais cinquante francs que cette chasse ne vaut pas celle qui se passe en ce moment sous mes yeux. Je défie un héron de montrer le quart de l'intelligence qu'un simple papillon blanc, un vulgaire *pontea rapæ*, emploie pour se soustraire aux attaques d'une *vespa*. Quant à des faucons, allez m'en chercher qui aient le coup d'œil, le vol et l'adresse d'une guêpe !

Et il disait vrai.

Voici la saison où, assis sous un arbre du bois de Boulogne, chacun peut voir par vingtaine de ces chasses merveilleuses où les deux insectes déploient les ruses les plus ingénieuses, l'un pour tuer, l'autre pour éviter la mort.

Hier encore, assis dans le jardin naissant d'une des villas qui s'élèvent comme par magie dans l'ancienne enceinte du Ranelagh, j'ai assisté, en compagnie d'un de nos plus célèbres inventeurs, à une de ces chasses aériennes, chasses pleines de péripéties et d'intérêt dramatique. Un bourgeois, à l'Ambigu où à la Gaîté, ne se sent pas plus ému que nous ne l'étions.

A propos d'insectes, voici ce que me racontait hier un de mes amis, qui vient de passer un mois à Marseille.

—Je me promenais, il y a trois ans, me dit-il, sur la jetée, et je contemplais cette belle mer de la Méditerranée, bleue, lumineuse, resplendissante des feux du soleil, et si peu semblable à sa farouche sœur des côtes de Bretagne : tout à coup j'entendis prononcer mon nom et sentis une main qui pressait amicalement la mienne.

Je levai les yeux, et je reconnus un jeune naturaliste allemand avec lequel, l'année dernière, à Paris, j'avais souvent passé de bonnes heures à herboriser.

Nous nous étions rencontrés dans les bois de Meudon, tous les deux à la recherche de l'*euphorbe pourpré*, qu'on trouve là plus beau que partout ailleurs. Attirés l'un vers l'autre par un goût commun, nous n'avions point tardé à échanger quelques paroles. Morfontaine nous retrouva de nouveau en quête de *l'épilobe des marais;* Montrouge, de *l'helminthe echioides;* le mont Valérien, de *l'eresymum précoce;* et enfin nous partageâmes fraternellement, à Nanterre, les deux seuls pieds de *myagrium sativum* que nous pûmes y récolter.

Il en fallait moins pour devenir, sinon des amis, du moins des connaissances intimes; d'autant que ce jeune homme possédait de grandes connaissances en histoire naturelle, se montrait aussi modeste qu'instruit et s'exprimait en excellent français.

— Par quel heureux hasard vous rencontré-je à Marseille? lui demandai-je en lui rendant l'étreinte de main qu'il m'avait donnée.

Il rougit et pâlit tour à tour. Je vis ses lèvres devenir blêmes, et ce ne fut pas sans effort qu'elles purent balbutier convulsivement ces mots :

— Je suis prisonnier de guerre !

Je lui serrai de nouveau la main et plus affectueusement que la première fois.

— Oh! me dit-il en me montrant son bras droit qu'il portait en écharpe, oh! si cette blessure ne m'eût point fait tomber évanoui, vos diables de zouaves m'eussent tué sur les pièces de la batterie d'artillerie que je commandais. Quand ces enragés soldats sont arrivés, mes canonniers étaient ou tués ou en fuite. On m'a relevé, on m'a emmené... et, dès les premiers coups de fusil de la campagne, me voici de retour en France, un peu malgré moi, je l'avoue !

En parlant ainsi, des larmes s'échappaient de ses yeux, et il avait de la peine à réprimer ses sanglots.

— Je n'essayerai point de vous consoler, répondis-je ;
je comprends et j'approuve votre douleur.

— Merci ! me dit-il, merci ! j'ai besoin d'entendre de
bonnes paroles, quoique chacun ici me les prodigue
comme vous. Vous possédez en France une grande vertu,
c'est le respect du malheur.

Puis, faisant un effort sur lui-même, il me dit sans transition :

— Me voici donc de nouveau rendu tout entier à l'étude
de l'histoire naturelle. Depuis un mois, — car il y a un
mois que je suis en France, — je passe un partie de mes
journées à étudier les mœurs du *cerceris arenarius*. J'ai
pu m'assurer combien se trouvent exactes et neuves les
observations que M. Lucas, de votre Muséum de Paris, a
faites avec autant de talent que de bonheur sur cet insecte
singulier. Vos savants sont comme vos soldats : infatigables, persévérants et heureux !

L'autre jour, j'étais assis dans le Jardin botanique, l'une
des gloires de Marseille. Tandis que je rêvais à la patrie
et à la famille absentes, un léger bruissement me tira de
mes pensées et me fit lever la tête. Une sorte de petite
guêpe, aux ailes de gaze, au corselet fin, à l'abdomen
zébré, aux pattes jaunes, voltigeait au-dessus d'un peu
de sable amoncelé, tassé par la pluie et séché par le soleil.

L'insecte s'arrêta sur le monticule, le regarda longtemps et en interrogea minutieusement les moindres parties ; il semblait prendre des mesures à l'aide de ses
antennes. Ses grands yeux sans échancrure et affairés lui
donnaient tout à fait l'air d'un géomètre cadastrant un
terrain.

Quand il se fut suffisamment renseigné, le *cerceris* se mit à creuser le sable. Au moyen de coups donnés par ses mandibules dentées, qui ressemblent à la fois à une pioche et à un râteau, il fit en quelques minutes un terrier cylindrique qui s'enfonçait en tournant. Il fallait le voir se démenant avec ardeur, rejetant au dehors et repoussant au loin les déblais avec sa grosse tête, munie d'un puissant muscle qui faisait ressort !

Je crus reconnaître à certains indices que ce vaillant ouvrier était une femelle. Je n'eus plus de doute quand je vis un mâle s'approcher d'elle; il voulut lui conter fleurette. Elle lui allongea un vigoureux coup de patte, le jeta étourdi sur le sable, et d'un coup de tête l'envoya tomber à plus de cinquante centimètres de là. Après quoi cette vertu farouche, qui n'entendait point qu'on fît près d'elle le vert-galant, reprit sa besogne.

Quand elle eut terminé le trou qu'elle creusait, elle alla chercher sept ou huit petits cailloux, gros comme des graines d'œillette, et s'en servit avec une adresse merveilleuse pour dissimuler l'ouverture du silo. Après quoi, à l'aide de ses pattes, elle ramena du sable sur les cailloux et parut regarder autour d'elle. Un mâle qui l'épiait, posé sur une fleur voisine, accourut à tire-d'aile, et tous les deux s'envolèrent dans l'espace.

Je compris alors pourquoi la pionnière avait si mal reçu le godelureau de tantôt : elle avait déjà fait choix d'un fiancé. En honnête insecte, non-seulement elle voulait lui rester fidèle, mais encore elle pensait, comme César, que la femme d'un *cerceris* ne doit pas même être soupçonnée.

Le lendemain matin, de bonne heure, j'étais à mon poste dans le Jardin botanique et devant le nid creusé, la veille, par le *cerceris* femelle. Sans quelques brins d'herbes qui me servaient de points de repère, assurément je n'eusse point reconnu la place qu'il occupait dans le petit monticule de sable.

Tout à coup je vis la femelle qui volait au-dessus de ce monticule. Elle semblait moins alerte que la veille. Son allure trahissait une sorte de langueur et son abdomen paraissait pesant et soufflé. Elle s'abattit sans la moindre hésitation, droit sur le silo. Deux coups de sa grosse tête suffirent pour écarter les petits cailloux qui en fermaient l'ouverture, et puis elle pénétra en toute hâte dans sa demeure souterraine. Cinq ou six minutes après, elle en ressortit; son abdomen, redevenu mince et fluet, indiquait évidemment qu'elle venait de pondre.

Elle ne referma le puits que d'une façon négligente et resta là quelques instants, la tête en l'air et les ailes à demi déployées. Ses antennes se tournaient dans tous les sens avec une grande vivacité.

Auxquels des organes humains correspondent ces antennes? Les uns veulent y voir des oreilles véritables, et les autres contestent cette opinion. Selon nous, organes mixtes, elles servent à percevoir les ondulations de l'air et tiennent à la fois de l'ouïe, de l'odorat et du toucher.

Quoi qu'il en soit, tout à coup les deux antennes se dirigèrent à gauche et se tinrent immobiles dans la direction d'une touffe de graminées. Je portai moi-même mes regards de ce côté, et j'aperçus un gros *charançon speciosus* long d'environ un centimètre; ses élytres d'un vert splendide et ses pattes rouges semblaient dorées.

Le *cerceris* s'éleva d'un bond dans les airs, plana pendant une seconde, s'abattit sur le charançon comme l'eût fait un aigle, le saisit de ses mandibules, revint au silo et s'y précipita sans lâcher sa proie.

L'insecte recommença cinq ou six fois une chasse semblable; après quoi je le vis une dernière fois ressortir, mais faible, chancelant, trouvant à peine un reste de force pour refermer l'ouverture du nid.

Il se traîna péniblement jusqu'à la touffe d'herbe où il avait pris le premier charançon, et il ne tarda point à y mourir.

Quatre jours après, je dégageai délicatement le silo des petits cailloux qui en obstruaient l'entrée, et, à l'aide d'une érigne très-fine, j'en retirai un des charançons. Il vivait encore, quoique les larves à peine écloses du *cerceris* lui eussent déjà dévoré les deux pattes de derrière.

J'eus alors sous les yeux un des plus singuliers phénomènes de l'entomologie.

Lorsque la femelle du *cerceris* a déposé dans le nid, près de ses œufs, les insectes qu'elle a faits prisonniers, elle les pique de son aiguillon; cette piqûre produit l'effet du chloroforme, mais avec des effets permanents. Les larves peuvent donc sortir de l'œuf quand bon leur plaira : elles se trouveront assurées d'avoir, en naissant, une proie fraîche et vivante.

En effet, je remis le charançon dans le nid. Le lendemain, je l'en retirai de nouveau, et il ne lui restait qu'une seule patte. Les élytres, les ailes, les antennes, les yeux, le corselet, les écailles de la poitrine, du dos et du ventre, disparurent; les jours suivants la pauvre bête palpitait encore, quoiqu'il ne lui restât même plus forme d'insecte.

Plus tard, mon observation terminée, je retirai du nid tout ce qu'il contenait : il y avait huit charançons, qui servaient de proie vivante à huit larves prêtes à se transformer en chrysalides.

Tandis que le jeune homme me parlait ainsi, le prisonnier avait disparu en lui pour faire place à l'entomologiste. Aussi sembla-t-il retomber du ciel sur la terre quand un officier français s'approcha de lui et le rejeta dans la réalité.

— Monsieur, lui demanda cet officier, n'êtes-vous pas le commandant autrichien V...?

— C'est en effet mon nom.

— Je viens vous annoncer, monsieur, que vous êtes libre et que vous pouvez, quand il vous plaira, partir pour Vienne.

— Moi!

— Vous êtes blessé, commandant, et l'empereur Napoléon III vient de déclarer qu'il autorisait tous les blessés autrichiens pris par nos soldats à retourner dans leur patrie. Fait prisonnier à l'entrée de la campagne, vous avez été amené à Marseille, mais aujourd'hui que la volonté de l'Empereur est connue, vous êtes libre.

— Ah! nous sommes véritablement vaincus à présent! s'écria le jeune homme.

— Voici votre passe-port, bon voyage! continua le capitaine.

Puis, après un moment d'hésitation, il ajouta :

— Si vous manquiez d'argent pour retourner à Vienne,
vous permettriez à mes camarades et à moi de vous offrir
nos services. Entre soldats.... vous savez.... Acceptez
militairement!

Celui à qui s'adressaient ces paroles laissa tomber de
ses yeux une larme qu'il ne chercha point à cacher.

— Merci, capitaine, merci! balbutia-t-il d'une voix
attendrie. J'accepte vos offres. Grâce à votre souverain et à vous, je vais pouvoir retourner près de ma mère
et de ma fiancée, dont je me croyais séparé pour bien
longtemps.

Il s'interrompit un moment.

— Je pars heureux et-triste à la fois, reprit-il. Heureux de revoir des êtres chéris, heureux d'avoir rencontré de nobles cœurs; mais triste, bien triste, de voir de si
grands exemples donnés à l'Europe par la France. Hélas!
là générosité chevaleresque de cette France, notre enne-
mie, en fait la première nation du monde!

Les fleurs n'ont point seules le privilége des odeurs.
Si beaucoup d'insectes produisent des exhalaisons nauséabondes, en revanche, certains autres rivalisent de
parfums avec le musc, la rose, le citron, la pomme de
reinette et le fenouil.

Parmi ces insectes privilégiés, il faut citer en première
ligne la plupart des espèces du *sphinx*, grands et magnifiques papillons nocturnes, dont la famille est aussi nombreuse que variée.

Quand on renferme, pendant quelque temps, dans un
vase clos, un sphinx mâle, surtout de ceux qui se nour-

rissent de convolvulus, le vase s'empreint d'une odeur de musc forte et persistante.

Un autre lépidoptère, le *charaxes jasius*, jouit de la même propriété. C'est un beau papillon de jour, commun sur le littoral de la Méditerranée, que les Turcs nomment le *pacha à deux queues*, et dont le parfum se manifeste particulièrement quand le pauvre animal se débat entre les doigts de celui qui l'a fait prisonnier.

Le papillon *machaon* répand autour de lui un arome de fenouil, que M. Martin explique, il est vrai, par les vésicules d'huile essentielle de même odeur, dont se trouvent parsemées les plantes sur lesquelles vit la chenille du machaon.

Un certain nombre de fourmis sentent le musc, surtout quand on bouleverse leurs habitations.

Un staphylin, assez rare du reste, le *velleius dilatatus*, sent la vanille, et le *staphylin odorant* la pomme de reinette; qualité d'autant plus remarquable que leurs congénères répandent une odeur odieuse que produit une liqueur contenue dans deux vésicules rétractiles placées à l'extrémité de leur corps.

On trouve le second sous les pierres, dans les lieux humides, et le premier, qui est assez rare, dans la forêt de Fontainebleau, où il vit sous les écorces des chênes. Il s'y nourrit de chenilles processionnaires et fait la chasse aux larves de frelons, dans les nids desquels il s'introduit. On le reconnaît à sa couleur d'un noir mat, à ses courtes élytres couvertes de petits points serrés, à la finesse de son abdomen, qui se dresse en l'air à la moindre alarme, et à ses pattes légèrement épineuses.

La *noirdelle champêtre*, le *capricorne du saule* (*aromia moschata*), l'*aromia rosarum*, très-commun en Sicile, est plus joli que celui de France, et des taches de pourpre jaspent son corselet. L'*aromia ambrosiaca*, particulier à la Russie, exhale une si bonne odeur de rose, que certains savants ont voulu reconnaître dans son parfum l'ambroisie des anciens.

Les *callichromis*, beaux capricornes de l'Amérique méridionale, de couleur verte, avec des bandes veloutées, possèdent aussi, au dire des voyageurs, cette même odeur de rose.

Les émanations suaves, comme les émanations fétides, proviennent tantôt de liquides qui suintent de toutes les parties de leurs corps, tantôt de l'appareil buccal ; d'autres fois la partie inférieure de l'abdomen les sécrète.

Un capricorne bien connu et commun sur toutes les hautes montagnes de l'Europe, en Suisse notamment, la *rosalia alpina*, est l'une des espèces le plus souvent citées pour son parfum. La Rosalie alpine, élégant coléoptère de forme svelte, long d'environ quatre centimètres, d'un gris bleu velouté avec du feutre et des bandes noires sur le corselet et les élytres, a de longues antennes également annelées de noir et pourvues d'une houppe de poils à l'extrémité de plusieurs de leurs articles.

Naguère les entomologistes parisiens allaient chercher la Rosalie alpine parmi les bois accumulés dans l'île Louviers. Il paraît qu'elle se multipliait dans les énormes troncs apportés des pays montagneux et qui séjournaient là des années sans être employés. Aujourd'hui que l'île Louviers a disparu, il n'y a plus, hélas! à enregistrer qu'un souvenir et un regret chez les entomologistes parisiens qui voudraient voir figurer la Rosalie alpine dans leur collection.

Une jolie *saperde*, commune en Sicile, en Andalousie et en Algérie, l'*agapanthia irrorata*, dont les élytres, d'un bleu foncé, sont parsemées de point blancs formés par un fin duvet, exhale aussi un parfum de rose très-sensible.

La propriété parfumée des insectes est connue depuis longtemps, car Restif de la Bretonne parle, dans son *Pornographe*, de composer, avec les *insectes suaves*, des bouquets vivants; on « renfermerait, dans un cornet de gaze ces bêtes qui sentent si bon. » L'idée n'a pas eu de suite jusqu'à présent, et l'on s'en est tenu aux bouquets de fleurs.

Restif de la Bretonne est une des figures littéraires les plus originales de la fin du dix-huitième siècle.

Parmi les livres qu'il a publiés, livres qui sont la plupart devenus aujourd'hui des curiosités bibliographiques, il s'en trouve un dans lequel il fait une généalogie ironique de sa famille : il prétend descendre en ligne directe de l'empereur Pertinax, dont il traduit le nom latin par le mot français de *Rétif*.

Un article du *Quarterly Review* rend vraisemblable cette rêverie d'un écrivain que caractérise surtout une extravagance maladive d'imagination, et qui s'étonnait « qu'une seule tête humaine ait pu produire tant de choses que la sienne sans être épuisée. »

Cet article de la revue anglaise raconte la généalogie

de Cromwell, et constate quels sont aujourd'hui les descendants du Protecteur.

A l'en croire, ce seraient, à l'heure qu'il est, un ouvrier bijoutier et une maîtresse d'école.

Voilà ce qu'est devenue une famille qui compte parmi ses aïeux, sans citer le protecteur Cromwell, le comte d'Essex, surnommé le *marteau des monastères*, et dont le connétable de Bourbon avait admiré, à l'attaque de Rome, la redoutable vaillance.

Cromwell avait eu quatre fils et quatre filles; deux de ses fils lui survécurent : Richard, qui, pendant quelques mois, lui succéda comme protecteur de l'Angleterre, et Henri, qui fut gouverneur d'Irlande.

Le premier, après avoir abdiqué le pouvoir, se retira paisiblement sur le continent et commença par voyager en Suisse. Ce fut en menant à fin cette excursion qu'il rencontra le prince de Conti. Le grand seigneur français, sans connaître Richard, l'entretint de la restauration de Charles II. Après avoir loué hautement Olivier Cromwell, il s'écria :

— Quant à son fils Richard, c'est un poltron et un sot. Qu'est-il devenu?

Richard répondit tranquillement :

— Il a été trahi par tous ceux en qui il avait mis le plus de confiance, et dont son père avait été le bienfaiteur.

Ce fut seulement deux jours après que le prince de Conti sut que la personne à laquelle il avait si durement parlé et qui lui avait montré tant de calme était Richard Cromwell en personne.

Richard retourna en Angleterre vers 1680, c'est-à-dire vingt et un ans après son abdication, qui avait eu lieu le 22 avril 1659. Il fixa sa résidence à Cheshunt, dans le comté d'Hertfort, où il prit le nom de Clarck.

En 1705, il eut un procès avec ses deux filles au sujet de la succession de son fils unique, et il se rendit à Londres pour plaider devant la cour de la chancellerie. Les membres du tribunal le traitèrent avec beaucoup d'égards et rendirent une ordonnance pour lui permettre de comparaître devant eux assis et couvert. Le chancelier Cowper l'invita même à prendre place à ses côtés.

Richard mourut en 1712, sans laisser d'autres filles que celles qui l'avaient réduit à disputer ses droits devant les tribunaux.

L'ex-gouverneur d'Irlande, Henri, qui mourut en 1675, dans sa propriété de Spinney-Abbey, eut cinq fils et une fille; quatre de ses fils moururent sans enfant; un seul, George, eut un fils qu'il laissa dans une situation peu prospère; car ce fils écrivait à lady Fauconberg, sa tante : « Notre famille est dans une position bien humble. S'il est des gens qui pensent que c'est justice, je sais cependant que nous sommes d'une race plus ancienne que beaucoup d'autres. »

Il avait bien raison d'écrire que sa famille *était dans une position humble*, car son fils s'établit épicier à Snow-Hill, et y mourut en 1748. Olivier Cromwell, son unique héritier — si héritage il y eut — remplit les fonctions de simple commis dans les bureaux de l'hôpital de Saint-Thomas.

Il décéda en 1821 et n'eut qu'une fille, mariée à M. Russell, de Cheshunt-Park.

Là s'éteignit la ligne masculine de Richard Cromwell, le *marteau des monastères*, et d'Olivier Cromwell, le protecteur des Trois Royaumes.

Parmi les descendants de Cromwell dans la ligne féminine, on compte un fabricant de paniers à Cork, deux arrière-petites filles de George l'épicier, mariées l'une à un cordonnier, et l'autre à un boucher, chez le père duquel elle était servante; enfin les deux derniers survivants cités tout à l'heure : l'ouvrier bijoutier et la maîtresse d'école.

—

Académie des sciences. — Doigt coupé et rajusté. — De l'âge des volcans de la lune. — La chambre de fumée. — Amitié d'un turbot. — Vitesse du vent. — Les pigeons voyageurs. — Le Muséum et ses nouveaux hôtes.

15 juin.

Hier soir, dans l'un des rares salons de Paris où l'on sait causer encore, un peintre allemand racontait une histoire à la fois comique et terrible que n'eût point désavouée son compatriote Hoffmann.

C'était celle d'un bûcheron à la recherche, non pas de son ombre, comme un personnage des *contes fantastiques*, mais de son nez.

En ébranchant un chêne dans la forêt Noire, le pauvre diable avait fait un usage si maladroit et si malheureux de sa cognée détournée par un rameau, qu'il s'était abattu net, et comme l'eût fait le bistouri de Charière le mieux émoulu, le nez à ras du visage.

Il ne ressentit point d'abord une bien vive douleur, car les armes tranchantes, quand elles frappent, ne causent guère, dans les premiers moments, d'autre sensation que celle que produirait un coup de bâton; il couvrit sa face mutilée avec les débris de sa blouse et se dirigea vers le village.

Chemin faisant, la Providence voulut qu'il fît la rencontre d'un médecin du pays, excellent homme, charitable comme le Samaritain de l'Évangile, et vieux praticien expérimenté dans l'*art* chirurgical, suivant l'expression de M. Trousseau.

Le bûcheron lui conta son fait en sanglotant, non de sa douleur, mais du désespoir de se voir hideusement défiguré. Il était fiancé à la plus jolie *jungfrau*.

— Qu'as-tu fait de ton nez? demanda le médecin du ton bref d'un homme dont le temps est précieux et qui ne se soucie pas de le perdre.

— Ma foi! je n'en sais rien.

— Imbécile! que ne l'as-tu rapporté! Je te l'eusse proprement recollé, et tu en eusses été quitte pour une petite cicatrice, tandis que te voilà à jamais la face mutilée.

— S'il ne tient qu'à cela, je le retrouverai bien, répliqua le bûcheron; plutôt tout, plutôt la mort, que de me montrer ainsi à ma fiancée!

Et il retourna près du chêne, cherchant son nez perdu. Le médecin le suivit.

Or, après bien du temps passé à cette singulière recherche, le paysan commençait à désespérer d'y réussir, et le médecin se disposait à s'en aller, quand tout à coup un corbeau s'abattit dans l'herbe, y saisit quelque chose et reprit sa volée.

— C'est mon nez, j'en suis sûr! s'écria le mutilé.

Et ramassant une pierre, il la lança au corbeau, qui laissa échapper sa proie, comme son confrère de la fable de la Fontaine.

Cette proie était bien ce que cherchaient le paysan et le docteur.

Le dernier baigna dans l'eau fraîche d'une source voisine l'objet perdu et retrouvé, l'appliqua à la place d'où il avait été détaché, l'y fixa par des bandelettes de sparadrap qu'il tira de sa trousse, appliqua sur le pansement des compresses d'eau qu'il prescrivit de renouveler constamment, et reprit son chemin.

Un mois après, le jeune bûcheron, complétement guéri, conduisait sa fiancée à l'église.

Dans le salon dont je vous ai parlé et où se racontait cette histoire, on riait beaucoup de son invraisemblance, comme vous riez peut-être en lisant ce qui semble un conte fait à plaisir.

L'Académie des sciences a reçu dans sa dernière séance une communication de M. Ollier, qui constate des faits complétement identiques et tout aussi merveilleux.

Il ne s'agit de rien moins que de deux bouts de doigts détachés de la main, perdus, retrouvés, réappliqués, l'un, après quinze minutes, l'autre après quarante, et ayant repris complétement leurs anciennes fonctions.

Dans son Mémoire intitulé de l'*Influence de la température des lambeaux dans la greffe animale*, M. Ollier ajoute qu'en enlevant sur des lapins vivants des proportions d'os et en les remplaçant par des morceaux de périoste pris sur d'autres lapins, morts depuis vingt-quatre heures, il est parvenu à faire renaître les parties d'os enlevées.

Vous vous rappelez que le périoste est une membrane fibreuse, blanche, résistante, qui environne les os dans toutes leurs parties recouvertes de cartilages.

On ne peut sans un sentiment d'étonnement et d'admiration, songer quel fabuleux avenir préparent à la chirurgie de pareilles conquêtes désormais acquises à la science.

Tandis qu'en France on refait des os vivants avec des os morts, en Angleterre, un astronome, M. Birt, disserte de l'âge des volcans de la lune.

Dans cet astre, près de grands espaces grisâtres qu'on suppose être des mers, serpentent d'immenses chaines de montagnes de forme conique.

C'est sur ces cônes, regardés pendant tant de siècles comme le nez, les yeux et la bouche de la pâle Phœbé, que s'ouvrent les cratères à l'étude desquels se consacre M. Birt.

Un de ces cratères, situé au sud-est de la mer nommée *Mare humorum*, offre des traces visibles d'un éboulement plus récent que les autres.

De pareilles études ne ressemblent-elles pas un peu à des rêveries? En pareille matière, si bon que soit un télescope, ne montre-t-il pas, à travers ses lentilles et son tube, plutôt ce qu'on y veut voir que ce qu'on y voit réellement? La science parfois, en voulant aller trop loin, ne dépasse-t-elle pas son but? N'y a-t-il en astronomie d'autres études à faire que des suppositions singulièrement douteuses sur l'âge des cratères de la lune?

Ce n'est point des cratères de la lune que s'occupent MM. Sanges et Massón, mais de ces innombrables petits cratères qui vomissent tant de flots de fumée à Paris, et qu'il faut bien appeler de leur nom vulgaire de cheminées.

Ils proposent de les supprimer, pour la plupart, et de leur substituer une *chambre de fumée.*

Leur procédé consiste à réunir, au point le plus élevé des combles d'une maison ou d'un édifice, la sortie de tous les tuyaux de cheminées dans une chambre ou couloir, de façon à ce que la fumée de ces divers tuyaux s'y répande librement, et qu'une fois là, elle s'en échappe par une sortie unique.

Cette sortie unique placée autant que possible au centre de la partie supérieure de la chambre, s'élève un peu au-dessus du faitage, et peut recevoir touté décoration qu'il plaira à l'architecte de lui donner.

Rien n'empêche qu'on n'installe dans cette chambre soit une chaudière pleine d'eau; que la fumée rendra assez chaude pour les usages domestiques et les bains; soit un calorifère ou un récipient d'air qui pourra servir au chauffage et à la ventilation des appartements.

Appliqué suffisamment en grand dans un immeuble de Neuilly-sur-Seine, ce système donne, assure-t-on, d'excellents résultats.

Huit cheminées aboutissant à la *chambre de fumée.* Allumées ensemble ou par groupe d'une, deux, trois, etc., au bois, à la houille ou au coke, elles donnent un tirage très-régulier, dans les circonstances les plus diverses, et sans que jamais aucune des bourrasques si fréquentes à Paris depuis huit mois ait fait fumer une seule des huit cheminées.

M. Flourens a fait un grand éloge de la chambre de fumée et l'a déclarée très-digne de l'attention de l'Académie.

Nous nous permettrons, toutefois, d'ajouter qu'il reste encore au temps et à l'expérience à confirmer par leur approbation celle de l'illustre secrétaire perpétuel de l'Institut.

Si féconde que semble, à sa naissance, une découverte, il faut qu'elle subisse de nombreux perfectionnements avant de devenir d'une application usuelle et pratique.

Le chauffage au gaz, lui aussi, est admirable en théorie, et la pratique commence à en justifier l'emploi. Et cependant que de tâtonnements il a fallu et il faudra encore, avant que nos cheminées si coûteuses, si incommodes, si peu chaudes, cèdent la place au gaz!

Laissons faire au temps, le grand maître et expérimentateur de toutes choses.

L'Institut s'est occupé ensuite de charmantes observations faites dans les établissements de pisciculture créés à Concarneau par M. Le Guilloux.

Il s'agit des poissons que les naturalistes appellent assez improprement *pleuronectes* (qui nagent sur le côté), et les pêcheurs, avec plus de justesse, *poissons plats*; les turbots, les barbues et les soles appartiennent à cette catégorie.

Or, on a constaté que ces poissons savent à la fois

grimper, se percher et ramper à l'aide de leurs nageoires, qui deviennent pour cet usage de véritables pattes. Ils rampent sur le sol, grimpent de la même façon le long des parois des réservoirs, et s'y attachent en y faisant le vide sous leur ventre.

Ces poissons reconnaissent parfaitement la voix de ceux qui les soignent et qui les nourrissent. A peine l'entendent-ils, qu'ils nagent et accourent au-devant d'eux et se hissent le long des parois du réservoir, par le procédé qu'on vient de décrire, pour prendre délicatement entre les doigts de ceux qui les appellent quelque bribe d'insecte ou de vermisseau.

Oh! Sancho Pança, eussiez-vous jamais pu prévoir qu'un jour, il faudrait ajouter à la sagesse des nations cette nouvelle locution proverbiale : *Tendre comme un turbot.*

Il y a huit jours, un petit hippopotame est né au Muséum de Paris, et cinq jours après il est mort ainsi que ses frères aînés. Triste! triste! triste! comme dit Hamlet.

Il y a une foule d'expressions et de formules toutes faites que M. Prudhomme — et qui de nous n'est un peu Prudhomme? — emploie chaque jour, sans s'en rendre compte et sans peut-être même les comprendre. On les répète machinalement par paresse ou par myopie intellectuelle; les trois quarts, sinon la conversation entière de bien des personnes, s'en composent exclusivement.

Combien de gens, par exemple, disent vingt fois par semaine : *Voici un cheval qui court comme le vent,* et qui ne se doutent pas de la rapidité avec laquelle court ce vent!

Qu'ils apprennent donc, pour leur édification, que, durant une grande tempête, le vent parcourt *trente-six mètres* par seconde. Pendant un de ces terribles ouragans qui déracinent les arbres et abattent les maisons, sa vitesse devient de *quarante-cinq mètres* par seconde.

Dans un travail publié récemment par M. Laveleye, on trouve un excellent résumé comparatif des vitesses les plus remarquables.

L'auteur emploie le mot *vèle*, expression usitée déjà dans le langage de la mécanique, pour établir une unité de vitesse à laquelle il donne un mètre par seconde.

Revenons au vent; voici comment progresse sa rapidité :

Vitesse du vent à peine sensible	0.50	à	1	vèles
— brise légère	1	à	1.35	
— vent frais	1.35	à	3.35	
— vent bon frais	3.35	à	8	
— forte brise.	8.	à	12	
— vent impétueux.	12	à	17	
— raffale.	17	à	20	
— tempête.	22			
— grande tempête.	27			

En sus, comme nous venons de le dire plus haut :

— ouragan.	36
— ouragan qui déracine les arbres et abat les maisons	45

Maintenant mettons en présence du vent l'homme d'abord, puis ensuite ses moyens de locomotion :

Vitesse de l'homme.

Vitesse de l'homme marchant d'un bon pas sur un terrain horizontal (*Aide-mémoire de l'ingénieur*, par Morin).	vèles 1.50

Vitesse moyenne de l'homme en marchant une lieue
de 5,000 mètres à l'heure. 1.40

Vitesse dans les promenades publiques, en moyenne.   0.50

Vitesse d'un porte-balles, homme voyageant avec un
fardeau sur le dos (*Aide-mémoire*). 0.75

Vitesse d'un homme chargé de 60 kilogr. (Navier).   0.75

Vitesse d'un manœuvre transportant des matériaux
sur le dos et revenant chercher de nouvelles charges
(*Aide-mémoire*). 0.50

Vitesse d'un manœuvre poussant la brouette ou traî-
nant la charrette à bras (*Aide-mémoire*) 0.50

Vitesse d'un coureur exercé . . . .   7. » »

Maximum de vitesse d'un coureur pendant quelques
secondes . . . .   15. » »

Vitesse de l'infanterie marchant au pas de course,
200 mètres en 2 minutes (*Traité d'artillerie belge*). .   1.67

Vitesse de l'artillerie de campagne en marche, 115 pas
par minute, le pas 0ᵐ.75 (*Traité d'artillerie*). . . .   1.40

Vitesse de l'artillerie dans les formations, 200 pas
par minute 2.50

Vitesse de l'artillerie dans les manœuvres accélérées,
260 pas par minute 3.25

De l'homme, passons à ses inventions pour franchir
l'espace, et nous verrons, d'après le *Traité de l'exploitation des chemins de fer*, par Daniel, que les messageries
parcourent en France 12,000 mètres à l'heure.

Les diligences anglaises franchissent 14 kilomètres dans
le même espace de temps; on faisait en poste (j'emploie
l'imparfait, car la poste passe à l'état de légende), 15,000
mètres en soixante minutes, mais les chemins de fer dépassent tout cela d'une façon fabuleuse.

La moyenne des trains, temps d'arrêt compris, est de
dix mètres à la seconde, et celle des trains express de

quinze ; le maximun qu'ils peuvent atteindre est de soixante milles à l'heure ; cependant, en 1855, une locomotive, poussée à toute vapeur, a atteint cent milles. .

Voici la marche des bateaux :

Maximum des bateaux rapides sur le canal de Lourcq et du Languedoc, 4 lieues à l'heure.

Maximum des bateaux sur la Sambre, 2,500 mètres par heure. (Tarte.)

Maximum des bateaux sur le canal de Charleroi, 1,500 mètres à l'heure. (Tarte.)

Maximum des bateaux à vapeur sur les principaux fleuves d'Amérique, 6 lieues à l'heure. (Lobet.)

Vitesse des navires à vapeur traversant l'Atlantique, 7 1/2 nœuds à l'heure.

Vitesse de l'*Arabia*, 11 1/5 nœuds ; dito du *Persia*, 13 nœuds ; dito du *Great-Estern*, 15 nœuds ; dito des batteries flottantes, 4 nœuds ; dito moyenne des frégates, 8 nœuds.

Six nœuds à l'heure correspondent à quatre kilomètres.

La vitesse de certains oiseaux tient du prodige.

En 1814, il y avait à Anvers un banquier grand spéculateur, et dont les affaires depuis longtemps se trouvaient en assez mauvais état. A cette époque, où les fonds étrangers et surtout les fonds français subissaient d'énormes fluctuations, ses prévisions le servaient si mal qu'il se voyait réduit à payer, chaque mois, des différences énormes. Son guignon était passé en proverbe. Tout à coup, et au moment où l'on s'attendait à le voir déposer son bilan et disparaître de la Bourse, sa fortune changea subitement de face. Jamais il n'achetait ou ne vendait de fonds sans un bénéfice certain. Que la hausse ou la baisse se fissent sentir d'une façon imprévue, à Paris, à Vienne, à Berlin, n'importe où, notre homme ne se trompait jamais.

Aussi réalisa-t-il en deux années à peine une fortune considérable; il cessa peu à peu de fréquenter la Bourse et se livra d'une façon frénétique à une manie d'horticulture dont on ne l'eût jamais cru susceptible; il finit même par entreprendre avec sa famille de longs voyages dans le but de satisfaire sa passion pour les fleurs rares, et ne reparut plus dans sa ville natale.

— Pour réussir à coup sûr et sans jamais commettre une erreur, il fallait que cet homme fût renseigné bien longtemps avant tous les autres sur les cours des bourses étrangères. Comment pouvait-il y arriver, à une époque où l'on ne soupçonnait même pas l'existence du télégraphe électrique, où le télégraphe aérien restait la propriété exclusive et sévèrement réservée de l'État, et où la poste, dans ses bons jours, mettait vingt-quatre heures pour apporter les cours de Paris à Bruxelles?

On avait bien remarqué que deux conducteurs de diligence, l'un d'Anvers à Bruxelles et l'autre de Bruxelles à Paris, avaient fait, en même temps que l'Anversois, une fortune considérable relativement, mais on se l'expliquait par un grand commerce de volailles et surtout de pigeons qu'ils exerçaient dans le pays.

Si on eût épié le spéculateur, on l'eût vu chaque soir, vers neuf heures, se rendre seul dans une petite propriété qu'il possédait à deux ou trois kilomètres d'Anvers.

Là, à la nuit close, il remettait à l'un des conducteurs

de diligence dont nous venons de parler un panier soigneusement couvert d'une toile cirée. Le conducteur cachait avec de grandes précautions ce panier sous les bourriches qui contenaient les achats de volailles qu'il avait faits dans les villages voisins.

Après avoir fermé derrière lui la porte de sa maison, notre homme ouvrait alors un pigeonnier dont lui seul gardait la clef, s'y installait et ne tardait point à voir arriver de différentes directions des pigeons qui, accablés de fatigue, se hâtaient de reprendre leur place dans leur nid. Il allait à eux, les flattait de la main et trouvait sous leur aile un petit billet qui lui donnait le cours des bourses étrangères ; car ces pigeons venaient de Paris, de Berlin, de Hambourg et de Vienne. Partis vers quatre heures, tous se trouvaient d'ordinaire de retour vers minuit.

Alors le spéculateur rentrait à Anvers, et le lendemain matin il pouvait jouer à coup sûr à la Bourse.

Aujourd'hui le secret du spéculateur est connu de tout le monde et ne sert plus qu'à donner les moyens à nos voisins les Belges de satisfaire un goût fort innocent, quoique parfois il donne lieu à des paris considérables.

Ils envoient à des distances éloignées des paniers à claire-voie contenant un certain nombre de pigeons, marqués chacun sous l'aile d'un signe particulier. On applique d'ordinaire ce signe avec un timbre et de l'encre d'imprimerie. Les chemins de fer servent parfaitement à ces transports.

Le colis vivant arrivé, on ouvre, à une heure rigoureusement convenue, le panier, et l'on donne la volée aux pigeons.

Ceux-ci s'élèvent fort haut dans les airs, et après une courte hésitation, pendant laquelle on les voit s'orienter, ils prennent leur vol et disparaissent.

Leurs propriétaires les attendent au pigeonnier, et le premier oiseau arrivé gagne le prix, comme la chose se fait pour les chevaux, dans nos courses.

Dernièrement un pigeon lancé à six heures du matin à Tonnerre, département de l'Yonne, est arrivé en Belgique à Malines, à *onze heures vingt-six minutes.*

Il n'y a guère, pour aller plus vite, que le son, qui parcourt l'espace avec une rapidité de trois cent trente-sept mètres par seconde, et la lumière, qui met sept minutes à franchir la distance du soleil à la terre.

Le Muséum de Paris continue à recruter son personnel d'hiver. Un cabiai, énorme animal qu'on ne peut mieux comparer qu'à un cochon d'Inde de la taille d'un veau, occupe, à l'extrémité de la cour de la ménagerie des carnassiers, la loge dans laquelle le beau lion du Sénégal a fait, l'année dernière, la traversée de Gorée à Paris. Deux genettes, plus souples et d'un pelage plus régulier que notre chat domestique, viennent, à travers les grilles de leur prison, tendre aux visiteurs leurs petits museaux caressants. Elles ont été élevées en domesticité et semblent demander qu'on les rende à la liberté dont elles n'ont jamais abusé, et aux enfants au milieu desquels elles aimaient à jouer. Enfin un serval et un jaguar parcourent lentement et mélancoliquement les trop petites cages où on les a placés depuis leur arrivée, et par leurs fréquents bâillements attestent la nostalgie et l'ennui qui les accablent.

Le jaguar mexicain, souple, alerte, jeune encore, ne demanderait pas mieux aussi que de vivre en domesticité. Pendant la traversée il dormait au milieu des matelots, grimpait aux mâts et aux cordages avec les mousses, et venait, sans façon, s'asseoir près de la table des passagers, pour en obtenir des os et des morceaux de viande.

Le serval, au contraire, reste dans un état constant de fureur; il se dresse, il bondit, il heurte de sa tête les barreaux qui le retiennent captif; il darde, en grondant, sur tous ceux qui l'approchent, ses grands yeux d'escarboucle. Il ressemble à notre chat sauvage, qu'il dépasse en souplesse, et, s'il est possible, en férocité. Les fermiers d'Algérie redoutent beaucoup ses audacieuses déprédations. Il suffit d'un couple de servals pour vider, à une lieue à la ronde, tous les poulaillers et toutes les basses-cours.

Des flamants roses, une perdrix d'Adamson et une antilope d'une espèce nouvelle ont depuis quelques jours augmenté la population de la *Faisanderie.*

Les flamants sont des enfants de l'Égypte; leur nom vient du mot latin *flamma,* sans doute à cause de l'éclat de leur plumage. On les trouve sur l'ancien et le nouveau continent. Ils volent avec beaucoup de vigueur, aiment les voyages, vivent en société, hantent les lieux marécageux et se nourrissent de mollusques et de vers, qu'ils cherchent au bord des étangs et de la mer. Lorsqu'ils veulent ramasser un objet, ils contournent leur long cou, et appliquent sur le sol la partie supérieure de leur bec, dont ils se servent comme d'une spatule; enfin, la manière dont la nature a palmé leurs pattes démontre que Dieu les a organisés, non pour nager, mais pour marcher sur les fonds vaseux.

Les flamants, en guise de nids, élèvent dans les marécages qu'ils habitent des mottes de terre assez hautes pour que la crue des eaux ou la marée montante ne les submerge pas. Ils déposent leurs œufs, oblongs et blancs, au sommet de ces sortes de piliers; la femelle se pose dessus, comme un cavalier à cheval sur sa selle; elle couve dans cette attitude. Sans cela, que ferait-elle, pendant une si longue immobilité, de ses longues jambes, qui ne se replient qu'avec difficulté?

Le flamant est essentiellement voyageur. En Sardaigne, où on le rencontre en abondance, il émigre vers la fin de mars pour ne revenir que vers la fin d'août.

C'est alors, dit M. de La Marmora, que du haut du bastion qui sert de promenade aux habitants de Cagliari, on voit arriver d'Afrique les troupes de ces splendides oiseaux. Disposées en bandes triangulaires, elles apparaissent d'abord comme une ligne de feu dans le ciel et s'avancent dans l'ordre le plus régulier. A la vue de l'étang voisin, elles ralentissent leur course, paraissent un instant immobiles; puis traçant, par un mouvement régulier et circulaire, une spirale conique renversée, elles atteignent le terme de leur migration. Brillant alors de tout l'éclat de leurs parures flamboyantes, et rangés sur une même ligne, ces oiseaux offrent un nouveau spectacle et représentent une petite armée dont l'ordre ne laisse rien à désirer pour la symétrie et la régularité; mais le spectateur doit se contenter, pour le moment, de contempler de loin cette colonne paisible. Malheur à lui, s'il osait aborder l'étang dans cette saison funeste; le châtiment de sa démarche indiscrète ne se ferait point attendre : les flamants se jetteraient sur lui à grands coups de bec, au détriment de ses mains et de ses yeux, et la fièvre paludéenne lui ferait expier, dès le lendemain, la guerre imprudente qu'il oserait déclarer aux enfants favoris des étangs.

Les anciens faisaient grand cas, au point de vue gastronomique, des flamants, auxquels ils donnaient le nom de *Phœnicopteri*. Héliogabale entretenait des troupes de chasseurs chargés de l'approvisionner constamment de ce gibier, dont la partie la plus estimée consistait dans la langue, que sa nature à la fois charnue et graisseuse rend en effet très-succulente.

Aujourd'hui encore certains peuples chassent et mangent les flamants. Geoffroy Saint-Hilaire racontait qu'il avait souvent vu, en Égypte, le lac Metzaleh, à l'ouest de Damiette, couvert d'une multitude de barques destinées à la chasse des flamants. Ces barques revenaient surchargées d'oiseaux, auxquels les Arabes arrachaient la langue, afin d'en extraire, par la pression, une substance graisseuse, qu'on emploie en guise de beurre.

Le plumage des flamants, épais, d'un rouge vif ou d'un rose charmant, fournit des fourrures très-recherchées, surtout en Asie.

La perdrix d'Adamson ne se trouve guère qu'au Sénégal. D'un brun chocolat, moucheté, strié de blanc à la tête, à la gorge, au cou, au dos et sur une partie des ailes, elle a le bec et les pieds rouges.

L'antilope d'espèce nouvelle dont je vous parlais tout à l'heure, et qui, jusqu'à ce jour, n'a été décrite que par Temminck, est originaire également du Sénégal; elle se rapproche un peu du nagor (*cervicapra redunca*), son compatriote. Petite, d'un gris foncé, elle présente ceci de particulier que le larmier qu'elle porte un peu au-dessous des yeux, comme tous les animaux de son espèce, contient, au lieu d'un cérumen jaunâtre, une matière d'un magnifique bleu.

M. Chevreul s'occupe de l'analyse de cette substance, qu'on n'a rencontrée, jusqu'à ce jour, que chez cette seule antilope.

Peut-être dois-je profiter de cette circonstance pour détruire une croyance populaire et désabuser nos lecteurs sur une légende menteuse mais généralement acceptée et des plus poétiques. Au préalable, j'en demande pardon à la *Société protectrice des animaux*, car je vais rendre le cerf et ses congénères moins intéressants et moins attendrissants. Il m'en coûte assurément; mais *amicus cervus, sed magis amica veritas*.

Le cerf ne pleure pas, il ne pleure pas même au moment de recevoir le coup mortel. Son larmier, placé assez loin de l'œil, ne contient qu'une matière grasse, noirâtre, onctueuse, semblable à de la cire fondue.

L'accroissement de la population du Jardin des Plantes ne provient pas seulement d'acquisitions faites à l'étranger : les mouflons à manchettes, élégants enfants de l'Afrique, les diverses espèces d'antilopes, les buffles, les hémiones, et surtout les yacks, ou vaches de la Cochinchine, ont peuplé beaucoup dans les parcs. Trois des yacks ramenés par M. de Montigny et laissés à la ménagerie ont produit, à l'heure qu'il est, treize veaux, dont quelques-uns touchent à l'âge adulte.

Ce bétail exotique, si facile à naturaliser chez nous, dont l'industrie européenne, comme l'ont prouvé les essais faits par M. Davin, peut avoir dans son pays natal tant d'ingénieuses et utiles applications, sert à la fois de viande de boucherie et de bête de somme. Docile, robuste, sobre, le yack fournirait de magnifiques attelages à nos fermiers, sans compter qu'on peut le monter comme un cheval de selle, et qu'il a le pied sûr, l'allure douce et prompte. Si nous sommes bien informé, on ne comprendrait point assez dans le Midi et dans les montagnes de la France, où on a réparti un certain nombre d'yacks, les services qu'on en peut attendre.

Un temps viendra cependant où le yack améliorera nos espèces bovines par des croisements intelligents et les remplacera peut-être tout à fait; il en sera de même de l'hémione : avec sa robe isabelle, sa tournure élégante, son pied sec et sûr, elle se substituera en partie à la race chevaline. De pareilles révolutions dans les habitudes domestiques d'un peuple ne s'opèrent point promptement, par malheur. Laissez-moi vous raconter à ce sujet, en guise de morale, l'histoire des ponts de Londres.

En 1671, la ville de Londres ne possédait qu'un seul pont; on voulut en construire un second à Putney, mais les habitants se trouvèrent tous unanimes pour protester contre l'établissement de ce pont, qui aurait permis de circuler d'une rive à l'autre de la Tamise, sans qu'on fût forcé de passer par la Cité. A la Chambre des communes, sir Love déclara que, selon l'avis du lord maire, *si les voitures devaient passer sur le pont proposé, c'en était fait de Londres;* sir W. Champson ajouta que « ce pont rendrait les extrémités de Londres trop grosses pour le corps. » Un autre allégua que « pareille construction amoncellerait des sables, formerait des écueils dans le fleuve et porterait en aval atteinte à la navigation, attendu que les navires ne pourraient plus mouiller qu'à Woolwich. » Un M. Boscaven repoussa le bill sous prétexte que « si l'on faisait une si absurde concession, rien n'empêcherait qu'on vînt bientôt demander un pont à Lambech. »

Soixante-sept voix contre cinquante-quatre rejetèrent donc le bill, et, quoique le vieux pont ne laissât point deux voitures passer de front, il resta seul à Londres pendant plus de cent ans encore.

Aujourd'hui, quoiqu'il y ait neuf ponts de Putney à la Cité, le vieux pont de Londres reconstruit, dont la largeur admet quatre files de voitures et dont les larges trottoirs permettent à une foule considérable de circuler sur chacun de ses côtés, reste souvent obstrué des heures entières, tant une foule immense va de Londres à Southwark et de Southwark à Londres.

Il résulte d'un rapport fait à la Cour des aldermen, par M. le commissaire Hervey, que, dans les vingt-quatre heures qui ont fini à dix heures du soir le 17 mars dernier, 4,483 voitures de place, 4,286 omnibus, 9,245 grosses voitures et chariots, 2,430 autres véhicules, et 54 chevaux conduits à la main ou montés (faisant un total de 20,498), ont traversé le pont de Londres. Les personnes qui ont passé pendant le même espace de temps ont été : en voiture, au nombre de 10,836; à pied, au nombre de 107,074. Total, 138,408.

N'est-ce pas un peu là l'histoire de tout progrès? Quand un novateur vient à proposer de modifier une routine, si absurde, si fatale qu'elle soit, chacun s'élève contre lui, lui crie haro, déclare son projet inutile et le décrète même fatal.

Les idées neuves ressemblent aux arbres. Il faut qu'on les sème longtemps à l'avance pour que la graine germe, que le tronc pousse, que les branches se développent, se revêtent de feuilles et portent des fleurs qui soient fécondes; sans compter que, verts, acides, âcres, leurs fruits doivent encore mûrir lentement; parfois pendant des siècles.

Ce qui fait, hélas! que bien peu de ceux qui plantent un progrès profitent de sa récolte.

———

Les sourds-muets. — Les abeilles médecins. — Exposition des colonies. — L'orseille. — La manne au désert. — La maison des grandes paroles. — Poésie.

23 juin.

« S'il est une classe d'êtres à laquelle il soit indispensable d'accorder les bienfaits de l'instruction primaire, c'est sans contredit celle des sourds-muets. Isolé par son malheur même de la grande famille humaine, le sourd-muet, sans instruction, livrés aux seuls instincts physiques, est farouche, indisciplinable, dangereux ; et il n'en peut advenir autrement. Mais donnez-lui l'instruction, apprenez-lui à exercer ses forces, à développer son intelligence ; enseignez-lui l'éternelle beauté des lois de la morale, qu'on lui révèle l'existence d'un Dieu plein de bonté, et cet être sauvage, nuisible aux autres, deviendra un membre actif et utile à la société.

« Mais, pour arriver à ce résultat si désirable, il faut que le sourd-muet ne soit pas abandonné à lui-même ou laissé aux soins trop insuffisants d'une indigente famille, il faut qu'il soit admis *de droit* dans des écoles, et que l'instruction primaire lui soit donnée gratuitement. »

C'est ainsi que s'exprime M. le baron Ad. de Watteville, inspecteur des établissements de bienfaisance, dans un rapport qu'il vient d'adresser à M. le ministre de l'intérieur.

La *Patrie* s'empresse de répéter ces paroles éclairées et de s'associer à des vœux qu'il est enfin temps de réaliser.

En effet, le nombre des sourds-muets dépasse en France le nombre de vingt et un mille.

Près de cinq mille enfants sont atteints de cette infirmité et trois mille tout au plus reçoivent l'éducation qui peut en améliorer les tristes conséquences.

Les premiers essais de l'enseignement des sourds-muets datent de la fin du seizième siècle (1584). On les attribue à un religieux espagnol nommé Pierre de Ponce, chargé de l'éducation de deux enfants sourds-muets d'une illustre famille.

On ne connaît pas la méthode dont il s'est servi.

Plus tard, en 1748, un autre Espagnol, Pereira, entreprit de nouveau l'éducation des sourds-muets, et à la même époque l'abbé de l'Épée, en France, inventa un mode d'enseignement applicable à ces infortunés; enseignement qui ne s'est pas propagé autant qu'il était nécessaire et dont les progrès n'ont pas été, il faut l'avouer, bien remarquables.

Aujourd'hui on compte en France quarante-sept institutions de sourds-muets dont deux, sous le titre d'institutions *impériales*, sont administrées par l'État, l'une à Paris, l'autre à Bordeaux. Ces quarante-sept institutions se répartissent dans quarante-quatre communes différentes et renferment 2,446 enfants : 1,251 garçons et 1,195 filles.

On compte le plus grand nombre de sourds-muets dans les départements montagneux, où la population est généralement pauvre, tandis que l'on en trouve beaucoup moins dans les départements de culture, où règne plus d'aisance.

« La France, ajoute M. de Watteville, forme aujourd'hui un tout si compacte, si homogène, qu'il faut consulter l'histoire pour se rendre compte des différentes races qui ont successivement habité notre patrie. Mais, en se livrant à ces recherches, on rencontre des régions dans lesquelles prédomine encore le sang des premiers habitants, ou du moins dans lesquelles on retrouve des traces de leur passage. Les Celtes, les Gaulois, les Romains, les Basques, les Normands, les Wallons, les Germains sont fondus en un tout qui porte glorieusement le nom de Français; mais, en décomposant ce tout, on peut retrouver ces races antiques dans nos divers départements : ainsi la race celtique proprement dite prédomine dans les Côtes-du-Nord, le Finistère ; l'Ille-et-Vilaine, la Loire-Inférieure et le Morbihan ; la race gauloise dans les départements du centre, l'Allier, le Cher, l'Indre-et-Loire, Loir-et-Cher, etc ; la race gallo-latine, dans les Basses-Alpes, l'Aude, les Bouches-du-Rhône, la Corse, le Gard, l'Hérault, le Var et Vaucluse; la race basque, dans les Basses-Pyrénées ; la race germanique dans la Meurthe, la Moselle, le Bas-Rhin, le Haut-Rhin ; la race wallone, dans les Ardennes et le Nord; enfin la race normande, dans le Calvados et la Seine-

Inférieure. Il m'a donc paru intéressant de rechercher dans ces diverses contrées si le nombre des sourds-muets ou des aveugles était plus ou moins considérable, suivant les anciennes races qui les habitaient. »

Les races gauloises, wallones et normandes en fournissent le moins, et les races gallo-latine, basque et celtique en comptent le plus grand nombre.

—Une chose nous a toujours frappé dans cette admirable scène du *Malade imaginaire* où Argant énumère avec tant de complaisance les drogues qu'il a prises pendant un mois. Molière n'y fait pas la moindre allusion aux sangsues.

Il n'en est pas davantage question dans la *réception*, qui termine le cinquième acte.

On purge, on saigne, on prodigue catholicon double, rhubarbe, miel rosat, casse, séné, lévantin et petit lait, on pose au récipiendaire cette question à laquelle, par parenthèse, la science moderne, hélas! n'a point encore répondu :

> Domandabo causam et rationem quare
> Opium facit dormire?

et enfin on résume tout l'art médical par ces vers macaroniques :

> Clysterium donare,
> Postea seignare,
> Ensuita purgare.

Faut-il en conclure que, sous Fagon, on ne connaissait point ou que l'on dédaignait l'usage des sangsues?

A quelque époque que puisse remonter l'origine de ce mode de saignée locale, aujourd'hui si fort en vogue, son emploi, s'il faut en croire l'*Union médicale* et un autre journal étranger, le *Siglo*, va trouver sinon une concurrence, du moins une rivalité thérapeutique redoutable.

Cette concurrence, c'est la piqûre des guêpes et des abeilles qui la ferait..

Avant peu on irait acheter chez le pharmacien des abeilles, comme on va y acheter aujourd'hui des sangsues; car si ces dernières combattent les congestions et les inflammations, les abeilles, par leur piqûre, guériraient les inflammations, plus les rhumatismes et les bronchites.

Le *Siglo* raconte que, récemment, une guêpe enfonça son aiguillon dans le sourcil gauche d'un laboureur d'Huelma. Or, ce laboureur était atteint d'une ophthalmie incurable par les remèdes connus.

Le lendemain, en s'éveillant, le demi-aveugle constata, avec autant de surprise que de joie, la disparition partielle de son infirmité. L'œil gauche était tout à fait sain; l'œil droit allait mieux.

Il se fit piquer le sourcil de cet œil droit par une seconde guêpe, et dès lors l'ophthalmie cessa complétement et sans récidive.

Voilà pour les ophthalmies.

Quant aux rhumatismes et aux bronchites, nous laisserons parler M. Gasparin, dont le nom jouit dans le monde savant d'une notoriété méritée.

« Un rhumatisme musculaire me tenait dans un état de souffrances continu, et j'avais employé en vain les eaux d'Aix et de Saint-Laurent, lorsqu'un jour je fus piqué fortuitement au poignet droit par une guêpe. Mon bras, qui était très-douloureux, enfla immédiatement, mais la douleur disparut de même.

« En voyant cet heureux résultat, je me fis piquer le lendemain sur le trajet de la cuisse et de la jambe, ce qui me délivra de mes douleurs. Dès lors je recouvrai tous mes mouvements. Quand la douleur ou un simple engourdissement reparurent, j'eus recours au même moyen, toujours avec le même succès.

« Je me fis également piquer au cou, sur les côtés et le devant du thorax pour une bronchite intense qui disparut rapidement, et depuis, le catarrhe, qui était mon indisposition habituelle de tous les hivers, n'a plus reparu. »

Ces effets locaux semblent précisément confirmer une action révulsive énergique, pure et simple. C'est à ce titre que ce moyen peut être essayé, comme l'indique M. de Gasparin. Il suffit de placer les guêpes ou les abeilles sous un vase où, après s'être agitées, elles restent bientôt immobiles. On les saisit avec de petites pinces et on les applique sur la partie douloureuse : elles piquent immédiatement, sans produire grand mal.

Nous ne tarderons donc point à voir prescrire par nos docteurs : deux guêpes à la poitrine; trois abeilles aux tempes, une au sourcil, etc.

Si l'expérience et le temps confirment la découverte de M. Gasparin, nous sommes en possession d'un médicament nouveau dont personne ne soupçonnait les vertus, quoique tout le monde l'eût sous la main; qui va prendre rang, la tête haute, parmi le nombre trop restreint des

.moyens thérapeutiques que possède l'art de guérir, et que cette fois encore on devra au hasard.

Pourquoi donc alors systématiquement dédaigner et repousser, sans les expérimenter, tant de substances rayées du *codex*, ou tenues loin de lui? Pourquoi rire de la pharmacopée des nations, voire des peuplades étran-gères? Pourquoi n'a-t-on point des voyageurs pour la médecine, comme on a des voyageurs pour l'histoire naturelle et l'archéologie? La santé publique ne vaut-elle donc point les progrès des sciences? La découverte d'un remède qui guérit une maladie restée jusque-là incurable n'égalerait-elle pas la découverte d'un nouveau genre -d'insectes ou d'un monument antique? Pour nous, nous plaçons un hôpital bien au-dessus d'un palais.

Dantan, qui, depuis sept ou huit ans, n'avait point publié une seule caricature, vient tout à coup de se réveiller : il a produit deux petites merveilles du genre où il est resté et où il restera longtemps encore sans rival. On pourrait les appeler le *travail* et la *paresse*; le travail, c'est Meyerbeer méditant, limant, polissant, repolissant, *vingt fois sur le métier remettant son ouvrage*, suivant le conseil de feu Boileau ; la paresse, c'est Rossini, dormant, sa lyre entre les bras. Mais de quel fin et charmant sommeil il dort!

Tout en clignant des yeux, il regarde en dessous, à travers ses paupières mi-closes, si le *sabbat des juifs ne va pas bientôt finir*, comme il le dit plaisamment. Peut-être se réveillera-t-il un beau matin, à l'exemple de son caricaturiste, par une œuvre sublime; peut-être ressentira-t-il de nouveau, pour son propre compte, les indicibles émotions d'une première représentation, émotions qu'il s'étonnait comiquement de ne point voir éprouver à son ami Caraffa, chargé de quelques arrangements pour la *Sémiramis*, reprise récemment à l'Opéra. — Est-il calme! disait-il avec une bouffonne surprise : est-il calme, ce Caraffa, la veille d'une première représentation!

L'histoire de Dantan et de Rossini est un peu celle de l'exposition permanente des colonies françaises.

Depuis quelques années qu'on l'avait fondée, elle dormait, sinon tout à fait, du moins d'un demi-sommeil, à la fois dans un coin de la rue de Grenelle et dans un autre coin de la rue Saint-Florentin. Voici tout à coup qu'elle se réveille, jeune, active, laborieuse, brillante, à rendre jaloux le Meyerbeer en plâtre de Dantan!

Maintenant elle exhibe, dans le palais de l'Industrie, aux yeux des curieux, — ils étaient plus de dix mille dimanche dernier! — toutes les richesses de nos colonies; richesses si peu connues et destinées à changer plus d'une de nos industries. On se perd et on s'émerveille au milieu de tant de trésors ignorés, en face desquels la plupart des visiteurs se trouvent pour la première fois.

Citons au hasard.

L'orseille est une matière colorante rouge, d'un emploi immense dans l'industrie. On n'en connaissait guère que deux espèces industrielles, empruntées à des lichens, provenant de la crête des Canaries, des Açores et même de la Corse; on ne se la procurait qu'à des prix excessifs.

Or, il y a quelques années, un voyageur remarqua au Sénégal une grande quantité de lichens qui lui parurent de nature à produire une matière tinctoriale si rare et si chère. Il envoya des échantillons à un négociant de Paris. Celui-ci en confia l'examen à un chimiste que je ne nom-merai pas pour son honneur. Ce chimiste répondit qu'il n'y avait rien à tirer des lichens dont il avait fait l'analyse. On jeta dans un coin les échantillons du voyageur, et l'on n'y pensa plus.

Quatre ou cinq ans après, un aventurier portugais, cri-blé de dettes, à bout d'expédients, harcelé par ses créan-ciers et réfugié sur je ne sais quel point du golfe de Guinée, remarqua, comme l'avait fait le voyageur français, le lichen qui couvrait si abondamment les troncs des arbres africains, qu'en peu de jours on pouvait en recueillir le chargement d'un navire. Un missionnaire anglais, quelque peu chimiste, l'assura qu'on tirait parti, comme matière tinctoriale, du *rokella fuciformis*. Notre homme en fit ramasser tant qu'il put, en remplit deux bâtiments, les expédia pour Londres et les adressa au plus incommode de ses créanciers, en lui écrivant ironiquement :

« Je vous envoie un trésor, une nouvelle orseille, beau-coup plus riche en propriétés tinctoriales, qu'aucune autre espèce connue jusqu'ici. Faites-en l'essai; vendez-la, et envoyez-moi ce qu'il restera du produit de cette vente quand vous aurez payé mes dettes. »

Six mois après, il recevait de Londres une traite de *sept cent cinquante mille francs* (je souligne à dessein). A cette somme se trouvait jointe la quittance de toutes ses dettes.

Le pauvre homme devint littéralement fou de joie. Cette fortune si imprévue ne servit, à peu de mois de là, qu'à lui procurer un asile dans une maison de santé, où il ne tarda point à mourir.

Aujourd'hui l'Angleterre consomme des quantités incalculables de *rokella faciformis* et laisse aux Canaries leur orseille, moins riche en matière tinctoriale.

En France, grâce à Dieu, nous commençons à récolter, dans nos possessions de la côte occidentale d'Afrique, le précieux lichen, naguère si dédaigneusement traité par le chimiste, qui, avec un peu plus d'attention et peut-être de science, eût doté dix ans plus tôt sa patrie et l'industrie d'une riche substance tinctoriale.

Puisque nous voici à deviser de lichens, laissez-moi vous parler encore de quelque chose que vous pouvez voir à l'exposition des colonies, qui ressemble assez à un lichen, et que certains botanistes prétendent être la manne du désert.

La première fois que l'auteur de cette chronique observa cette singulière végétation, ce fut au mois de juillet 1845, le matin, en Algérie, dans un campement sur les confins du désert.

Le sable du Sahara, on le sait, se couvre, la nuit, d'une rosée abondante, qui s'évapore au lever du soleil. Or, ce sable humide était littéralement jonché d'une épaisse couche de petits corps rougeâtres, grenus, d'un goût légèrement sucré et dont les chevaux et les chameaux se montraient singulièrement avides. Une heure après, il ne restait plus aucune trace, sur le sable, de cette singulière substance. A mesure que le soleil la frappait, elle tombait en poussière et se confondait avec le sol.

C'était lè *ousseh-el-ard* (l'enfant de la terre); du moins les Arabes me le nommèrent ainsi, tandis qu'ils préparaient avec du lait et du sel un mets que je trouvai de beaucoup préférable aux sauterelles salées et au cous-coussou ranci qui faisaient la base de notre alimentation nomade.

Les botanistes ont depuis lors donné à ce lichen le nom de *lecanora species*.

Vous trouverez à l'exposition coloniale un grand flacon, rempli de l'*ousseh-el-ard*, parmi la collection des substances alimentaires de l'Algérie.

Personne plus que l'auteur de ces notes n'éprouve de respect pour la divine histoire de la Bible; toutefois il est de ceux qui pensent que beaucoup des faits que raconte ce livre et qu'on regarde comme miraculeux peuvent s'expliquer par la science. Or, qui mieux que le lecanora ressemble à la manne dont parle ainsi l'Exode :

« En quittant les soixante-dix palmiers de la septième station, les Israélites entrèrent dans le désert de Sin et recommencèrent à murmurer contre Moïse et Aaron parce qu'ils manquaient de nourriture. Dieu vint au secours de son peuple. Vers le soir, le camp des Hébreux fut couvert de cailles, et à l'entour, le lendemain matin, une épaisse rosée couvrait toute la surface de la terre. C'était une espèce de graine blanche propre à faire du pain; *elle avait le goût de la plus pure farine mêlée avec du lait.* —En voyant ce prodige, les Israélites s'écrièrent : *Man-hu?* (Qu'est-ce que cela?) De cette exclamation naquit le mot *manne.* — C'est le pain que Dieu vous envoie pour vous nourrir, répondit Moïse; et il leur expliqua comment ils devaient recueillir et employer cette rosée miraculeuse que la main de Dieu versait du ciel. »

Elle couvrait les camps à l'aube du jour *et fondait aux premiers rayons du soleil.* Elle se conservait seulement vingt-quatre heures les jours ordinaires ; on n'en trouvait pas le jour du Sabbat, et la veille on en recueillait pour deux jours : elle se gardait fraîche et agréable au goût. *Cette manne, pilée, pouvait former une pâte et être cuite comme du pain ou apprêtée de plusieurs manières en pâtisseries.* Telle fut la nourriture des Hébreux pendant les quarante années qu'ils errèrent dans les déserts de l'Arabie.

. . . .

« Voici ce qu'a ordonné le Seigneur : Emplissez de manne un *gomor*, et qu'on en garde pour les races à venir, *pour qu'elles sachent quel a été le pain dont je vous ai nourris* dans le désert, après vous avoir tirés de l'Égypte... Et Aaron mit ce vase en réserve dans le tabernacle. » (Exode, xvi, 32-34.)

Terminons en disant que, dans un travail récent, le docteur O'Rorke prétend que Moïse a confondu, sous le nom de manne, deux substances :

1° Une substance amylacée pouvant se conserver et se pulvériser, propre à faire du pain, se récoltant en tout temps, croissant sur le sol, semblable à la coriandre ou au bdellium par la couleur : le lecanora.

2° Une substance sucrée, très-facilement altérable, assez rare, se récoltant sur des arbres ou des arbrisseaux pendant trois mois de l'année seulement, servant de condiment ou de friandise et pouvant se mélanger avec le pain de *lecanora* : c'est-à-dire la manne du tamarix, de l'alkagé, et peut-être d'autres arbustes encore.

Mais le véritable pain des Hébreux, la *manne du désert*, était assurément la première de ces substances, le lecanora, lichen analogue au *lichen esculentua* de Pallas, quoique aucun. commentateur des livres saints n'en ait fait mention jusqu'ici, malgré les opinions les plus diverses dont ces ouvrages sont remplis.

L'exposition des colonies vient de s'enrichir d'un petit modèle de la *Fare-Apora* de Papéiti, capitale de l'île d'O-Tahiti : *Fare-Apora* veut dire : *maison des grandes paroles.*

C'est un vaste bâtiment carré, construit sous la direction de l'amiral Bonnard, d'un style assez voisin du style oriental, ouvert à l'air de tous les côtés et sur les banquettes de bois duquel les membres du parlement polynésien se tiennent le plus souvent couchés.

Chaque année, l'ouverture de l'assemblée législative se fait avec une grande solennité. La reine, accompagnée du gouverneur et suivie d'un nombreux cortége, se rend à cette cérémonie entre deux haies de troupes formées par la garnison en armes et au bruit de vingt et un coups de canon.

Pomaré-Vahine (la reine-femme) prend place sur une estrade ; son mari Ari-Faaiti et le gouverneur se tiennent assis, le premier à la gauche et le second à la droite de la souveraine. Le prince-époux, organe de sa toute-puissante moitié, fait connaître, par un manifeste, les principaux points sur lesquels Pomaré-Vahine appelle l'atten-

tion des députés venus de Morea, de Tubuai et des iles
de Pomotu. Le gouverneur se lève ensuite et résume les
progrès réalisés dans la colonie depuis la dernière session :
après quoi chaque chef et chaque *cheffesse*, car la loi sali-
que n'existe pas à O'Tahiti, vient prêter serment de fidélité à la reine et à l'autorité française.

La session dure un mois environ ; elle a lieu une seule
fois chaque année. S'il faut en croire M. G. Cuzent, auteur
d'un livre sur O'Tahiti, « les séances sont pleines d'intérêt ; on y entend des orateurs indigènes d'un talent remarquable, et qui, du reste, dans ce pays, jouissent d'une
grande réputation. »

La reine rentre ensuite, avec autant de solennité qu'elle
en était sortie, dans son palais, sorte de maison européenne qui s'élève près de l'habitation du gouverneur,
au milieu d'orangers, de cocotiers et d'arbres à pain,
qui conservent en toute saison leur admirable verdure.

Pour se rendre à l'ouverture de la Fare-Apora, la reine
revêt d'ordinaire un costume européen, fabriqué avec des
étoffes indigènes, et dont vous pouvez voir le modèle à
l'exposition des colonies.

La jupe et le corsage de cette robe sont en *tapa*, étoffe
qu'on façonne à l'aide d'une sorte de maillet, avec l'écorce
de l'*arbre à pain*. On les a taillés sur la coupe d'une robe
de bal de 1847. De longues franges en *hibiscus* forment
la garniture et les volants ; de charmantes couronnes en
pia, d'une légèreté remarquable, et ornées de panaches
aériens en *revareva*, complètent cette toilette, qui ne
manque pas d'une élégance étrange et charmante à la
fois.

L'arbre à pain, que les indigènes nomment *uru* ou *maïore*, et les botanistes *artocarpus incisa*, est, s'il faut en croire les traditions d'O'Tahiti, un don surnaturel fait aux îles de la Polynésie.

Dans un moment de disette, racontent leurs poëtes, — et ils en ont de charmants, — un père conduisit sur une montagne ses enfants et leur dit : Enterrez-moi à cette place et revenez demain. Les enfants obéirent à cet ordre et trouvèrent, à leur retour près de la tombe volontaire de leur père, la dépouille mortelle du vieillard transformée en arbre.

Ses pieds formaient les racines, son corps le tronc, ses bras étendus les branches, et ses mains les feuilles ; sa tête chauve enfin était devenue un fruit succulent qui servit à nourrir, pendant toute la disette, les enfants de celui qui s'était immolé pour eux.

L'arbre à pain donne par an trois récoltes d'un fruit que l'on cuit dans les fourneaux canaques et qui fournit un aliment exquis.

Quant au *pia (tacca pinnatifida,)* il pousse à l'état sauvage dans presque toutes les vallées. Ses tubercules contiennent une fécule qui sert à faire des gâteaux et à empeser les *Tapa* fins. Avec la paille blanche et luisante que fournit sa hampe florifère, haute de plus d'un mètre, les Tahitiennes tressent les jolies couronnes dont je vous parlais tout à l'heure.

A côté de ces couronnes qui sont à l'exposition coloniale, vous verrez des chapeaux européens en paille de *pia*, dont le tissu, par sa légèreté et sa finesse est de beaucoup supérieur aux plus belles pailles d'Italie ; ces cha-

peaux ont un moment attiré l'attention de l'impératrice, lors de sa dernière visite à l'exposition. Vous dis-
tinguerez encore, au milieu des vêtements de chefs en
écorce de mûrier à papier, des bizarres coiffures en plumes dont on se ceint la tête pour exécuter la danse natio-
nale *oupa-oupa*, des chaperons de femme en Pandanus
et d'autres couronnes en capsules de cotonnier, réunies
par les petites graines rouges de la liane réglisse.

Tout cela a été disposé en groupes d'un goût exquis par
un peintre de talent, M. Trouvé.

C'est une population charmante que la population
d'O'Tahiti, sur laquelle commencent à peser péniblement
la contrainte, et, — disons-le bien bas, — la corruption
de nos mœurs européennes.

Nos plus hideuses toiles peintes prennent dans ses
costumes la place des *tapas* légers et diaphanes; à la
voluptueuse danse *oupa-oupa* succèdent les polkas du
Casino et de Mabille; les *revareva*, découpées dans les
pellicules qui séparent les feuilles naissantes des cocotiers, et qui rivalisent d'éclat avec les plus soyeux rubans
de St-Etienne, ne flottent plus sur les cheveux noirs des
belles filles d'un paradis terrestre en décadence. L'eau-
de-vie elle-même a détrôné le *kava*.

Le *kava* est une liqueur enivrante que les jeunes filles
confectionnent en mâchant et en laissant fermenter ensuite la racine d'un petit arbrisseau nommé *piper-methys-
ticum*.

Si cette île a ses orateurs, elle a aussi ses poëtes;
témoin les vers suivants, dont la traduction ne rend que
d'une façon incomplète la naïveté et la grâce. — Il y a

longtemps qu'on l'a dit : *Traductor tradittore*; — ils sont d'une jeune fille nommée Ai-Finua-Vahine :

« Salut à toi dans le vrai Dieu, toi qui es mon étoile.

« Voici ma petite parole.

« Je t'aime comme le petit enfant aime le sein de sa mère.

« Je te désire comme la fleur de nos vallées désire la rosée de la nuit pour devenir fraîche et parfumée;

« Et comme le petit enfant à qui la mère ne donne pas le sein, je ne puis vivre;

« Et comme la fleur qui n'a pas la rosée de la nuit, je vais mourir.

« Les jours et les nuits se passent; que me sont-ils puisque tu n'es pas là?

« Le matin je te cherche et ne te trouve pas!

« Le soir je t'attends et tu ne viens pas!

« Que ne viens-tu donc si tu m'aimes!

« J'ai fini de parler, telle est ma petite parole.

« Salut à toi dans le vrai Dieu, aujourd'hui et pour toujours.

« AI-FINUA-VAHINE. »,

Madame Desbordes-Valmore, dont les lettres pleurent la mort, encore bien récente, hélas! aurait-elle hésité à signer ce petit poëme, empreint d'une si naïve et d'une si charmante grâce?

Académie des sciences. — Phosphore dans l'air. — Œuvres de Marat. — Astronomie. — M. de la Guéronnière. — Arabes de l'Irac-Arabi. — Voyage chez les Hottentots.

30 juin.

M. Barral a lu un Mémoire sur la présence des matières phosphorées dans l'air.

Il résulte naturellement de cette découverte, que l'atmosphère contient tous les éléments nécessaires pour fertiliser la terre : l'hydrogène, l'oxygène, l'azote, l'ozone, dont on ne fait encore qu'entrevoir le rôle mystérieux et immense, et enfin le phosphore.

M. Barral a trouvé dans chaque litre d'eau de pluie $0^m,69$ d'acide phosphorique.

M. Jules Cloquet a fait don à l'Académie de médecine, dont il est président, des *Recherches sur l'électricité médicale*, publiées en 1782 par Marat, et couronnées par l'Académie de Rouen.

C'est là peut-être une rareté bibliographique ; mais assurément ce n'est pas un bon livre de science, et il n'y a lieu à en complimenter ni Marat ni l'Académie de Rouen.

Les bras en tombent, quand on parcourt cette méchante brochure, manquant à la fois de forme et de fond, écrite incorrectement et dans laquelle on entrevoit déjà l'esprit de haine aveugle et folle qui caractérisa plus tard l'horrible pamphlet l'*Ami du Peuple*.

Du reste, Marat a fait d'autres publications scientifiques ou soi-disant telles. Le matérialiste qui plus tard nia l'âme avait commencé par écrite un *Traité de l'homme, ou des principes et des lois, de l'influence de l'âme sur le corps et du corps sur l'âme*.

Les bibliophiles connaissent encore de Marat des brochures sur le feu, la lumière, l'électricité, la physique, l'optique et même des *Mélanges littéraires*.

Ce qui caractérise tout cela, c'est un parti pris violent pour des idées, la plupart fausses, comme le démontrent jusqu'à l'évidence les découvertes faites depuis la fin du dix-huitième siècle jusqu'aujourd'hui.

Vous le savez, les Américains du Nord se préparent à lutter à mort, et par tous les moyens possibles, avec leurs ex-frères du Sud. Non-seulement ils fondent des canons rayés, mais encore ils cherchent à supplanter le coton, richesse des États séparés. Frère Jonathan n'y va pas de main morte. Caïn se contentait d'assommer Abel, Jonathan veut ruiner ses enfants pour les affamer.

Du reste, il se préparait depuis longtemps à une séparation prévue et inévitable; et c'est dans cette prévision qu'il avait rêvé, cherché, inventé et perfectionné le *fibrilia*.

M. Alexandre Vattemare a communiqué à l'Institut une note d'un grand intérêt sur cette nouvelle matière industrielle; en voici le résumé :

« Le *fibrilia* est une désignation générique des fibres

qu'on extrait de plantes américaines assez diverses, cultivées ou sauvages, et qui se rencontrent dans les autres parties du monde, sous les mêmes latitudes.

« Celles de ces plantes actuellement cultivées par l'industrie cotonnière qui paraissent les plus susceptibles d'être avantageusement employées sont le *lin*, le *chanvre* et le *china-grass*.

« Parmi les autres plantes pouvant être converties, on cite :

« L'aloës, l'althéa, l'ananas, la canne à sucre, le charbon, les feuilles de maïs, les feuilles de palmier, les fougères, le gazon (de diverses espèces), le genêt, le houblon, l'indigo sauvage, le jonc, la mauve, le mûrier (noir et blanc), l'ortie, l'osier, les tiges de haricots, les tiges de pois et de pommes de terres, la paille des céréales (avant maturité), la rue sauvage, le sarrazin, les ceps de vigne, les asclépias, etc.

« Le *fibrilia* peut être employé seul; il donne alors une étoffe différente de toutes celles actuellement en usage et qui possède, avec la douceur et la flexibilité du coton, le lustre et la beauté du fil. On le mélange encore à la laine et au coton.

« Si jusqu'à ce jour, ajoute M. Vattemare, en Amérique, on n'a guère *cotonisé*, c'est-à-dire transformé en équivalent du coton du lin, du chanvre et du china-grass, c'est que ces plantes s'y trouvent, en ce moment, les plus communes, le lin surtout, qu'on cultive en immense quantité dans l'Ouest, pour la graine exclusivement; on en rejette la tige comme inutile, l'abondance et le bon marché du coton ayant toujours fait repousser l'idée de créer des manufactures de toile de lin.

« L'idée de *cotoniser* le lin, le chanvre, etc., n'est certes pas nouvelle. De nombreux essais en ont été faits de 1743 à 1816, par Palmquist, lady Moira, le baron Meidengen, Haugen, Kreutzer, Gobelli, Stadler, Haupfner, Ségalta, Sakou. En 1851, le chevalier Claussen émut le monde industriel par l'annonce d'un moyen infaillible de cotoniser le lin. A la vérité, ces expériences ne furent suivies d'aucun résultat pratique, malgré les travaux vraiment remarquables de ses continuateurs, MM. Orsi et Guibert, d'une part, et Morris et Bonnevialle de l'autre. Vint enfin la théorie du colonel J. Knowles, de New-Jersey, qui forma pour l'extraction de la matière floreuse de certaines plantes une société dissoute avant de s'être mise à l'œuvre.

« Tous ces avortements s'expliquent; l'idée de cotoniser le lin au moment où le coton se trouvait abondant et à bas prix paraissait une pure utopie.

« Cependant, malgré les échecs de ses devanciers, un négociant de Boston ne craignit pas de faire de nouvelles tentatives. Convaincu de la possibilité de trouver une fibre qu'on pût substituer, ou du moins adjoindre au coton, il reprit les essais tentés et les continua. Il fonda, en 1854, sur le canal du Niagara, une usine pour la fabrication d'une substance à laquelle il donna le nom de *fibrilia*, nom qui lui est resté. Il parvint bientôt à alimenter quatre fabriques fondées de 1854 à 1857 : trois dans le Rhode-Island et une dans le Massachusetts. Les opérations du cardage, du tissage et des apprêts ne diffèrenten rien de celles qu'on fait subir au coton.

« Ces manufactures sont maintenant en pleine activité,

et les événements politiques qui s'accomplissent dans l'Union vont inévitablement leur donner une grande impulsion. »

Après de longues et laborieuses vérifications, M. Goldsmith a reconnu que le satellite de Saturne, dont il suivait les évolutions depuis tant de nuits, n'était pas le neuvième, mais bien le huitième, c'est-à-dire Japet.

Nous profiterons de cette erreur pour demander des nouvelles de la planète l'Escarbault, que personne n'a revue, et qui déjoue ainsi d'une façon quelque peu dérisoire les calculs qui, prétendait-on, l'avaient révélée et fait découvrir.

Elle subit le sort de l'hypnotisme et du coaltar, ces deux autres planètes de la science médicale, proclamées par M. Velpeau, et qui sont allées, j'en ai bien peur, rejoindre la planète l'Escarbault et le neuvième satellite de Saturne.

Citons encore, hélas! une planète égarée. Celle-là se nomme Daphné. M. Luther fait espérer qu'on la retrouvera de juin à septembre prochain. Juin est déjà passé sans qu'on ait vu la planète promise.

Il y a quelques années, un homme touchant déjà à la maturité, boitant légèrement, et dont la physionomie intelligente et douce, les traits réguliers et la grande distinction attiraient les regards de cette race intelligente et observatrice de flâneurs qu'on ne rencontre qu'à Paris, se promenait régulièrement sur le boulevard des Italiens, tous les jours, de deux à quatre heures.

C'était M. de La Gironnière, héros des aventures les

plus romanesques, qui avait régné huit ou dix ans dans une des iles de Manille, et qui, le cœur brisé par la mort de sa femme et de ses enfants, était venu demander à l'Europe et à sa civilisation des consolations qu'il n'y trouvait point, hélas !

. La nostalgie de la vie solitaire et sauvage le reprit si bien et si fort, qu'après avoir raconté ses aventures dans un volume écrit avec une charmante naïveté, il repartit un beau matin pour se mettre en quête de quelque nouvelle colonie à fonder dans les pays lointains, qu'il se sentait affamé de revoir.

C'est donc de Manille qu'il adressa à l'Institut un moyen assez singulier de guérir les piqûres de certains reptiles, regardées jusqu'ici comme incurables.

Or, ce moyen, c'est l'ivresse produite par les liqueurs fermentées.

« On trouve dans nos forêts vierges de Calanang, dit M. de La Gironnière, une grande variété de serpents, parmi lesquels il y en a de très-venimeux. Il y a peu de temps, l'un de mes ouvriers fut mordu au doigt par un de l'espèce que les Indiens considèrent comme la plus dangereuse. C'est un petit serpent long de vingt-cinq à trente centimètres. Il est jaune, à tête plate, triangulaire. Ses crochets ont jusqu'à un centimètre et demi de longueur.

« On m'amena le malade quelques minutes après l'accident. Je n'avais pas d'alcali volatil, et je cautérisai la blessure avec des charbons ardents ; mais cela n'arrêta pas les symptômes alarmants, qui se déclarèrent avec une rapidité effrayante. La tuméfaction de la main s'étendait déjà au-dessus du coude. Le malade jetait des cris des douleurs qu'il ressentait sous les muscles pectoraux ; je ne savais que faire.

« Enfin, l'idée me vint de lui faire avaler une bouteille de vin de coco (alcool de quatorze à seize degrés). L'ivresse fut instantanée ; le malade commença à déraisonner, mais sans paraître ressentir aucune douleur, et la tuméfaction du bras s'arrêta ; une demi-heure après avoir recouvré la raison, les douleurs de poitrine recommencèrent. Je lui fis prendre une autre bouteille du même vin, et enfin une troisième, qui détermina complétement la guérison : le bras désenfla, et à la main il ne resta plus trace du mal, que les résultats de la cautérisation.

« J'avais entendu dire que l'alcool pris jusqu'à produire une ivresse profonde était un spécifique contre la morsure des serpents ; maintenant j'en ai une preuve convaincante. »

Voici une belle occasion de changer une de ces étranges métaphores en vogue parmi les ouvriers parisiens, toujours si pittoresques dans les bizarres et hardies locutions qu'ils se complaisent chaque jour à créer et à adopter. On ne dira plus, en buvant le coup du matin : *Tuons le ver*, on dira : *Tuons le serpent*.

Ce qu'on ne sait pas, par contre, c'est que l'eau-de-vie est un excellent remède pour guérir de l'ivrognerie.

Un jour, un homme jeune encore vint trouver un médecin duquel je tiens ce fait, lui avoua son abominable passion pour l'alcool, passion dont il subissait les trop fatales conséquences. Son intelligence s'affaiblissait, et le *delirium tremens* commençait à se manifester. Le mé-

decin lui conseilla de recourir au moyen qu'on emploie
en Suède pour guérir les ivrognes. On les enferme dans
une prison, et on ne leur sert que des aliments imprégnés
d'eau-de-vie. Au bout de quatre ou cinq jours ils sortent
radicalement guéris, et une odeur alcoolique suffit pour
leur inspirer une véritable horreur.

Le malade eut le courage de s'enfermer dans une maison de santé et de se mettre au régime étrange que son
médecin lui avait indiqué. Depuis lors, jamais il n'a pas
subi une seule rechute. Sa santé est redevenue florissante,
et la vue seule d'un verre d'alcool lui soulève le cœur.

M. Ch. Tixier, membre de l'Institut, vient de publier,
dans la *Revue orientale et américaine*, un curieux travail
sur les Arabes de l'Irac-Arabi.

Bagdad et Bassora sont les deux plus grandes villes de
l'Irac-Arabi.

Les *Anazi*, — on donne le nom d'Anazi aux Arabes de
cette contrée, — les Anazi, dit M. Tixier, ne s'adonnent
pas à la culture ; ils laissent ce soin à des fellahs appartenant à des tribus inférieures. Les dattes et l'orge composent leur principale récolte. Ils cultivent aussi une quantité
prodigieuse de melons, de pastèques et de concombres.
La rapidité de la croissance de ces fruits est un des avantages les plus appréciés des Arabes.

Ils mangent, au lieu de pain, des galettes de farine
d'orge mélangée d'un peu de froment, cuites sur un fer
chaud, espèce de bouclier de tôle dans lequel consiste, avec
un chaudron, pour faire boire les chameaux, tous leurs
ustensiles de cuisine. Ils ne possèdent pas de poterie ; ils

la remplacent par des vases en feuilles de dattier tressées et enduites de bitume. Les outres de toutes dimensions servent à contenir les liquides, l'eau, le beurre et le lait.

Les Anazi consomment le lait de leurs chamelles, mais jamais celui de leurs juments; ils diffèrent en cela des tribus qui occupent les steppes de la mer Caspienne.

Les femmes s'occupent de tout ce qui se rapporte à l'habitation et à la famille; elles broient le grain, font le beurre et tissent les étoffes destinées aux tentes et aux vêtements. Le beurre se fabrique au moyen d'une outre suspendue à trois perches placées en faisceau et qu'on agite incessamment. Ils se montrent fort avides du *leben*, qui n'est autre que notre lait de beurre, et du *youhourt*, sorte de lait caillé qui se fait en mettant dans du lait doux quelques cuillerées de caillé. Ils ont encore une préparation de farine de riz cuite dans du lait, que l'on nomme *moulibi*. Ajoutons le *caïmak*, qui s'obtient en faisant bouillir du lait dans de grands vases plats, écrémés à mesure que la peau se forme.

Les Arabes ne font aucun usage du fromage; ils ne paraissent même pas le connaître. Dans les bazars de la ville, on trouve bien chez les *atar*, ou épiciers, une espèce de caillé salé et conservé dans des outres, mais il ne se fabrique pas dans les tribus; on l'appelle *nisitra*.

Dès qu'une jeune fille atteint l'âge de sept à huit ans, on lui perce la narine droite; on conserve ouvert le trou en y mettant un clou de girofle. Lorsque ces filles se marient, elles placent à leur nez un grand anneau d'argent de plusieurs centimètres de diamètre. Elles portent aux oreilles des pendants gigantesques, et aux jambes des karcals, grands anneaux également d'argent d'une dimension telle qu'elle gêne la marche. Notre mot *carcan* provient sans doute du mot *karcal*. Les dames grecques d'Athènes avaient adopté la mode d'anneaux aux jambes, sans doute venue des pays babyloniens, à la suite des campagnes d'Alexandre.

Ces anneaux de jambes portaient le nom de *périscélides* (du mot *skelos*, jambe) ; les dames romaines imitaient en cela les dames grecques.

Une femme arabe, nouvellement mariée, orne encore son cou de colliers de corail et d'argent, et presque toujours d'un petit miroir ; elle se surcharge les bras de bracelets et la tête de pièces de monnaie, de médailles et d'amulettes.

Elles se tatouent le front, les joues, les lèvres et les bras ; chaque tribu adopte un dessin favori.

Parmi les ajustements du collier, presque toutes les femmes arabes portent une petite boîte d'argent suspendue à une chaîne ; cette boîte contient une patte de porc-épic ; on la prône comme un remède souverain pour conserver la beauté de la poitrine.

Leur vêtement se compose d'un *séroual* ou pantalon en soie ou en coton, d'une *gandoura* ou chemise de toile bleue, d'un *foutha* ou serviette de toile de Guinée, rayée de couleurs éclatantes, qui se noue autour de la taille. Sur la tête, elles ont un voile ordinairement noir, mais qui ne sert pas à cacher le visage, car les femmes arabes ont rejeté bien loin cette habitude des habitants des villes. Les bas sont inconnus dans les tribus ; la plupart des femmes y marchent nu-pieds ou portent des babouches de cuir.

Le costume des hommes est plus riche et non moins compliqué. C'est une gandoura en soie ou en coton blanc, par-dessus laquelle ils endossent un haïck de soie ordinairement rouge, à mille raies; une triple ceinture serre leur taille : la première retient le haïck, la seconde, en étoffe riche et brodée, couvre une partie de la poitrine et du ventre; enfin la troisième, en maroquin rouge, sert à porter le candjiar, le yatagan, les pistolets et l'amorçoir du fusil. Le fusil n'est pas entre les mains de tout le monde. Le commun des Arabes n'a d'autre arme qu'une lance faite d'une tige de bambou qui provient des Indes. Parfois ils ornent le fer de cette lance d'un bouquet de plumes d'autruche. Ils se couvrent la tête d'un bonnet de feutre sur lequel ils jettent un grand mouchoir de soie jaune avec une longue frange qui pend sur les épaules.

Le vêtement de dessus est un grand manteau de forme carrée, nommé *haba* ou *machela*. Le haba se fabrique avec la plus fine laine de chameau ou de chèvre. Il varie de couleur dans chaque tribu, tantôt noir, tantôt rayé de blanc, tantôt brun. Le haba ne quitte jamais l'Arabe.

Quelle distance, entre ces costumes pittoresques et nos vêtements européens, trop étriqués pour les hommes et trop larges pour les femmes!

Nous sommes bien loin, on le voit, de suivre un précepte arabe que Mahomet n'a point dédaigné d'écrire, puisqu'on le lit tout au long dans le Koran :

« Il faut que le vêtement obéisse à l'homme et non l'homme au vêtement. »

M. Casalis, missionnaire évangélique, qui a pendant de

longues années habité le sud de l'Afrique, en est à sa deuxième édition de l'*Histoire des Bassoutos*, nom générique qu'il donne aux indigènes de cette partie du globe.

Les Bassoutos appartiennent à deux familles parfaitement distinctes, et dont l'origine est encore inconnue.

On sait, à n'en pas douter, que les Hottentots ont autrefois occupé les terres sur lesquelles les tribus cafres se trouvent maintenant réparties. « En nous avançant vers le Sud, disent invariablement les Cafres, nous avons trouvé que les Hottentots nous y avaient précédés. » Ce sont, en effet, ces derniers qui ont donné des noms à la plupart des rivières et des montagnes des pays qu'habitent leurs rivaux.

Certains Hottentots prétendent avoir appris traditionnellement que leurs ancêtres étaient arrivés en Afrique dans un *grand panier*. On ne saurait disconvenir que leur position à l'extrémité du promontoire ne ressemblât beaucoup à celle d'insulaires, cernés qu'ils étaient de trois côtés par la mer, et, au nord, par une race avec laquelle ils n'avaient presque rien de commun. Mais leur aversion extrême pour la mer, leur ignorance absolue des premiers rudiments de la navigation, font présumer qu'ils ont pénétré dans l'Afrique par la partie septentrionale.

La couleur jaune du Hottentot, ses pommettes saillantes, ses yeux à demi fermés éloignés l'un de l'autre, obliquement placés, ses membres grêles, le rapprochent extrêmement de la race mogole, mais il a les cheveux crépus. Il est naturellement serviable, enjoué dans ses rapports sociaux, bruyant dans ses plaisirs, colère et vindicatif lorsqu'on lui fait injure. Ses plus grands défauts sont la paresse et l'imprévoyance. Si l'on se sent repoussé par sa laideur, on ne peut entendre sans intérêt les saillies pleines de bon sens et de gaieté qui caractérisent sa conversation. Il parle une langue monosyllabique dont les sons durs et saccadés contrastent singulièrement avec les mots sonores, les phrases rhythmées qui s'échappent comme un flot musical de la bouche du Cafre. Cependant, dès qu'il s'agit de chant, le Hottentot l'emporte de beaucoup par la finesse de l'oreille, la flexibilité et la douceur de la voix.

Les rapports de ces indigènes avec la race blanche leur ont été funestes dès le début.

Vingt ans ne s'étaient pas encore écoulés depuis que Diaz avait découvert le cap des Tempêtes, lorsque François Almeyda, vice-roi de l'Inde, vint jeter l'ancre dans la baie de la Table, et fit débarquer quelques matelots pour tâcher d'obtenir des bestiaux au moyen d'échanges. Les Hottentots repoussèrent ces étrangers, dont les intentions leur étaient suspectes. Le gouverneur outré voulut tirer vengeance de cet affront et périt atteint d'une flèche empoisonnée. Peu de temps après, d'autres Portugais parurent sur le rivage. Connaissant la passion des naturels pour le cuivre, ils placèrent au milieu d'eux un canon bien poli et feignirent de leur en faire présent. Tandis que les Hottentots s'empressaient autour de cet instrument de mort et le traînaient sans défiance vers leurs cabanes, les Portugais, qui avaient chargé la pièce à mitraille, y mirent le feu et firent de la sorte un épouvantable carnage.

Le souvenir de cette atrocité s'est perpétué jusqu'à nos

jours parmi les Koranas, qui paraissent être les descendants directs des malheureuses victimes. -

Les grands Namaquois et les Koranas, qui appartiennent
à la même race, jouissent encore de leur indépendance,
grâce à leurs mœurs nomades et à leur éloignement du
cap. Tandis que les Hottentots de la colonie ne parlent
presque plus le hollandais ou l'anglais, ils ont conservé
l'usage de l'idiome national. On estime que les grands Namaquois sont au nombre de vingt mille. Ils occupent le pays
compris entre l'Orange et les terres des Damaras, le long
de la côte occidentale. Les Koranas, originaires des environs de la baie de la Table, s'enfuirent vers le nord-est
après l'épouvantable affaire du canon portugais. Ils se
trouvent sous le 28° de latitude, près des bords septen-
trionaux de la rivière Fat. Je ne sais s'ils furent démora-
lisés par le guet-apens en question, mais il est de fait
qu'ils se sont acquis un triste renom par leur penchant
invétéré au vagabondage.

Ils se distinguent du reste des Hottentots par une haute
stature, plus de force musculaire, un air défiant et sour-
nois. Depuis une vingtaine d'années, les missionnaires
sont parvenus à se faire écouter d'eux et à les corriger,
jusqu'à un certain point, de leurs mauvaises habitudes.

Les Bassoutos et les rares Européens qui vivent entourés d'animaux inconnus en Europe, ont quelquefois affaire
à des concurrents d'une rencontre peu agréable.

Un de nos missionnaires, excellent tireur, dit M. Casalis, se
trouvant en voyage, avait, un jour, devancé sa voiture dans l'es-
poi de faire un beau coup de fusil. Il le fit beau, en effet. Un
zèbre magnifique en fut terrassé. La journée était brûlante, mais

la victime gisait près d'un charmant bosquet. Notre ami, souriant d'aise, alla s'étendre voluptueusement à l'ombre de mimosas séculaires, se proposant d'y rester jusqu'à ce que sa voiture arrivât. Mais voilà bientôt une tête énorme et fort velue qui se montre à travers les broussailles, à trois ou quatre pas de là. Cette tête se tourne d'abord vers le zèbre, puis vers le chasseur consterné. Elle s'abaisse un instant et se relève plus haute. Le lion (car c'en était un) procédait méthodiquement, en bête intelligente. Ses idées, d'abord un peu confuses, comme elles le sont toujours après une profonde sieste, commençaient à se débrouiller.

Évidemment, il n'aurait pas loin à chasser ce jour-là. Croquerait-il le bipède vivant ou le quadrupède mort? Voilà l'importante question qu'il se posait, et, pour pouvoir mieux juger, il avait quitté sa couche de feuillage et s'était gravement assis. Posture prise, nouvelle consultation des yeux. Son regard paraît se porter plus longuement et avec plus de fréquence sur la victime déjà prête. Roi des déserts, vous contenteriez-vous de mon zèbre? était prêt à crier le chasseur plus mort que vif. S'il ne le cria pas, il le pensa, et se hasarda à opérer un petit mouvement de retraite par manière d'essai. Le lion donne alors à ses yeux l'expression la plus bienveillante, se lève et fait un pas dans un sens qui ne laisse aucun doute sur la générosité de ses intentions. L'accord était conclu. On pouvait se séparer en amis. »

Les Bassoutos possèdent une littérature, — une littérature parlée, bien entendu, — et qui se transmet de génération en génération et de bouche en bouche, comme nos légendes et nos chroniques populaires du moyen âge; ils ont même des énigmes qu'ils se donnent entre eux à résoudre.

En voici quelques unes :

Il est une chose qui n'a ni jambes, ni ailes, et qui, cependant, va très-vite et n'est arrêtée ni par les précipices, ni par les rivières, ni par les murailles. » On répond : C'est la *voix*.

Nommez les dix arbres au haut desquels sont placés dix rochers plats.— Réponse : Les *doigts*, terminés par les *ongles*.

D. Connaissez-vous une montagne à pic, penchée au-dessus d'une ravine? — R. Le *nez*, placé au-dessus de la bouche.

D. Quelle est la chose qui va et revient toujours par le même chemin? — R. *Une porte.*

D. Pouvez-vous dire ce qu'est un petit garçon immobile et muet, qu'on habille chaudement pendant le jour et qu'on laisse nu pendant la nuit? — R. La *cheville* à laquelle les Bassoutos suspendent de jour leurs couvertures.

D. Connaissez-vous une chose qui ne marche pas à terre, ne vole pas dans l'air, ne nage pas dans l'eau, et qui cependant marche, monte et descend? — R. L'araignée sur sa toile.

Terminons par une légende.

On dit qu'autrefois tous les hommes périrent. Un animal prodigieux qu'on nomme Kammapa les dévora, grands et petits. Cette bête était horrible; il y avait une distance si grande d'une extrémité de son corps à l'autre, que les yeux les plus perçants pouvaient à peine l'embrasser tout entière. Il ne resta sur la terre qu'une femme, qui échappa à la férocité de Kammapa en se tenant soigneusement cachée. Cette femme conçut et enfanta un fils dans une vieille étable à veaux. Elle fut très-surprise, en le considérant de près, de lui trouver le cou orné d'un collier d'amulettes divinatoires. « Puisqu'il en est ainsi, dit-elle, son nom sera Litaolané ou le Devin. Pauvre enfant! dans quel temps est-il né! Comment échappera-t-il à Kammapa? Que lui serviront ses amulettes? »

Elle parlait ainsi, en ramassant dehors quelques brins de fumier, qui devaient servir de couche à son nourrisson. En entrant dans l'étable, elle faillit mourir de surprise et d'effroi : l'enfant était déjà parvenu à la stature d'un homme fait, et il proférait des discours pleins de sagesse. Il sort aussitôt et s'étonne de la solitude qui règne autour de lui. « Ma mère, dit-il, où sont les hommes? N'y a-t-il que toi et moi sur la terre? — Mon enfant, répondit la femme en tremblant, les hommes couvraient, il n'y a pas longtemps, les vallées et les montagnes; mais la bête dont la voix fait trembler les rochers les a tous détruits. — Où est cette bête? — La voilà tout près de nous. »

Litaolané prend un couteau, et, sourd aux prières de sa mère, il va attaquer le mangeur du monde. Kammapa ouvre son épouvantable gueule et l'engloutit; mais l'enfant de la femme n'est pas mort; il est entré, armé de son couteau, dans l'estomac du monstre, et lui déchire les entrailles. Kammapa pousse un horrible mugissement et tombe. Litaolané commence aussitôt à s'ouvrir un passage; mais la pointe de son couteau fait pousser des cris à des milliers de créatures humaines enfermées vivantes avec lui. Des voix sans nombre s'élèvent de toutes parts et lui crient : « Prends garde, tu nous perces! » Il parvient cependant à pratiquer une ouverture par laquelle les nations de la terre sortent avec lui du ventre de Kammapa.

Les hommes, délivrés de la mort, se dirent les uns aux autres : « Qui est celui-ci qui est né de la femme seule et qui n'a jamais connu les jeux de l'enfance? D'où vient-il? C'est un prodige et non un homme. Il ne saurait avoir de part avec nous; faisons-le disparaître de la terre. » Cela dit, ils creusèrent une fosse profonde, la recouvrirent à sa surface avec un peu de gazon, et placèrent un siége dessus; puis un envoyé court vers Litaolané, et lui dit : « Les anciens de ton peuple se sont assemblés et désirent que tu viennes t'asseoir au milieu d'eux. » L'enfant de la femme alla; mais, en passant près du siége, il y poussa adroitement un de ses adversaires, qui disparut pour toujours. Les hommes se dirent encore : « Litaolané a l'habitude de se reposer au soleil, près d'un tas de roseaux; cachons un guerrier armé dans les roseaux. » Cette embûche ne réussit pas mieux que la première. Litaolané n'ignorait rien, et sa sagesse confondait toujours la malice de ses persécuteurs. Plusieurs d'entre eux, en tâchant de le jeter dans un grand feu, y tombèrent eux-mêmes.

Un jour qu'il était vivement poursuivi, il arriva au bord d'une rivière profonde et se métamorphosa en pierre; son ennemi, surpris de ne pas le trouver, saisit cette pierre et la lança sur la rive opposée, en disant : « Voilà comment je lui casserais la tête, si je l'apercevais sur l'autre bord. »

La pierre redevint homme, et Litaolané sourit sans crainte à son adversaire, qui, ne pouvant plus l'atteindre, exhala sa fureur par des cris et des gestes menaçants.

Cela ne vous rappele-t-il pas la grâce naïve du conte du *Petit-Poucet?*

JUILLET

La scie à rubans. — Le mastic de fonte. — Le singe de M. Eugène Arpin. — La machine à vapeur.

1ᵉʳ juillet.

Quand la reine Marie-Antoinette voulut s'installer au petit Trianon, elle fit opérer, dans cette charmante résidence bâtie par Louis XV, des changements qui nécessitèrent le concours d'ouvriers de divers corps d'état. Parmi ces ouvriers se trouvaient deux scieurs de long, l'un vieux et du nom de Pierre, l'autre jeune et du nom de Fortuné.

Pierre se tenait vaillamment sur la poutre et maniait la

scie en homme qui possède une longue habitude de son
métier; au rebours, Fortuné, placé sous la pièce de bois,
les cheveux enveloppés pittoresquement d'un mouchoir
de couleur et d'un chapeau à larges bords rabattu sur les
yeux, s'y prenait assez gauchement et s'attirait souvent
les remontrances de son compagnon. De plus, on avait
cru le remarquer, il cherchait à cacher son visage, surtout quand venaient à passer les dames de la cour; enfin,
la princesse de Lamballe avait fait observer que le pauvre
garçon, à chaque instant, essuyait furtivement des larmes.

Il n'en fallait pas davantage pour mettre en l'air les
imaginations oisives de cet essaim de jeunes femmes,
entourées de tous les prestiges du bonheur, et qui, peu
d'années après, devaient si cruellement et si courageusement expier dans les prisons et sur l'échafaud leur gaieté
et leur innocent amour pour les bergeries, devenues fort
à la mode, grâce à M. le marquis de Florian !

On bâtit donc, dans la petite cour de la reine, un roman
des plus mystérieux sur le beau scieur de long.

Les unes voulaient voir en lui un gentilhomme de haute
naissance, réduit par des revers de fortune à gagner péniblement sa vie à l'aide de travaux mercenaires ; elles
appuyaient cette supposition sur la blancheur et la délicatesse des mains de Fortuné.

Les autres allaient plus loin encore; elles prétendaient
qu'une des personnes de l'entourage de la reine avait
inspiré une violente passion à Fortuné, et que, pour apercevoir quelquefois de loin celle qu'il aimait éperdûment
et sans espoir, il s'était résigné à prendre un déguisement
d'ouvrier.

Ces propos finirent par arriver aux oreilles du roi. Louis XVI n'aimait guère les commérages qui se faisaient autour de sa femme; il résolut de couper court à celui-ci.

Donc, un beau matin que Marie-Antoinette trayait sa vache blanche aux cornes dorées et empanachées de faveurs roses, le monarque entra brusquement dans la ferme où un essaim de jeunes femmes, en jupon court et les cheveux poudrés, jouaient à la fermière.

Il parut s'amuser pendant quelques instants de leur badinage champêtre; puis, sans faire semblant de rien, il se dirigea vers les scieurs de long. Il adressa d'abord la parole à Pierre :

— Mon ami, lui demanda-t-il, combien de pieds de planches pouvez-vous scier pendant une heure?

— Ma fine! monsieur, répondit l'ouvrier, qui ne savait point parler au roi, je ne crains personne pour abattre de la besogne. Si j'avais un compagnon moins fainéant, je ferais au moins mes dix-huit pieds à l'heure... Mais Fortuné a de la chair molle sous les bras, et il n'en prend qu'à son aise.

Le roi jeta un regard furtif derrière lui : il aperçut la reine et ses dames d'atours qui écoutaient cachées par une haie; c'était ce qu'il voulait. Il reprit donc en élevant la voix et en se tournant vers Fortuné :

— Pourquoi donc ne travailles-tu pas plus courageusement, mon garçon ?

Fortuné s'essuya les yeux.

— Ne pleure pas, parle franchement.

— Saperlotte! je ne pleure point, je m'essuie tout

bonnement les yeux, répliqua Fortuné; je serais curieux de vous voir sans en faire autant manier, toute une journée, une scie! Vous ne remarquez donc pas qu'à chaque moment, malgré mon chapeau rabattu, il me tombe de la sciure dans les yeux, qu'ils en sont tout rouges?

— S'il n'avait pas quatre enfants, reprit maître Pierre, je l'eusse déjà envoyé au diable! Mais que deviendraient sa pauvre femme et ses marmots? D'autant qu'il donne plus d'argent au cabaretier qu'à sa famille..... Allons, tire donc, Fortuné! Est-ce que jaser empêche de travailler.

Le roi remit un louis d'or à Pierre et deux à Fortuné : un pour lui et « l'autre pour ses quatre enfants, » eut-il soin de dire à haute voix. Puis il tourna sur ses talons et remonta en carrosse.

Il avait atteint son but. Dès ce moment-là, fort déconcertées de leur méprise, la reine et les personnes qui l'entouraient ne bâtirent plus de roman sur Fortuné; leur imagination se trouva à cet égard refroidie, autant, sinon plus que le monarque le voulait.

Maître Pierre se regardait comme un habile scieur de long, parce qu'il pouvait débiter ses dix-huit pieds de planche à l'heure.

Que dirait-il, s'il voyait aujourd'hui fabriquer ses dix-huit pieds en moins d'un quart de minute?

Une scie mécanique débite, en trois minutes, dans une même pièce de bois, quatre planches de dix huit pieds.

Sans compter que c'est là une des moindres merveilles opérées par les scies que meut la vapeur.

Ces scies sont de quatre espèces : la scie *à ruban*, la scie *à mouvement alternatif*, la scie *à placage* et la scie *circulaire*.

La scie *à ruban* se compose d'une lame d'acier continue, mince, souple, dentelée, sans solution de continuité, *sans fin*, en un mot ; formant un véritable cordon métallique qui repose sur deux tambours.

La scie *à mouvement alternatif* est une lame d'acier également dentelée que la vapeur monte et descend comme on manœuvre la scie à main ordinaire.

La scie *circulaire*, plaque ronde armée de dents à son rebord, tourne sur elle-même.

Enfin, la scie *à placage* débite en larges lames, d'une ténuité qui rivalise avec celle du papier, d'énormes blocs de bois exotiques, tels que l'acajou et le palissandre. Elle agit horizontalement en même temps qu'un mouvement automatique remonte et place sous les infatigables dents de sa collaboratrice, l'arbre destiné à se transformer en feuilles, large parfois de quatre-vingts centimètres. Quant à leur épaisseur, vous en jugerez lorsque vous saurez qu'on en obtint vingt-quatre dans vingt-sept millimètres, et qu'il faut, en outre, déduire ce que *mange la scie*, c'est-à-dire environ les deux tiers ; on retire donc vingt-quatre feuilles de placage de neuf millimètres environ.

Avec la scie circulaire, on taille en peu de secondes de gigantesques morceaux de bois. Sa force quelque peu brutale ne connaît point de résistance. Elle arrêterait la marche d'une machine à vapeur, même de trente chevaux, si l'ouvrier qui conduit le bois vers la scie le poussait trop violemment.

La rotation accélérée donne à un disque mis en mouvement par la vapeur une telle force, que garni, sur son rebord, d'une lame de plomb, ce disque rougit à blanc une épaisse barre de fer, et finit par l'user complétement.

Ce phénomène a lieu parce que la barre de fer subit constamment un redoutable frottement, tandis que le plomb, dans son mouvement circulaire, éprouve des alternatives de chaleur et de refroidissement, et surtout de contact et de non contact.

La scie *à ruban* et la scie *à mouvement alternatif* n'ont rien de cette force indomptable. Elles permettent de travailler le bois avec une délicatesse et une précision extrêmes. Les dentelles les plus ouvragées n'outre-passent guère les perfections que reçoit une planche soumise à leur action. L'ouvrier peut suivre les contours des dessins, si compliqués qu'ils soient; aucun détail, malgré la finesse qu'il exige, ne les trouve jamais en défaut. Elles opèrent enfin, s'il en est besoin, de véritables prodiges de précision, surtout quand elles ont affaire à leur bois favori, le peuplier, que caractérise un tissu liant et serré.

Cependant le chêne et les autres essences même les plus dures se soumettent également à l'irrésistible pouvoir des instruments dont je vous parle.

L'ouvrier commence par placer, sous une *mèche à percer*, mue par la vapeur, la pièce de bois dont on lui confie le découpage, et sur laquelle on a préalablement tracé au crayon le dessin à exécuter.

Une fois qu'on a foré par la mèche les premiers trous destinés à engager la scie et à lui servir d'amorce, on fait ce qu'on veut de la pièce de bois mise en œuvre;

qu'elle soit grosse ou menue, grande ou petite, simple, double, triple, quadruple, quintuple même, il suffit qu'elle ne dépasse pas de beaucoup vingt-deux centimètres d'épaisseur.

A peine en contact avec le bois, la scie, animée par la vapeur, semble devenir vivante et intelligente. Elle taille, elle débite, elle découpe en un clin d'œil; elle se prête à tous les caprices des lignes; elle obéit servilement à la main de l'ouvrier qui lui présente successivement des contours compliqués; elle abat en peu de minutes plus de besogne qu'un habile ébéniste n'en ferait en une semaine.

Un petit soufflet, habilement dirigé sur la pièce que l'on travaille, se meut constamment pendant que les scies sont à l'œuvre, et écarte de la pièce de bois la sciure que produisent les infatigables dents des ouvrières automates. C'est plaisir que de le voir tour à tour, de lui-même, gonfler et vider son ventre de peau, s'arrêter quand les scies s'arrêtent, reprendre sa besogne quand elles reprennent la leur, et ne jamais faire défaut à celles auxquelles on l'a ingénieusement associé.

Aussi, que de merveilles opère la scierie à vapeur ! Pour ne citer qu'un seul de ceux qui l'exploitent à la fois en artistes et en industriels, quelles applications utiles et ingénieuses en fait M. Waaser, dans les ateliers de qui j'écris cette chronique. — Témoin le *berceau galerie* en treillage, qui lui a valu, lors de la dernière exposition de la Société d'horticulture, une médaille de première classe.

Sous Louis XV, à l'époque duquel est emprunté le style

de ce berceau, il eût fallu cinquante ouvriers et un an pour l'exécuter. En 1861, deux ou trois hommes, la scie à ruban, la scie circulaire et un mois ont largement suffi.

Mille ornements pittoresques, gracieux, qui s'adaptent facilement à nos maisons de campagne et à nos appartements restreints, s'inventent quotidiennement : grâce au nouveau mode de fabrication, ils pénètrent jusque dans les plus humbles intérieurs, où ils apportent de l'élégance à bon marché.

Or, vous le savez, on ne saurait trop se féliciter quand les améliorations et le bien-être descendent jusqu'aux petites bourses.

Précisément, c'est là qu'arrive chaque jour et qu'arrivera bien plus encore une industrie dont on ne connaît pas assez, à l'heure qu'il est, la portée, les avantages et les fécondes applications.

La scie à ruban ne débite point seulement le bois, elle taille encore le drap avec une précision qui tient du prodige, et abat en quelques secondes une besogne qui fatiguerait pendant plusieurs semaines les plus habiles et les plus prestes coupeurs de Paris.

Pendant les guerres de Crimée et d'Italie, chez un de nos grands industriels, j'ai vu les diverses pièces de vingt-cinq pantalons et d'autant de capotes, se former pour ainsi dire magiquement sous la scie à ruban, à laquelle, il est vrai, on avait ôté ses dents pour les remplacer par une lame fine et tranchante. Les vestes, les manteaux, les képis, que sais-je, moi ! tout l'habillement de nos soldats s'improvisaient de la sorte ; les mécaniques à coudre achevaient le reste.

Qu'eût dit à la vue d'un pareil spectacle l'honnête tailleur dont parle Walter Scott?

Un jour que le brave homme avait une commande importante et pressée pour l'armée du prince Charles-Édouard, un ménétrier entra dans l'atelier et se mit à chanter une ballade mélancolique et d'un rhytme lent. Les ouvriers donnèrent instinctivement à leur aiguille le mouvement indiqué par le musicien, et la besogne se ralentit d'une façon singulière.

Le vieux tailleur s'approcha du chanteur, lui glissa dans la main une pièce de six pence, et lui insinua tout bas à l'oreille de remplacer sa ballade par une gigue royaliste. A peine eut-il été obéi que les aiguilles se mirent à l'unisson de l'air de danse, et volèrent pour ainsi dire entre les doigts des couseurs.

La vapeur et la mécanique ont laissé bien loin derrière elles cette fameuse gigue, que l'auteur de *Waverley* proclamait pourtant deux fois patriotiques, d'abord parce qu'elle célébrait les exploits du prétendant, ensuite parce qu'elle avait procuré des culottes à bon nombre de soldats des basses-terres, qui, sans cela, en eussent été réduits à marcher à l'ennemi dans le costume des montagnards. « Or, ajoute le célèbre romancier, les gens des basses-terres tenaient autant à porter des culottes que les montagnards à n'en point porter. »

On se rappelle, en effet, que sous le règne de Jacques II, ce prince ayant défendu aux montagnards d'entrer à Édimbourg sans *porter* de culottes, ceux-ci arrivaient dans la capitale de l'Écosse leur culotte au bout d'un bâton. Il fallut que le monarque modifiât son édit et don-

nât les détails les plus techniques, pour que les récalcitrants Calédoniens se résignassent à se vêtir de ce que
les pudiques Anglaises nomment aujourd'hui des *inex-
pressibles.*

On ne saurait se figurer combien on peut empêcher
d'accidents en apprenant aux masses quelques faits ignorés d'elles.

Voici par malheur une lugubre preuve de ce que
j'avance.

Il y a peu de jours, dans un des grands établissements
industriels de l'Alsace, on montait une machine à vapeur.

Un ouvrier avait pénétré, par l'ouverture à laquelle on
donne vulgairement le nom de *trou d'homme,* dans la
chaudière close. Il voulait y faire quelques soudures avec
du mastic de fonte.

Ce mastic est un composé de limaille de fonte, de soufre et de sel ammoniac; on s'en sert pour l'ajustement
de certaines pièces que l'on démonte rarement et qui se
trouvent exposées à l'action directe du feu.

L'ouvrier, une fois dans la chaudière reçut, par le *trou
d'homme,* des mains d'un de ses camarades, un vase
contenant le *mastic de fonte* que, suivant la coutume,
on venait de préparer à l'instant même.

A quelques secondes de là, on entendit dans l'intérieur
de la chaudière des gémissements étouffés et une sorte
de râle.

Aussitôt un des ouvriers présents comprit qu'il venait
d'arriver un accident à son camarade, et voulut s'intro-

duire, par l'ouverture étroite dont je vous ai parlé, dans l'intérieur de l'appareil.

A peine s'y fut-il engagé qu'il perdit connaissance et s'affaissa sur lui-même. Heureusement on put le saisir par le bras et le ramener à l'air. Un autre ouvrier ne fut pas plus heureux.

Il fallut donc recourir à l'expédient long et difficultueux d'enlever les plaques boulonnées de la chaudière qui ferment les trous des *boûilleurs;* on établit ainsi un large courant d'air à travers toutes les parties du générateur.

Un médecin arriva au moment même où l'on terminait cette opération, qui dura quatre à cinq minutes. Il trouva asphyxié et mort le premier des ouvriers ; les deux autres, qui avaient si courageusement tenté de lui venir en aide, accusaient un grand mal de tête, de l'oppression et des envies de vomir. Quelques secours sagement administrés ne tardèrent point toutefois à dissiper les symptômes les plus inquiétants.

Cet accident, qui a coûté la vie à un homme et qui a failli frapper deux autres victimes, a été causé par l'acide sulfhydrique qui se dégage du *mastic de fonte* encore frais.

Or, il suffit de 11,200 de gaz sulfhydrique mêlé à de l'air pour faire mourir un oiseau, et de 1/200 pour tuer roide un chien.

Jugez de ce qu'il doit arriver quand une grande quantité de cet agent funeste se dégage dans un tube presque hermétiquement clos, d'un mètre de diamètre sur neuf mètres trente centimètres de longueur, proportions ordinaires de la chaudière d'une machine à vapeur de la force de trente chevaux.

Jusqu'à présent, comme beaucoup d'ouvriers avaient seulement été rendus plus ou moins gravement malades, par l'emploi du *mastic de fonte*, qu'aucun d'eux n'était mort, du moins instantanément, personne n'avait songé au gaz délétère que produit ce mélange.

Personne ne s'était dit que :

« Dans la préparation du *mastic*, l'eau et le gaz se décomposent, que le fer passe à l'état de sulfure, de chlorure et d'acide ferreux, et qu'enfin il se dégage en abondance de l'ammoniaque et de l'hydrogène sulfuré. »

Maintenant que le danger a été révélé par la mort d'un homme, les chimistes vont sans doute se préoccuper de substituer au *mastic de fonte* un amalgame moins dangereux. Mais, d'ici-là, l'industrie renoncera-t-elle à une substance qui lui est indispensable ? Non, hélas ! Au moins, tant qu'on la mettra en œuvre, qu'on veille à ne point mélanger à la limaille de fer trop de soufre et trop de sel ammoniac ; qu'on respecte soigneusement les proportions du mélange ; qu'on les pèse scrupuleusement ; que surtout, dût-on perdre un peu plus de temps et faire un peu plus de travail, on n'hésite point à enlever les plaques boulonnées, afin de ventiler et d'aérer les chaudières ; enfin qu'on ne prépare à la fois qu'une petite quantité du dangereux mastic, et qu'on ne l'introduise qu'en légères fractions dans les lieux clos où l'on s'en sert !

Espérons qu'on suivra ces conseils, et que, pour épargner quelques quarts d'heure de besogne, on n'exposera plus des ouvriers à de pareils dangers. *Un homme averti en vaut deux*, dit un proverbe flamand.

Un singe averti en vaut deux également.

C'est du moins ce que me racontait l'autre soir, aux auteuils d'orchestre du Théâtre-Français, un de mes spirituels voisins.

M. Eugène Arpin était, il y a quelques années, propriétaire d'un charmant singe de la famille américaine, le *Sajou Saï* de Geoffroy Saint-Hilaire ; une trop rare concordance entre la science et le langage populaire ont donné à ce singe le même nom de *Capucin*.

Or, le *capucin*, charmant petit animal, doux, gai, pétulant et exhalant une légère odeur de musc, n'avait point tardé à emprunter à l'espèce humaine plusieurs des tristes défauts qui la caractérisent. Ses fréquents rapports avec quelques ouvriers d'une filature de coton, dans laquelle il se promenait en liberté, lui avaient, entre autres, donné pour les liqueurs fortes une passion frénétique.

De l'ivrognerie au vol, il n'y a qu'un pas ; c'est saint François de Salles qui le dit dans son *Introduction à la vie dévote*, cet adorable chef-d'œuvre de grâce et de naïveté.

Donc, le *Capucin* volait tout ce qu'il pouvait voler d'eau-de-vie et de liqueurs. On avait beau le chasser de la salle à manger, il trouvait toujours moyen de s'y introduire. Quand on se levait de table, il s'emparait d'une bouteille, l'emportait dans un coin, la débouchait, si bien bouchée qu'elle fût, et se soûlait comme un crocheteur.

Son maître résolut de lui donner une leçon qui le corrigeât d'un vice si dangereux pour celui qui s'y livrait et pour les provisions de la maison. Un jour donc, par l'ordre de M. Arpin, on ne laissa sur la table qu'une bouteille d'eau de Seltz.

Le *Capucin*, quand il vit la salle à manger évacuée, s'élança d'un bond sur la table, s'empara de la bouteille et voulut en enlever le bouchon. Le bouchon résista aux efforts des quatre mains et des dents aiguës du singe.

Alors il prit la bouteille entre ses jambes, la tourna et la retourna dans tous les sens, et ne tarda point à remarquer la ficelle qui retenait le bouchon. Il la coupa à l'aide de ses longues canines, tranchantes comme des rasoirs, et alors, il se mit à tirer le bouchon.

Cette fois, le bouchon céda, mais avec une explosion terrible. Des flots d'eau de Seltz de toutes parts frappèrent et inondèrent le *Capucin* épouvanté. La pauvre bête s'enfuit éperdue dès que la peur lui laissa assez de force pour s'esquiver et ne reparut pas de plusieurs jours.

Depuis lors, non-seulement elle ne toucha plus à une bouteille, mais encore, quand elle en voyait une elle s'en écartait avec un sentiment visible de terreur.

Hélas! que de gens prennent le titre de savants, qui devraient imiter ce singe, et ne pas s'acharner à vouloir déboucher des questions qui ne peuvent qu'éclater et les inonder, sans profit, de doutes, de déceptions, voire de ridicule, d'eau claire en un mot!

Bossuet l'a dit dans sa *Connaissance de Dieu et de soi-même* :

« Il semble que Dieu ait voulu nous donner dans les animaux une image de raisonnement et une image de finesse; bien plus, une image de vertu et une image de vice; une image de piété dans le soin qu'ils montrent tous

6.

pour leurs petits, et quelques-uns pour leurs pères; une image de prévoyance, une image de fidélité; une image de flatterie, une image de jalousie et d'orgueil, une image de cruauté, une image de fierté et de courage. Ainsi les animaux nous sont un spectacle où nous voyons nos devoirs dépeints. Chaque animal est chargé de sa représentation... »

Les Anglais saluent de hourras enthousiastes la voiture à vapeur du comte de Cattness.

Cette voiture a déjà parcouru une partie de l'Angleterre, sans tenir compte ni des pentes, ni des montées, ni des descentes, ni des routes défoncées par des ornières; elle va, toujours intrépide et docile, avec une vitesse de douze kilomètres à l'heure.

C'est un phaéton à trois roues. Le conducteur la dirige à l'aide d'une manivelle. Quant à l'appareil moteur, le *Mechanic's Magazine* le décrit en ces termes :

« La poignée de la manivelle tenue par le conducteur agit par l'intermédiaire d'un levier sur la chappe qui porte la roue du devant, la troisième roue du tricycle, de manière à la diriger tantôt à droite, tantôt à gauche pour lui faire suivre les sinuosités de la route. Sa main droite, en imprimant un léger mouvement de rotation à une roue de volant placée horizontalement devant lui, met en jeu un frein à sabot, ce qui permet d'enrayer la grande roue de droite et d'arrêter la voiture sur la pente la plus rapide. A l'aide d'une clef placée à la portée de cette même main droite, il maîtrise la vapeur de la chaudière, la fait circuler, l'arrête, règle son issue à volonté. Le réservoir d'eau, de la contenance de 680 litres, forme la caisse de la voiture; une petite pompe, mise en jeu par la machine à vapeur, envoie l'eau dans le générateur tubulaire placé en arrière et au-dessus du réservoir. Deux cylindres de 16 centimètres de diamètre, munis de deux pistons dont la course est de 18 centimètres, installés entre le réservoir et le générateur, communiquent le mouvement aux deux roues de derrière, qui sont les deux roues motrices; la force de la machine peut atteindre neuf chevaux à vapeur.

« Une provision de charbon de 1,000 kilogrammes, suffisante à un parcours de 50 kilomètres sur une route ordinaire, remplit une boîte placée en face du chauffeur ou mécanicien chargé d'alimenter le feu et de s'assurer que le générateur ne manque pas d'eau, que la vapeur a la tension voulue. »

Voici donc enfin le commencement de la solution d'un problème qui, depuis bien longtemps, n'en devrait plus être un : la substitution aux chevaux d'un mécanisme pour diriger les voitures !

Entre l'alpha et l'oméga de cette solution, il s'écoulera peut-être bien du temps encore, mais il n'en reste pas moins certain que dans un demi-siècle, un peu plus tôt, un peu plus tard, on s'étonnera que nous n'ayons pas su trouver d'autre moyen de traction que d'atteler aux voitures de pauvres animaux dirigés à grands coups de fouet.

A cet égard, le vingtième siècle traitera de barbare le dix-neuvième, et il aura raison.

Académie des sciences. — Progrès de la photographie. — Chambre automatique de M. Bertsch. — De l'alimentation des oiseaux. — Histoire de trois pics. — Un bal dans une chaudière. — Les vipères. — *Journal des Savants*. — Transformation du *tœnia*.

5 juillet.

S'il est une découverte qui marche rapidement de progrès en progrès, assurément c'est la photographie. Chaque jour elle reçoit une application nouvelle; chaque jour elle devient plus complète et plus praticable.

On lui reprochait néanmoins encore deux défauts.

Le premier, c'était le peu de durée de ses épreuves, que la lumière altérait promptement par sa puissante action; détruisant ainsi peu à peu l'œuvre qu'elle avait instantanément créée.

Le second consistait dans la pesanteur des appareils photographiques, dans la difficulté d'opérer en plein air, et dans les tâtonnements qu'exigeait la *mise au point*.

Un chimiste de Lyon, M. Fargie, par l'association du charbon aux agents chimiques qu'emploie la photographie, donne aux épreuves une durée qui égale celle des meilleures gravures en taille-douce ou à l'eau-forte. Ni l'action de la lumière, ni même celle de l'électricité, cet irrésistible agent de décomposition, ne peuvent rien sur les épreuves nouvelles. L'eau ne les détruit pas; elle réduit à la longue le papier en bouillie, mais elle laisse l'impression photographique aux débris informes de cette bouillie.

M. Bertsch, de son côté, a triomphé des difficultés de la mise au point et fait disparaître le lourd et difficultueux bagage du photographe.

Sa *chambre automatique* se compose d'une boîte de quarante centimètres de long sur quinze de large et trente de hauteur.

Elle ressemble à un nécessaire de peintre-paysagiste, et contient la chambre noire, ainsi que les produits chimiques dont on a besoin.

La chambre noire est grande comme une carte à jouer.

Il suffit de la placer sur un pied mobile, à douze ou quinze pas de l'objet qu'on veut reproduire. Un petit cadre en fer qui s'ajuste au-dessus montre complétement l'image peinte dans l'intérieur de la chambre noire, image qui se reproduit sur la plaque sensibilisée.

Cette chambre est un œil véritable qui voit pour celui qui opère, et qui voit d'une façon nette et infaillible.

En outre des produits chimiques, *la chambre automatique* renferme les bassines et les accessoires nécessaires pour le travail en plein air au collodion humide.

Cette boîte est close par des verres de couleur orange, et munie d'une manche en caoutchouc qui permet d'introduire la main dans le petit laboratoire et d'y faire facilement toutes les manipulations nécessaires.

Rien de plus intéressant pour les artistes en voyage que de pouvoir, avec un matériel aussi léger, faire sur place, en pleine lumière, avec une grande rapidité et sans le souci de la mise au point, de petites épreuves très-nettes qui, par l'opération du grandissement, donneront de très-beaux paysages, et surtout des études de perspective et de premiers plans que les artistes réclament depuis si longtemps de la photographie.

Quand à l'opération même du grandissement, elle se fait au moyen du microscope, dont nous avons eu déjà occasion de parler à propos des études d'histoire naturelle photographiées.

En augmentant un peu les dimensions de cet instrument, M. Bertsch a pu l'appliquer à l'amplification des petites épreuves de la chambre automatique, qui donnent ainsi de grandes épreuves d'une remarquable netteté.

Le grossissement n'a de limites que l'apparition des molécules du collodion, sur lequel on a obtenu le cliché primitif; ce qui n'arrive qu'avec une amplification de quatre à six mille surfaces.

Au moment où l'on vient d'introduire l'étude de la photographie dans l'armée, nous ne doutons pas que cette nouvelle méthode ne soit d'un grand secours:.

M. Florent Prévost continue ses études sur l'alimentation des oiseaux. Il y a peu de jours, il ouvrait, en notre présence, le gésier d'un martinet, et il y comptait 680 insectes, en partie composés de *nitidules*, coléoptères plus petits qu'un grain de millet.

Le martinet avait été tué vers le soir, et cette masse d'insectes se trouvait encore intacte. Or, comme les martinets chassent deux fois par jour, un peu après l'aurore et un peu avant le crépuscule, on doit en conclure qu'un seul martinet détruit quelque chose comme dix à onze mille insectes par semaine.

Ces oiseaux chassent en ce moment les scarabées, mais

bientôt ils feront une guerre acharnée aux cousins, qui s'élèvent en tourbillons presque compacts fort haut dans les airs.

Ce qu'on vient de lire n'est-il pas un plaidoyer bien puissant en faveur de pauvres oiseaux qu'une stupide habitude fait tuer partout où on peut les atteindre?

Et, puisque j'ai prononcé le nom d'oiseaux, laissez-moi, pour finir, vous conter l'histoire d'un acte de dévouement et d'intelligence que je tiens de M. Servaux, chef de bureau au ministère de l'instruction publique, et, à ses heures de loisir, ornithologiste passionné. Je le laisse parler :

« A la fin de l'hiver, j'avais remarqué, dans une grande propriété de Montmorency (Seine-et-Oise), deux pics (le pic commun, le *picus viridis*), qui avaient commencé à creuser leur nid dans un orme, à environ quatre mètres du sol. Vers le milieu de mai, pensant, à juste raison, qu'ils devaient avoir des œufs, j'appliquai une échelle et montai le long de l'arbre; mais impossible d'introduire mon bras dans l'ouverture : l'arbre était trop épais, et le trou profond de cinquante centimètres environ. J'essayai, mais en vain, et pendant plus d'une demi-heure, d'arriver aux œufs, soit à l'aide d'une branche enduite de glu, soit avec une cuiller en étain recourbée... Enfin, lassé de mes tentatives infructueuses, je me décidai à boucher l'entrée du nid, avec cette espérance que, peut-être, pressée de pondre, la femelle déposerait ses œufs (ainsi que je l'ai observé plusieurs fois) dans un trou d'arbre des environs.

« Je ne m'occupais plus des pics et ne pensais déjà plus à eux, lorsque le soir, vers quatre heures, passant dans cette même allée, j'entendis frapper à coups redoublés sur l'orme que j'avais quitté le matin... je m'avançai avec précaution et j'aperçus, cramponné à l'arbre et frappant sans interruption, juste à la hauteur du fond du nid, c'est à dire à cinquante centimètres plus bas que l'ouverture, un pic qui, tout préoccupé de son opération, ne me vit pas et me laissa approcher jusqu'au pied de l'arbre; il s'envola alors, et grand fut mon étonnement, lorsque j'entendis continuer, mais intérieurement, dans l'arbre, le même bruit que j'avais entendu au dehors... Évidemment j'avais enfermé la femelle dans le nid, sans m'en douter, et la pauvre bête, couchée sur sa couvée, n'avait pas donné signe de vie le matin, lors de mes tentatives pour lui enlever ses œufs.

« J'appliquai de nouveau l'échelle contre l'arbre et je collai mon oreille à l'endroit où les coups de bec arrivaient sans arrêt et avec une précipitation qui indiquait le désir de liberté que devait éprouver la prisonnière; je fis du bruit, elle s'arrêta, mais un instant après elle recommença de plus belle. De son côté, le mâle n'était pas resté inactif, je vous assure, car l'écorce de l'arbre était fortement entamée sur une largeur de cinq à six centimètres et sur une profondeur de plus de deux centimètres. Inutile d'ajouter que ce commencement de trou correspondait juste à celui que la femelle commençait à l'intérieur.

« La captivité forcée que j'avais imposé bien involontairement à la pauvre femelle avait duré assez longtemps, et,

après m'être bien assuré du fait que je viens de vous
raconter, je retirai la pierre que j'avais mise le matin
pour boucher l'entrée du nid; la femelle s'élança immédiatement, mais je la saisis au passage pour l'examiner
avec attention; elle était, comme vous le pensez, extrêmement farouche, très-agitée, les plumes hérissées, le bec
tout couvert de sciure de bois, et, lorsque je la lâchai,
elle poussa deux ou trois cris en s'envolant .. Était-ce la
peur que je venais encore de lui causer, ou plutôt la joie
et la liberté?

« En quittant la maison, je fis part au jardinier de ce
qui venait de m'arriver; il me plaisanta beaucoup, me
disant que c'était impossible, attendu que, dans la journée, à plusieurs reprises, il avait vu les deux pics qui
frappaient l'orme à l'extérieur, et qui étaient tellement
occupés à leur travail, qu'ils le continuaient malgré sa
présence, ne s'envolant qu'au moment où il allait les
toucher... Je m'expliquai alors l'énorme trou fait en si
peu de temps, et qui, bien probablement, n'aurait pas
tardé à offrir une sortie à la prisonnière. Pour rendre la
liberté à sa femelle, le pic mâle avait eu recours à l'obligeance d'un camarade, de son frère peut-être. »

Il n'est personne à Paris qui n'ait lu des pancartes
écrites en lettres rouges, jaunes et bleues, avec ces inscriptions : *Bishop's ale* ou *Aslop's ale*.

Elles foisonnent partout, sur les panneaux, sur les
murs enfumés et dorés des cafés, dans les estaminets, aux
vitres des épiciers et même dans les plus humbles cabarets.

Quelques années ont suffi pour faire pulluler dans la capitale de la France ces inscriptions anglaises qui signifient : *Bière de Bishop* ou d'*Aslop* et pour les rendre familières et usuelles à une population qui cependant, depuis soixante-dix ans, n'a pu adopter jusqu'ici le système décimal. Elle demande aujourd'hui et demandera peut-être encore pendant un siècle, à son épicier, une livre de sucre, au lieu de cinq cents grammes.

Cependant, si vous interrogez des milliers de buveurs qui consomment du *bishop's ale*, à cette demande : Qu'est-ce que Bishop? une ville? une chose ou un nom propre?. pas un seul d'entre eux peut-être ne saura vous répondre

Bishop, ou plutôt M. Georges Bishop, est un brasseur célèbre de Londres, mort le mois dernier, laissant à ses héritiers une fortune immense, et à Regent's-Park le plus bel observatoire astronomique de l'Europe.

Nous n'avons point en France une idée des brasseries anglaises; leurs dimensions et leur splendeur dépassent tout ce que nous pourrions nous figurer. Ce sont des établissements immenses, qui occupent une armée d'ouvriers, envoient leurs produits dans tous les pays du monde, et ne comptent leurs bénéfices que par millions de livres sterling. M. Bishop a donné, vers 1833 ou 1834, une fête dans sa brasserie. Les convives, au nombre de plus de cinq cents et parmi lesquels figurait le prince-époux, trouvèrent les tables du banquet installées dans l'intérieur d'une chaudière somptueusement décorée; le bal qui termina cette fête eut lieu dans deux autres chaudières, et trois mille personnes, assure-t-on, y dansèrent durant toute la nuit.

On descendait dans ces chaudières par de vastes escaliers recouverts de tapis, et sur chacune des marches desquels se tenait, une torche à la main, un valet à la livrée de M. Bishop.

La création de l'observatoire de Regent's-Park date à peu près de la même époque que cette fête, dont s'émut toute l'Angleterre. Il fut fondé en 1837, et coûta de prime abord, plus d'un million à M. Bishop.

Non-seulement le brasseur dota cet établissement scientifique d'instruments astronomiques qu'il paya pour ainsi dire au poids de l'or, mais encore il y attacha une pléiade de jeunes astronomes de tous les pays. Aussi doit-on déjà à l'Observatoire de Regent's-Park la découverte de douze astéroïdes ou petites planètes.

M. Hind, auteur de l'atlas céleste intitulé : *Bishop's Ecliptical Carts*, et directeur du *Nautical Almanac*, est l'un des astronomes titulaires de Regent's-Park, et a pour son compte, de 1847 à 1854, signalé dix de ces petites planètes.

Parmi les collègues de M. Hind choisis par M. Bishop, il faut encore citer M. Hencke, qui découvrit les astéroïdes *Hébé* et *Astrée*; M. Marth, de Kœnigsberg, qui a découvert *Amphitrite*, et un autre Allemand, ce pauvre Vogel, qui déserta l'astronomie pour les voyages. Après avoir exploré une partie de l'Afrique centrale avec le docteur Barth, il périt misérablement en 1856, dans le Wandaü, selon les uns, massacré par les indigènes; selon les autres, mordu par une des redoutables vipères qui infestent cette contrée mystérieuse et sauvage.

Quelle est donc la nature de ce venin des vipères africaines dont une gouttelette microscopique suffit pour tuer un homme en quelques heures?

C'est encore là une de ces énigmes que la chimie ne saurait résoudre.

« Le venin des vipères n'est ni acide, ni alcalin, » voilà tout ce qu'elle en peut dire.

Ce qu'il y a d'étrange, c'est qu'on peut boire ce venin impunément, même en assez grande quantité. M. Boitard, je vous l'ai déjà conté, a souvent fait en ma présence cette expérience hardie; il forçait une vingtaine de vipères à mordre une barre de fer, recueillait le venin qui coulait le long de cette barre et le buvait, pour en démontrer l'innocuité.

Il piquait ensuite un petit animal avec une aiguille trempée dans ce singulier breuvage, et la pauvre bête, oiseau ou lapin, ne tardait point à succomber.

Le venin de la vipère n'est point du reste une boisson agréable, loin de là. Il laisse dans l'arrière-bouche une àcreté insupportable.

Cet agent mystérieux si fatal aux animaux à sang chaud, reste sans action sur les animaux à sang froid, et ne fait ressentir aucun malaise aux annélides, à l'orvet et même aux vipères.

M. le docteur Guyon, inspecteur général du service de santé, avec lequel, en 1845, l'auteur de cette chronique a eu l'honneur de faire, à Alger, quelques études sur le venin des cérastes, vient de lire à l'Académie des sciences un mémoire dans lequel il constate que « du venin de vipère inoculé sur d'autres vipères ne les fait pas mourir. Les morsures des vipères par des vipères ou par elles-

mêmes se comportent comme de simples plaies et non
pas comme des plaies envenimées; il en est de même
pour les serpents : qu'ils soient de la même espèce ou
d'espèce différentes, les plaies de leurs combats, ou des
morsures accidentelles qu'ils se font à eux-mêmes, ne
déterminent pas d'accidents graves d'intoxication. Si
quelques faits recueillis par des voyageurs semblent affirmer le contraire, c'est qu'ils ont été exagérés ou mal
interprétés. »

Ainsi la vieille légende si fort accréditée qu'une vipère
ou qu'un scorpion placés au milieu d'un cercle de feu se
piquent eux-mêmes pour se suicider et se soustraire au
supplice d'une mort lente et cruelle n'est qu'une de ces
fables populaires que chacun sait et répète sans s'inquiéter d'en vérifier l'exactitude.

— Dans cette même séance, M. Boussingault est arrivé
portant à la main une petite tête humaine, vers laquelle
naturellement se sont dirigés avec empressement tous les
regards des assistants.

Cette tête est une *croix de commandeur* ou quelque
chose d'approchant, que portent en sautoir les Indiens
sauvages de l'Équateur.

Rapportée par M. Cassola, elle est à peu près réduite
au vingtième de ses proportions naturelles; on en a enlevé
les os, on l'a desséchée, on l'a embaumée, et néanmoins
on y retrouve les traits et les caractères distinctifs de la
face humaine; enfin, elle conserve une chevelure; chevelure tellement soyeuse, qu'elle semble provenir plutôt
d'un Européen que d'un Indien.

— Le dernier numéro du *Journal des Savants* contient la première partie d'une notice de M. Cousin sur le *Duc connétable de Luynes;* un précis sur l'*Astronomie chinoise*, par M. Biot; un article de M. Barthélemy Saint-Hilaire sur une *Méthode pour déchiffrer et transcrire les noms sanscrits qui se rencontrent dans les livres chinois*, par M. Stanislas Julien, et enfin la dernière partie d'un travail de M. Flourens sur Réaumur et sur la *génération des insectes.*

M. Flourens combat les idées de création spontanée qu'on cherche encore assez étourdiment, selon nous, à remettre en circulation aujourd hui, et qui ont fleuri depuis Épicure, jusqu'en plein milieu du dix-septième siècle.

A cette époque, en effet, on professait que la terre-mère et la putréfaction engendraient les insectes et même certains animaux.

Chaque espèce de chair corrompue produisait, selon les singuliers naturalistes de ce temps, son espèce particulière d'insectes.

La chair de cheval donnait naissance aux guêpes, celle du taureau aux abeilles, celle de l'âne aux scarabées, celle de l'écrevisse à des scorpions, et celle des canards à des corbeaux.

Redi, en 1668, s'éleva le premier contre ces fables et en démontra l'absurdité; Swammerdam, Malpighi, Vallisnère, Réaumur, V. de Geer et Leuwenhoeck confirmèrent par leur travaux la vérité dont, le premier, Redi avait proclamé l'évidence.

M. Flourens termine son Mémoire par une courte et

lumineuse analyse des récentes études de M. Van Bene-
deck, sur les *transmigrations des vers parasites*.

Pour que ces parasites arrivent à se formuler à l'état
complet, il faut qu'ils aient successivement vécu aux
dépens d'abord d'un herbivore et ensuite d'un carnivore.

Prenons par exemple le *tœnia* ou ver solitaire du chien
et du loup.

L'œuf de l'animal, pondu dans les intestins du carnivore
par un *tœnia* complet, est entraîné au dehors et s'attache
à quelque brin d'herbe.

Ce brin d'herbe est brouté par un lapin.

A peine l'œuf pénètre-t-il dans l'estomac du lapin,
qu'il en sort un embryon nommé *ver vésiculaire*, conformé
pour fouir les organes internes comme la taupe fouit le
sol et pour pénétrer par des galeries qu'il creuse et qui se
referment immédiatement derrière lui jusqu'au viscère
propre à le nourrir.

Là tombent les crochets dont il se trouve armé, et qui
lui deviennent inutiles désormais.

Ensuite apparaissent des milliers de *cysticerques*, vésicules vivantes qui, le plus souvent, tuent le lapin.

Si ce dernier n'est point mangé par un carnivore, ces
cysticerques meurent eux-mêmes.

Au contraire, qu'un chien ou qu'un loup mangent le
lapin, le cysticerque, introduit dans leur estomac avec la
chair de ce dernier, pénètre dans les intestins, s'attache à
leurs parois, et là, comme un végétal, il pousse de nombreux segments ou tronçons qui, tout en restant des individus séparés, forment cependant, par leur assemblage,

un être unique, long ruban vivant qui porte le nom de *tænia* ou *ver solitaire*.

Ne reste-t-on pas ému d'admiration en présence de ces métamorphoses et des conditions difficiles que le Créateur impose à la multiplication d'êtres qui, sans ces entraves, détruiraient bientôt tous les mammifères.

Malgré les illusions d'hommes de talent, l'histoire naturelle des infusoires ne tardera point, il faut l'espérer, à trouver aussi ses observateurs et ses historiens, qui feront justice de toutes ces folles idées de générations spontanées, vieux reste des légendes de l'antiquité, du moyen âge et de la renaissance.

Comme dit M. Flourens en terminant son mémoire : « Il y va de l'honneur du siècle. »

Du reste, la génération spontanée, telle qu'on l'enseignait au moyen âge, ressemble par bien des points à celle qu'on professe aujourd'hui. L'auteur du *Malleus maleficorum* raconte tout du long comment s'y était pris, pour fabriquer un homme, un juif du nom de Samuel Delbora, que le savant inquisiteur fit, par parenthèse, brûler vif à Lyon.

Delbora commençait par faire infuser certaines herbes cueillies sur le bord d'un ruisseau, à minuit et au clair de lune; le tout accompagné de cinq *Pater* récités à rebours.

Il naissait, dans cette infusion, des milliers de petits insectes que Delbora desséchait au soleil, broyait et remettait dans l'eau.

Aux insectes succédaient des vers, des mouches aux vers, des limaces aux mouches et des crapauds aux limaces.

Avec les crapauds on obtenait des serpents, avec des serpents des lézards, avec des lézards des rats et avec les rats des loups.

Puis, avec les loups égorgés et pilés, on façonnait la figure d'un homme; on invoquait le diable, et on possédait une créature moitié homme et moitié démon, dépourvue de tout sens moral. Il ne fallait pas moins de sept générations pour que ce monstre devînt un homme ordinaire. Encore conservait-il des traces irrécusables de son origine, et se sentait-il disposé à faire le mal plutôt que le bien. « Je pense, conclut l'inquisiteur lyonnais, que beaucoup des sorciers qui hantent le sabbat proviennent d'*homunculi* fabriqués par des nécromans. Or, comme le diable a mis en eux l'âme d'un damné prise au plus profond de l'enfer, il n'est point étonnant que ces *homunculi* appètent ardemment le sabbat et les liaisons avec le diable. »

C'est avec ces jolis raisonnements qu'on jetait alors aux flammes des centaines de victimes.

Grâce à Dieu, les partisans de la création spontanée ne mènent plus leurs sectaires au bûcher, mais, hélas! leurs recherches et leurs doctrines ne ressemblent-elles pas un peu à celle de ce pauvre Samuel Delbora, brûlé vif au marché aux pourceaux de Lyon?

Si le Muséum reçoit, presque chaque jour, de nouveaux animaux qui peuplent sa ménagerie, en revanche, il perd un assez grand nombre de ceux qu'il possède.

Il faut en accuser d'abord le budget trop restreint de la ménagerie, qui ne dépasse pas 40,000 francs; il faut s'en prendre plus encore au marasme dans lequel se trouve le Muséum, depuis le jour où l'on a projeté de reconstituer son organisation vermoulue et décrépite. La chose n'allait que d'un pied; maintenant elle ne va plus guère. On vit au jour le jour, sans songer à un lendemain incertain et inconnu. En attendant, l'établissement qui devrait être une des gloires de la France tombe de plus en plus dans une décadence affligeante. Singulière anomalie, au milieu de ce Paris qui se transforme si glorieusement, et qui voit s'accomplir, comme par magie, tant de merveilles et tant de splendeurs!

Pour ne citer que les pertes les plus regrettables, disons que le maki mococo, à peine acquis depuis quelques mois, dont les promeneurs admiraient le pelage mi-partie de noir et de blanc, la douceur mélancolique et le regard intelligent, vient de succomber il y a peu de jours. Un lynx, qu'on pouvait caresser impunément à travers les barreaux de sa cage, a subi le même sort; deux nouveaux lynx, aussi féroces que leur prédécesseur se montrait sociable, l'ont remplacé, il est vrai.

Le lynx est de la taille d'un de nos grands barbets; son poil, d'un fauve uniforme et vineux sur le dos, prend sous le ventre des tons d'un gris bleuâtre; un demi cercle blanc entoure ses yeux, d'où part une ligne noire qui ne s'arrête qu'aux narines. Ses longues oreilles, terminées par un pinceau de poils roides, dominent une tête courte et large. Sa queue atteint ses talons.

Le lynx, à qui l'on donne également le nom de caracal, se rencontre en assez grand nombre dans l'Algérie. Il attaque des animaux beaucoup plus grands que lui, et abat sans peine les antilopes, les bœufs, et même les sangliers. Une fois sa proie tuée, il en suce le sang, lui brise la tête, dont il mange la cervelle, et laisse là le corps sans autrement y toucher.

Par ces détails, on comprend sans peine que le lynx, en dépit d'une tradition qui remonte à la plus haute antiquité et qu'on retrouve, non-seulement en Afrique, mais encore au Bengale, en Perse et en Arabie, ne suit pas le lion pour vivre de sa desserte et ne ramasse point les restes dédaignés par le roi des animaux.

L'antiquité faisait du lynx un être merveilleux. Elle l'avait consacré à Bacchus et attelé au char de ce dieu ; elle racontait encore que Triptolème, envoyé par Cérès, en Scythie, chez le roi Lyncus, pour enseigner l'agriculture aux farouches chasseurs du roi barbare, fut jeté dans une prison et condamné à y mourir de faim. La déesse, indignée, arracha son disciple du cachot où on l'avait plongé, et métamorphosa Lyncus en lynx.

Pline affirme avec un grand sérieux que les yeux verdâtres et lumineux du lynx jouissent de la propriété de voir à travers les plus épaisses murailles ; en France, on a conservé cette phrase proverbiale : *il a des yeux de lynx*, pour désigner un homme clairvoyant. D'après Pline encore l'urine de cet animal se pétrifierait et deviendrait une pierre précieuse nommée *lapis lyncurius*. Plus brillante que le diamant, elle jouirait de la propriété de guérir une foule de maladies.

Déshérité de ces prestige mythologiques, le lynx n'est plus aujourd'hui qu'un carnassier intrépide et un membre de la famille des digitigrades ou des chats.

Deux petits ours blancs, âgés de cinq à six mois au plus, occupent une cage trop petite dans la ménagerie des carnivores. Leur long poil traîne jusqu'à terre, et leur œil rougeâtre et stupide annonce déjà une humeur peu facile et des mœurs sans aménité.

En effet, la nature a doué d'une intelligence restreinte d'un sentiment de sociabilité presque nul, un animal destiné à habiter les glaces éternelles du pourtour du pôle boréal, les côtes du Groënland et du Spitzberg, en un mot, les parties les plus froides et les plus solitaires du globe. Durant l'été si court de ces régions désolées, l'ours blanc se retire dans les forêts, où il mange des graines, des fruits, des racines et les cadavres d'animaux qu'il peut rencontrer. C'est au sein de ces forêts qu'il construit un nid grossier de lichen et de mousse et que sa femelle met bas ses petits et les allaite. Aux premiers signaux de l'hiver, toute la famille se dirige vers la mer, s'aventure hardiment sur la glace, et déclare une guerre acharnée aux phoques et aux poissons. Excellent nageur, protégé contre le froid par une fourrure épaisse et enduite d'un suint qui la rend imperméable, l'ours blanc nage, plonge même résolûment, s'il le faut, et va chercher les poissons jusqu'au fond de l'eau.

Chaque clan vit isolé. Toutefois, quand il s'agit d'attaquer un troupeau de morses ou une baleine, les ours blancs se hèlent par un hurlement particulier, se rassemblent avec une extrême célérité, improvisent une association redoutable et marchent en bandes à la poursuite de leur proie. La victoire remportée, ils se partagent le butin et se séparent.

Un capitaine de la marine russe raconte qu'à la suite d'un naufrage il se trouva jeté sur les côtes du Groënland, avec une dizaine de matelots.

La mer leur apporta assez des débris de leur vaisseau, et des provisions qu'il contenait pour qu'ils pussent braver la faim et se bâtir une cabane; ils consolidèrent de toutes parts celle-ci avec des masses de neige.

Une chaloupe, qu'avait épargnée la banquise contre laquelle s'était écrasé leur navire leur donnait l'espérance de pouvoir, à la fonte des glaces, se remettre en mer et tenter de regagner leur patrie.

Ils avaient installé, près de leur cabane, une dizaine de tonneaux remplis de biscuits et de viandes salées. Jugez de leur désespoir lorsqu'ils virent, un matin, ces tonneaux effondrés et les précieuses denrées qu'ils renfermaient disparues, gaspillées ou éparpillées sur la neige.

—Ce sont les ours blancs qui ont commis ces dégâts! s'écria un matelot.

—Les ours blancs? répétèrent ses compagnons épouvantés.

—Les ours blancs, qui ne tarderont point à nous attaquer et à nous manger nous-mêmes si nous leur en laissons le temps! reprit le matelot. Heureusement je les connais de longue date. Je sais comment il faut s'y prendre avec ces gueux-là. Au lieu qu'ils nous mangent, c'est nous qui les mangerons! Écoutez-moi bien : L'ours blanc est lâche autant qu'il est stupide; si l'on manque de cœur en sa présence on est perdu : il faut donc marcher sur lui sans jamais reculer d'une semelle, ou l'attendre résolûment; une fois blessé, il ne résiste plus.

—Mais comment atteindre ces animaux?

—Soyez tranquilles, ils viendront vous trouver cette nuit.

Le matelot disait vrai. A la nuit, les ours commencèrent un siége en règle. Les uns cherchaient, à l'aide de leurs ongles puissants, à déraciner de la neige les planches qu'on y avait enfoncées; les autres grimpaient sur le toit et tentaient de pénétrer par la cheminée; plusieurs pesaient de tout leur poids sur la porte. Enhardis par le silence qui régnait à l'intérieur de la cabane qui craquait sous leurs efforts, ils la cernaient étroitement de toutes parts.

Le matelot les épiait à travers une des nombreuses meurtrières qu'il avait fait ménager dans les parois de l'habitation. Quand il eut la conviction que chacun pouvait tirer à bout portant et que pas une balle ne serait perdue, il donna le signal; on fit feu, et neuf ours restèrent sur la neige. Le reste prit la fuite.

Après quelques nouvelles tentatives d'attaques renouvelées à peu de jours de là, les ours disparurent.

Par un retour équitable, les corps des brigands qui avaient dévoré les provisions des naufragés servirent à remplacer ces provisions. On se contenta, pour toute préparation, de les dépecer et d'en exposer les morceaux à la gelée. Quand on voulait en manger quelque pièce, on la faisait cuire avec de la neige et à petit feu dans une marmite.

Je dois avouer que la chair de l'ours blanc est coriace et difficile à digérer, sans compter qu'elle exhale une odeur abominable d'huile de poisson. Mais sur la côte du Groënland, on n'y regarde pas de si près! D'ailleurs, il fallait mourir de faim ou manger pendant cinq mois de l'ours blanc; les naufragés russes en mangèrent, je n'ai pas besoin d'en jurer.

Nous voici un peu loin des petits ours arrivés au Muséum.

Au lieu de les enfermer dans une cage étroite et sans eau, pourquoi ne pas les mettre dans une des fosses consacrées au *véritable Martin*, comme dit Prudhomme ; car, pour tout bourgeois parisien, un ours placé en plein air, dans les fosses du Muséum, est le Martin traditionnel qui a mangé un invalide sous M. de Buffon! Là ils auraient de l'air, du froid, de la glace, de la neige, si l'hiver nous en donne, enfin tout ce qu'ils aiment, tout ce qui peut rendre moins pénible l'exil où ils sont condamnés à vivre et à mourir, loin des banquises de leur cher pôle glacial et des horreurs de leur bien-aimée mer du Nord!

La ménagerie des reptiles s'est enrichie, de son côté, d'une salamandre du Japon (*maxima*).

Jusqu'ici, la Société royale de zoologie d'Amsterdam avait seule possédé deux exemplaires de cet animal étrange, qui rappelle singulièrement, par sa forme et par sa taille, la salamandre fossile d'Œningen. On sait que les débris de la salamandre d'Œningen passèrent longtemps, jusqu'à Cuvier, je crois, pour le squelette d'un homme témoin du déluge : *homo diluvii testis*.

La salamandre du Japon donnée au Muséum est jeune et n'atteint guère à plus de la moitié de la taille de ses deux congénères qui se trouvent à Amsterdam. Elle est du reste vigoureuse et vivace, et, depuis son arrivée, elle a mangé déjà des quantités de petits poissons.

On sait que la plus grande salamandre aquatique de nos marais est longue au plus de vingt-cinq centimètres ; celle du Muséum en mesure déjà soixante-dix-neuf.

———

Mort de M. de la Fresnaye. — Les mains sanglantes. — Le pyrèthre — L'aluminium et les propriétés électro-négatives. — Naissance d'une île. — Un corindon du Velay. — Le sucre. — Un carosse à vapeur. — Mort de M. Berthier, membre de l'Institut. — Température de l'atmosphère. — Fructification du levain de la bière. — Le quassier.

10 juillet.

La science vient de faire une grande perte, en perdant M. de la Fresnaye.

M. de la Fresnaye était âgé de soixante-dix-huit ans ; il avait consacré toute sa longue existence à la classification des oiseaux, et, ce qui vaut bien mieux, à l'étude de leurs mœurs.

— M. Édouard Fournier vous l'a raconté mardi dernier, le monde des bibliophiles se trouve en ce moment ému par une des mystifications les plus drolatiques et les plus bouffonnes qui, de mémoire d'amateurs de livres, ait jamais eu lieu.

Un abbé qui a vécu longtemps parmi les sauvages de

l'Amérique du nord, qui a étudié leurs mœurs, qui connaît
mieux que personne au monde les moyens qu'emploient les
sauvages pour écrire leurs souvenirs à l'aide de hiérogly-
phes, cet abbé, dis-je, a pris les grossiers barbouillages d'un
écolier allemand fort mal élevé pour des récits pictogra-
phiques des indigènes du haut Canada ; les images de
ruches et de tartines de miel sont devenues pour lui des
tentes, et les écoliers qu'on fouette des symboles de victoire.

Certes, la chose est drôle ! cependant nous ne ferons,
ni aux bibliothécaires de l'Arsenal, ni même à l'abbé, un
trop grand crime de leur bévue.

Chaque jour, les savants de toute nature donnent des
preuves à peu près aussi plaisantes des résultats auxquels
peuvent conduire l'idée fixe et les partis pris à l'avance.
On citerait aisément en astronomie, en physique, voire
en médecine, des découvertes qui ne le cèdent en rien à
celle de la soi-disant *pictographie des Peaux-Rouges*.

Un jour qu'avec le sans-façon de la jeunesse je riais
d'une grossière bévue commise par un savant, le véné-
rable Ampère me dit :

— Riez, mon enfant, riez à gorge déployée, car il est
bon de rire à votre âge ! Mais, au fond, le savant fourvoyé,
qui excite si fort votre hilarité, n'est pas aussi plaisant
que vous voulez bien le trouver. En matière scientifique,
tout dépend du point de départ. Malheur à celui qui part
d'un point faux. Or, demandez à quatre mathématiciens
combien font 2 et 3, il y a bien des chances pour que,
sur ces quatre, au moins un vous réponde : Deux et trois
font vingt-trois ! Et qu'aurez-vous à lui répliquer ? Com-

ment arriverez-vous à lui démontrer son erreur? à lui faire admettre que 2 et 3 font 5. Discutez avec lui cent ans, il vous répondra cent ans :

« Monsieur, de tout temps un chiffre 2 placé à côté d'un chiffre 3 fait 23, donc *deux* et *trois* ne font pas *cinq*, mais bien *vingt-trois.*»

C'est là l'histoire de l'abbé : il a pris pour point de départ le deux et trois font vingt-trois, et vous voyez où il arrive!

Je viens de vous conter l'histoire de bibliophiles qui ont trop cru; voici maintenant celle de médecins qui ne croient pas assez.

L'esprit et le génie humain ne sauraient rien inventer de nouveau, même dans les plus fantastiques créations, sans qu'un jour ou l'autre le merveilleux et le fabuleux de leur création ne deviennent des réalités, voire des banalités.

Par exemple, les moins lettrés connaissent la terrible scène de Shakespeare où lady Macbeth, après avoir assassiné le vieux thane écossais, essaye en vain d'effacer les taches de sang qui renaissent sans cesse sur ses mains homicides.

Eh bien! il y a en ce moment dans la commune d'Yerres, à Lagrange, un excellent homme dont la vie, grâce à Dieu, est aussi calme que celle de lady Macbeth fut agitée et qui n'en porte pas moins sur la face dorsale de la main gauche une tache bleuâtre ressemblant à du sang. Tantôt elle apparaît et tantôt elle disparaît sans que l'eau et l'huile puissent parvenir à l'effacer complétement.

C'est une variété de cette étrange maladie qui affecte les yeux d'un grand nombre de jeunes femmes dans certains ports français, particulièrement à Brest, et qui teint en noir leurs paupières, à peu près comme les Orientales et les femmes d'un certain monde les teignent avec du henné. On a donné le nom de *chromidrose* à cette maladie.

La tache du cultivateur d'Yerres n'est point permanente: elle paraît et disparaît sans aucune cause appréciable. Les différents degrés de froid ou de chaleur, d'humidité ou de sécheresse de l'atmosphère, l'état de fatigue ou de repos du malade ne paraissent pas avoir d'influence sur ce bizarre phénomène. Aucun symptôme local de chaleur, de rougeur, ne l'annonce; elle s'arrête brusquement, et s'en va diminuant graduellement de la circonférence au centre; enfin, la partie de la peau qui était le siége de la coloration reprend complétement sa couleur ordinaire.

Par une particularité remarquable et constante, l'apparition de la tache a toujours lieu la nuit, pendant le sommeil de la personne atteinte de ce mal mystérieux. Jamais celle-ci n'a pu la voir naître. C'est toujours à son lever qu'elle en a constaté la présence.

Quelque bizarre que soit cette maladie, elle le semble moins que l'entêtement de certains médecins à nier sa réalité; on a beau accumuler les faits, rassembler des preuves, et leur mettre le doigt sur la tache, ils s'obstinent à n'y voir qu'une supercherie. Ah! les médecins! les médecins!

Une plante qui rend de grands services à la population parisienne, qu'elle débarrasse de ses parasites les plus incommodes, le *pyrèthre Willemot*, n'est point, comme on le croyait, originaire de la Géorgie, mais bien de la Dalmatie et d'un petit État voisin du Montenegro.

Il s'en fait un grand commerce à Tiflis, mais on ne l'y obtient que par la culture.

Au contraire, on le rencontre réellement à l'état sau·vage en Dalmatie, dans les endroits pierreux et ombreux.

Les botanistes, sans soupçonner le moins du monde ses précieuses qualités, le nommaient *pyrèthre à feuilles de cinéraires* (*pyrethrum cinerariæ folium*).

M. Duchâtre, de l'Institut, à qui l'on doit cette rectification, signale une propriété importante qu'on ne soupçonnait pas au pyrèthre, celle de stupéfier et de tuer les moustiques et les moucherons lorsqu'on l'emploie en fumigations.

Visiani constate qu'en Dalmatie et en Vénétie on emploie depuis très-longtemps ce moyen de se débarrasser d'insectes fort redoutables dans les pays chauds et qui rendent si pénible le séjour de la campagne, même dans les environs de Paris.

Il suffit de brûler une petite quantité de pyrèthre sur une pelle rouge pour se mettre à l'abri de leurs piqûres et de leurs irritants bourdonnements, tant que l'odeur de la poudre végétale persiste dans l'appartement; les fenêtres en fussent-elles ouvertes.

Nous venons de lire tout à l'heure, dans un voyage en Égypte, intitulé la *Cange*, par M. Louis Pascal, que le vice-roi voulut un jour avoir un bateau de plaisance à vapeur qui pût lutter de vitesse avec les meilleurs marcheurs. On l'adressa à un grand constructeur anglais ou français, je ne sais lequel, qui, sachant à qui il avait affaire, se débarrassa en sa faveur d'une carcasse dont il ne pouvait trouver le placement. On mit de l'or et du satin partout. Les salons furent richement décorés de peintures, et dans les boudoirs on plaça des tableaux assez médiocres, mais dont les sujets, genre de Boucher, devaient plaire fort à Saïd.

Le bâtiment arriva en Égypte, et le vice-roi fit aussitôt chauffer pour essayer sa vitesse. Malgré tous les efforts, il ne filait que sept à huit nœuds. La marche n'était pas brillante, on le voit, aussi le pacha entra-t-il dans une violente colère.

L'ingénieur s'attendait à la bourrasque; il la laissa passer et s'avança vers le vice-roi :

— Je comprends, lui dit-il, que Votre Altesse ne soit pas entièrement satisfaite de la marche du navire. Cette marche pourrait être plus rapide, j'en conviens, mais le bâtiment possède une qualité qui le rend unique en son espèce : il fait de la musique quand il marche.

— Ah bah! fit le pacha en ouvrant de grands yeux : voyons donc ça!

— C'est très-simple.

En même temps l'ingénieur tournait un robinet de vapeur qui, aboutissant à un système de rotation, faisait mouvoir la manivelle d'un orgue de Barbarie, et le navire se mit en marche sur l'air de la dernière figure des *Lanciers*.

Le pacha était aux anges; puis, peu à peu, ne pouvant contenir sa joie, ses jambes se mirent en cadence : il sautilla d'abord, puis dansa avec furie; les ministres dansaient, les officiers dansaient, les mécaniciens dansaient, tout dansait à bord, et le navire, accélérant sa marche semblait suivre l'impulsion générale. Aux *Lanciers* succédèrent *les Filles de marbre*, puis vint *la Monaco ;* la cour était épuisée de fatigue, mais le maître dansait toujours, et chacun s'évertuait à faire les sauts les plus extravagants ; enfin le pacha tomba dans les bras de l'ingénieur.

— Je prends le navire, lui dit-il, et voici ton batchish...

Et il lui mit entre les mains un bon de cinquante mille francs.

Ne sommes-nous point tous un peu comme le vice-roi d'Égypte? Les boîtes à musique ne nous font-elles pas accepter bien souvent et regarder avec intérêt des choses qui nous inspireraient de la répugnance, et, qui pis est, de l'indifférence? — « De l'indifférence! j'aime mieux qu'il me haïsse plutôt qu'il ne pense point à moi, » disait la duchesse d'Aiguillon en parlant de Louis XV.

Hélas! bien des fois lui-même l'auteur de cette chronique se trouve obligé de faire jouer la boîte à musique pour détourner l'attention de ses lecteurs des questions trop sévères qu'il doit leur exposer. Entre nous, s'il vous raconte aujourd'hui l'histoire du vice-roi d'Égypte, c'est un peu en faveur et en expiation de ce qu'il va vous dire.

On a constaté depuis longtemps que l'aluminium appartient à la classe des métaux doués d'une grande propriété électro-négative.

M. Bing, de Darmstadt, a étudié cette propriété et a

été conduit, par suite de ses études, à faire de l'aluminium un électro-moteur actif dans les combinaisons galvaniques, et sous la même forme que le platine dans la batterie de Grove.

Comme liquide excitateur pour ce métal, il a trouvé que ce qu'il y a de plus avantageux était dix parties d'acide azotique concentré, une partie d'acide sulfurique concentré et une partie d'eau.

L'aluminium employé dans une de ces expériences présentait une surface active de 84 1/2 centimètres carrés et pesait avant l'expérience un gramme deux cent cinquante centigrammes, et après l'expérience un gramme deux cent quarante-neuf centigrammes.

Cette expérience a duré vingt jours, et pendant ce temps on n'a ajouté qu'une fois seulement un peu d'acide azotique concentré à l'aluminium et de l'acide sulfurique étendu au zinc amalgamé.

La déviation de l'aiguille du galvanomètre compris dans le circuit a varié, depuis le commencement de l'expérience jusqu'au onzième jour, entre 25° et 30°.

A dater de cette époque, elle a diminué un peu plus rapidement, ce qui a nécessité la légère addition d'acides dont il vient d'être question.

L'aluminium est donc très-propre à monter des piles constantes, sans compter que pour cet emploi son prix est relativement plus modéré.

Le chloroforme a opéré une des plus grandes merveilles chirurgicales du dix-neuvième siècle, puisqu'il a vaincu la souffrance physique et rendu possibles et in-

sensibles les opérations les plus longues et les plus douloureuses.

Mais s'il tue la souffrance, il tue par malheur aussi
quelquefois le malade.

Comme, grâce à Dieu, la science marche sans cesse, et
que chaque jour lui apporte son progrès, après avoir
trouvé l'anesthésie générale, on s'est mis à chercher
l'anesthésie localisée, et si l'on n'y est point encore arrivé, on est du moins en bonne voie de le faire. « Avoir
un but, c'est être déjà à mi-chemin pour l'atteindre, »
aimait à répéter le célèbre chirurgien Lisfranc.

Or, voici quels procédés a récemment employés un
chirurgien militaire, le docteur Martenot de Cordoux,
pour extraire un ongle incarné, c'est-à-dire pour mener
à bonne fin une des opérations les plus douloureuses que
l'on connaisse :

« Je fais, dit-il, à la base de l'orteil une assez forte
compression à l'aide d'une ligature, puis j'applique pendant quinze à vingt minutes une couche assez épaisse de
charpie imbibée de chloroforme camphré, et recouverte
d'un linge épais, ou mieux encore d'une toile cirée, pour
empêcher l'évaporation trop rapide. Le camphre se dissout avec une extrême facilité dans le chloroforme ; il ne
faut pas en mettre jusqu'à saturation ; on peut l'employer
presque à parties égales : je me contente de mettre
vingt grammes de camphre pour trente grammes de
chloroforme. Du reste, il n'y a pas de règle absolue, ni
pour la quantité de camphre à employer, ni pour la durée
de l'application de ce mélange. Le chirurgien s'assure,
en piquant l'orteil avec une épingle, que la sensibilité a

disparu, et choisit le moment de l'opération. Le chloroforme camphré, joint à la ligature, amène l'anesthésie
locale d'une manière parfaite, et permet d'achever cette
opération si douloureuse sans que le malade s'en aper-
çoive. »

Le monde savant s'occupe de deux graves événements, de la naissance d'un ile et du grossissement des
champignons.

L'ile est apparue subitement, le 20 juin de cette année
1861, dans la mer Caspienne.

Le commandant du schooner *Furthmun*, en longeant
le littoral de l'ile de Cogorelega-Plita, dont par parenthèse ne parlent ni les *Dictionnaires de géographie*, ni
aucun autre ouvrage spécial, a le premier remarqué, à
l'extrémité de l'horizon, la nouveau-née.

Ajoutons, pour renseigner nos lecteurs, que l'ile récemment surgie du sein de la mer se trouve à douze
milles de Swinoj, et que l'ile de Swinoj est située à pro-
ximité de la côte occidentale de la mer Caspienne, entre
Lenkoran et Baku, à deux tiers de la distance qui sépare
ces deux ports, à 15-20 werstes de la côte. On la trouve
marquée sur les cartes routières du Caucase sur une
échelle de 20 werstes par pouce.

Le capitaine s'est empressé de faire voile vers l'ile nouvelle, et il a trouvé une terre nue, à peine séchée à la
surface, longue d'environ trois kilomètres et large de
deux tout au plus. Du reste, pas une plante, et, partant,
pas un insecte, pas un être vivant. Quand on passait la
main sur ce sol étrange, on ressentait une vive chaleur.

Un chimiste de Pétersbourg, qui s'est procuré des échantillons de la terre de cette ile improvisée, a constaté qu'elle contenait beaucoup de salpêtre et de phosphates.

Les champignons pourraient donc y être efficacement cultivés d'après les procédés indiqués à l'Académie des sciences par M. le docteur Labourdette, procédés destinés à causer bien des joies à nos gastronomes, et qui eussent fait battre des mains à Brillat-Savarin, à d'Aigrefeuille, à la Villevieille, à Cambacérès, leur illustre patron, au notaire Noël, à Grimod de la Reynière, à M. de Cussy, et au grand artiste culinaire Carême.

Quant à son digne rival, à son illustre successeur, Adolphe Dugleré, je suis sûr qu'il n'en dort plus depuis que M. Labourdette a présenté à l'Institut des champignons d'une taille inusitée, succulents et surtout sans danger.

Sur un sol battu, formé en grande partie de gravats ou de plâtre, sans engrais, sans fumier, il fait pénétrer à deux ou trois millimètres de profondeur un mélange de spores ou sporules d'agaric comestible et de nitrate de potasse ou salpêtre. Aussitôt cette couche stérile devient un foyer incessant de production de champignons monstres. Tandis que dans les conditions ordinaires le poids de l'agaric dépasse à peine *soixante* grammes, M. Labourdette recueille, et en quantité considérable, des champignons pesant *six cents* grammes et plus, tant le principe azoté du nitrate de potasse donne d'activité et de force à la végétation.

M. Bertrand Delorme a trouvé récemment dans le

Velay un *corindon bleu* d'une valeur de 1,500,000 francs.

Il pèse 34 grammes, soit 65 carats, en faisant le carat égal à 0g.2055. Cette pierre précieuse, très-rare, est d'un bleu indigo ; ce qui ajoute surtout de la valeur à celle-ci, c'est qu'elle possède un *astérisme*.

Ce saphir peut être considéré comme unique dans les collections aussi bien que dans la joaillerie ; on l'évaluerait à 1,361,250 francs sans l'*astérisme*. Mais son éclat, rehaussé de ce remarquable phénomème, en porte la valeur à 1,500,000 francs.

On appelle *astérisme* certaines dispositions de cristaux intérieurs de la pierre qui reflètent les rayons lumineux de façon à la faire paraître remplie de petites étoiles.

J'entends dire, j'entends répéter sans cesse et partout autour de moi : « Le sucre d'à présent ne sucre plus, surtout si l'on achète du sucre en poudre. On ne lui trouve qu'un goût pâteux, presque nauséabond ; autant vaudrait se mettre une pincée de poussière dans la bouche. »

Hélas ! ceux qui font ces plaintes n'ont que trop raison de les faire ; mais, grâce à Dieu, le remède est facile. Quand ils le voudront, les épiciers pourront mettre un terme à de trop justes réclamations qu'ils ne s'expliquent point et contre lesquelles ils protestent, sans qu'on veuille croire à leurs protestations.

Voulez-vous que votre sucre ne perde point de ses propriétés saccharines ?

Recourez pour le casser à la vieille méthode ; servez-vous d'un couteau qui, frappé légèrement par un coup de maillet, sépare les morceaux avec le moins de choc et de frottement possible.

Si le sucre est destiné à la préparation de conserves, divisez-le en aussi peu de fragments que vous le pourrez. Si vous en faites de nombreuses portions, si vous le pilez, si vous le broyez, vous lui ôtez une grande partie de son goût.

Depuis quelque temps, chez les épiciers, on scie le sucre avec un appareil ingénieux et qui le transforme en cubes réguliers ét agréables à l'œil, mais dont les surfaces ne valent guère mieux que du plâtre. Quant à la poudre qui résulte de ce sciage, c'est bien pis ! ceux qui l'achè- tent ne manquent pas de récriminer contre l'épicier qui la leur a vendue et de crier à la sophistication.

L'épicier, cette fois, est innocent de toute sophistication volontaire. C'est à son insu qu'il vend du sucre qui ne sucre pas.

En voici les raisons :

Lorsque le sucre véritable, le sucre de *canne* et de *bet- terave*, se trouve chauffé à une température trop élevée, il perd une grande partie de ses propriétés saccharines et devient ce que les chimistes appellent du *sucre de raisin*, dont l'un des caractères consiste à rester incristallisable.

La compression et le frottement produisent une éléva- tion instantanée de température.

Or, comme le pilon et le mortier d'une part et la râpe de l'autre compriment et échauffent les molécules du sucre, il en advient qu'après avoir subi ces préparations le sucre perd de ses propriétés et de sa saveur, parce qu'il est passé à l'état de sucre de raisin.

L'*épimution* de tout ceci, comme dit Ésope, c'est qu'il faut, quand on fait des confitures, renoncer à scier, à concasser et à piler le sucre. On doit le casser en gros morceaux et ne point le chauffer trop fort après l'avoir fondu.

Il serait préférable, à la rigueur, de se servir de cassonade blanche bien épurée.

En résumé, si l'on veut sucrer, point de sucre en poudre.

Que Brillat-Savarin daigne sourire à cette Chronique!

Il n'y a pas bien longtemps que dans nos causeries nous répétions — car c'est une de nos idées favorites — que les voitures mues par la vapeur ne tarderaient point à remplacer les voitures traînées par les chevaux.

Or, la chose se réalise à Londres. Dans son dernier numéro, la *Revue britannique* traduit et publie les dispositions principales du projet de loi qui réglemente le nouveau mode de traction et de locomotion.

Aucun journal politique n'a jusqu'ici pris garde à un projet de loi qui va opérer cependant une révolution immense dans nos habitudes.

Voici en quels termes il s'exprime :

« Le poids de chaque paire de roues ne doit point dépasser une tonne et demie.

« Les locomotives qui traverseront des ponts de second ordre et des ponts suspendus ne doivent peser que quinze tonnes, et leurs propriétaires devront réparer toutes les dégradations qu'elles auront causées.

« Elles devront brûler leur fumée.

« Deux hommes les conduiront et auront soin, depuis

une heure après le coucher du soleil jusqu'à l'heure précédant le lever, de les éclairer avec des feux rouges bien visibles.

« Hors des villes, la vitesse aura un maximun de dix milles (seize kilomètres par heure); dans les villes et villages, elle n'en pourra dépasser cinq.

« Dans la ville de Londres, les véhicules ne pourront avoir plus de sept pieds anglais de large, ni les roues plus de six pouces de largeur. »

C'est la première fois, comme le fait observer la *Revue britannique*, que la police anglaise songe à imposer à des voitures la condition de s'éclairer la nuit par des lanternes.

Jusqu'ici nos voisins, qu'on cite sans cesse comme des modèles de civilisation et de confortable, laissaient au libre arbitre des possesseurs de véhicules le soin de les éclairer ou de ne pas les éclairer la nuit.

L'Académie des sciences a perdu, le mois dernier, un de ses membres de la section de minéralogie, dont, je l'avoue humblement, je n'avais jamais entendu parler.

Élu en 1817, M. Pierre Berthier, qui habitait Nemours, n'avait communiqué à l'Institut, depuis 1835, qu'une seule note et un rapport de onze lignes. La note contenait l'analyse du sable recueilli sur une *fulgurite*, ou objet frappé par la foudre; le rapport était relatif au forage d'un puits artésien dans le département du Pas-de-Calais.

M. Berthier était auteur d'un *Traité des Analyses* par la voie sèche.

D'après la moyenne des observations recueillies dans diverses excursions en aérostat, on croyait pouvoir supposer que la température de l'atmosphère s'abaissait d'un degré à mesure qu'on s'élevait de deux cents mètres dans les airs.

M. Babinet a démontré l'autre jour à l'Académie que cette observation manque d'exactitude.

Dans les régions basses de cette même atmosphère, une élévation de cinquante mètres suffit pour faire descendre le thermomètre d'un degré.

Il appuie son système sur des phénomènes de réfraction terrestre, démontrés par des formules et par des chiffres qui ne sauraient trouver place dans ces causeries intimes.

Nous nous contenterons donc de dire que la réfraction est le changement de direction qu'éprouve tout rayon lumineux quand il passe d'un milieu dans un autre.

La réfraction nous fait voir les objets plongés dans l'eau plus gros qu'ils ne le sont en réalité, et donne à un bâton placé obliquement dans le liquide l'apparence d'un bâton brisé. Elle nous permet encore d'apercevoir les astres quand ils sont au-dessous de l'horizon. Elle devient ainsi la cause de l'aurore et du crépuscule en ramenant sur cet horizon les premiers et les derniers rayons du soleil quelque temps avant le lever ou après le coucher de cet astre.

Par suite de la réfraction, tout rayon de lumière, en parcourant notre atmosphère, ne suit pas une ligne droite, mais une ligne courbe. M. Babinet démontre très-simplement que cette ligne est un arc de cercle, et déduit cette proposition d'une formule mathématique toute nouvelle à laquelle il est parvenu, et qui donne la valeur de la trajectoire du rayon lumineux à travers l'atmosphère.

Il en tire aussi ces autres conséquences que la réfraction et l'axe terrestre qui séparent les deux stations sont toujours liés par un certain rapport, et que si le rayon ne traverse pas l'atmosphère horizontalement, la réfraction est toujours égale à une fraction de l'axe terrestre compris entre le point de départ et le point d'arrivée.

La fermentation et ses produits, comme la plupart des phénomènes de la nature, sont et resteront encore longtemps lettres closes pour la science.

M. Joly, de Toulouse, a communiqué récemment à l'Institut des recherches sur *l'origine de la germination et de la fructification de la levûre de bière.*

D'après lui, cette levûre se compose d'abord de simples vésicules.

Les vésicules ne tardent point à germer et passent alors à l'état de *gemmule* (de *gemma*, perle).

Ces gemmules, cédant à une attraction mystérieuse qui les entraine les unes vers les autres, se touchent, se soudent entre elles, forment des filaments plus ou moins longs, plus ou moins cloisonnés, plus ou moins ramifiés, et se transforment ainsi en *penicillium,* sorte de cryptogames microscopiques.

Alors il fructifient et donnent naissance à de nouveaux spores.

Ils quittent ensuite le fond du liquide où ils sont développés, feutrés, métamorphosés, forment une sorte de nuage floconneux et jaunâtre, montent à la surface, s'y établissent, s'y étalent en pellicules, d'abord blanches et soyeuses, et deviennent ensuite d'un vert glauque et velouté.

Les uns veulent voir dans ces phénomènes une création spontanée des sporules.

Les autres persistent à croire que les spores de la levûre naissent de vésicules ou de graines existant dans l'air, et nous partageons leur opinion.

Une série de faits qui se reproduisent constamment sous le même aspect et avec des circonstances rigoureusement identiques, ne sauraient appartenir à une création spontanée.

Qu'on ne comprenne point comment s'opèrent les merveilles microscopiques de la levûre, rien de mieux ! Il y a bien des faits autrement vulgaires, qu'on voit sans l'aide du microscope, et que les plus grands savants ne comprennent pas. Avant que les *hétérogénistes* et les *panspermistes*, — Dieu et la langue française leur pardonnent ces noms barbares ! — puissent démontrer irrécusablement dans lequel de leurs deux camps se trouve la vérité, *bien de l'eau passera encore sous le pont*, comme le disait Arago à un théoricien qui le fatiguait de je ne sais quel système insoluble.

Quel savant, par exemple, pourrait expliquer, d'où proviennent les propriétés amères du quassier?

Depuis quelque temps, on remarque chez les pharmaciens de Paris des coupes de formes diverses et façonnées en bois blanchâtre.

Ces coupes donnent, en quelques instants, à l'eau dont on les remplit, un goût d'une amertume très-prononcée, et qui rend le breuvage improvisé merveilleusement propre à exciter l'appétit des estomacs paresseux ou souffrants.

C'est, de plus, un excellent tonique et un fébrifuge dont Linné nous apprend qu'on doit la découverte à un médecin éthiopien nommé Quassi.

Le *quassier* ou bois de quasse croît spontanément à Surinam et dans la Guyane, dont il fut importé pour la première fois en 1722.

Arbrisseau de deux à trois mètres de hauteur, droit et à rameaux irréguliers, il se recouvre d'une écorce mince, inégale, gercée et d'un jaune grisâtre. Ses feuilles, d'un glabre veiné, se groupent en général à l'extrémité des branches, et ses fleurs, d'un rouge magnifique, disposées en grappes, se trouvent accompagnées de bractées et produisent des fruits peu charnus.

Les *bractées* sont des produits végétaux qui tiennent à la fois de la feuille et de la fleur, et qui, dans certaines espèces de végétaux, forment la transition entre les premières, dont elles conservent à peu près la forme, et les secondes, dont elles prennent à peu près la couleur.

Les coupes dont je viens de vous parler, et dont les premières ont été fabriquées en Angleterre, proviennent de la racine forte et ligneuse du quassier.

On devrait substituer à la liqueur d'absinthe, qui produit de si fatals effets, une liqueur faite avec une décoction de racine de quassier; le goût de cette dernière, franchement amer, produirait les résultats salutaires qu'on attribue faussement à l'absinthe.

S'il faut en croire les journaux indiens le *Phénix* et l'*Allabah-Gazette*, le docteur Honigberger obtiendrait à Calcutta des guérisons merveilleuses du choléra, à l'aide d'une infusion de racine de quassier. Voici comment il faut opérer, selon ce médecin, à qui l'on a donné, dans ces contrées lointaines, le surnom de *Cholera-Doctor*.

« On pratique une incision au bras gauche du cholérique, et dès que le sang paraît, on laisse tomber sur la piqûre trois à cinq gouttes de l'infusion de quassier.

« Le sang se coagule aussitôt, et l'on applique un bandage qu'il faut tenir humide.

« Pour les crampes dans les cuisses, on fait l'incision sur le gras de la jambe.

« On ne laisse boire au malade que de l'eau froide ou des sorbets ; quelquefois on verse une douche d'eau froide sur le corps et sur la tête, car la quassie produit une grande chaleur dans le sang. »

M. Honigberger, d'après le *Cosmos*, compterait se porter candidat pour le prix Bréant, que l'Institut est chargé de décerner.

Académie des sciences. — Distance du soleil à la terre. — L'*aja-aja*. Verrerie vénitienne. — Un nouveau baromètre. — Le phrynosomé. — Une *épouse* belge.

21 juillet.

Il n'est guère de fait scientifique plus unanimement passé à l'état d'article de foi que la distance du soleil à la terre.

Interrogez l'astronome, interrogez l'écolier, tous les

deux vous répondront sans hésiter que le soleil se trouve à 34,000,000 de lieues astronomiques (de 4,444 mètres) de la terre, et que l'on s'est assuré, par des méthodes sûres, que, si l'on se trompe, la limite de l'erreur ne peut atteindre au delà d'un trente-septième, soit 718,919 lieues. Je me sers du mot *lieue*, car la science n'a point encore adopté le système métrique ; elle ne compte que par lieues, par pieds, par pouces et par lignes.

Or, voici qu'un astronome anglais, M. Airy, et deux astronomes français, MM. Faye et Babinet, révoquent en doute l'exactitude de cette donnée sur la distance du soleil à la terre, et démontrent l'urgence d'y regarder de plus près. M. Faye trouve la chose facile, M. Babinet la déclare ajournée probablement à *vingt-cinq siècles.*

« L'éclipse de 1860, ajoute-t-il, a empêché d'observer avec soin le passage de Mars sur le soleil, ce qui eût vraisemblablement permis de calculer avec exactitude la distance cherchée. Un autre passage aura lieu en 1862 et dans des circonstances très-favorables qui ne se produiront plus avant vingt-cinq siècles ; je conjure les astronomes de ne pas se laisser distraire par l'exposition de Londres, et de profiter cette fois d'une occasion qui ne reviendra plus pour eux. »

De son côté, M. Faye rappelle et énumère les difficultés de cette vérification. Il faut s'élever assez dans l'atmosphère pour que la déformation des images résultant de la réfraction devienne insensible, et qu'on n'observe plus à la surface du sol, mais bien à des altitudes de 3,000 mètres ; alors on verra le phénomène astronomique dans toute son exactitude.

De pareilles stations, assez difficiles à trouver en Europe, sont nombreuses sous l'équateur, dans les Andes, et particulièrement à Quito.

M. Piazzi Smith, en prenant pour siége de ses observations le col de Ténériffe, a pu, ce que nul n'avait fait avant lui, mesurer la chaleur de la lune, chaleur que Melloni avait si difficilement rendue sensible à Naples.

Au pic de Ténériffe, les étoiles doubles, type de difficulté optique, se dédoublaient aisément, au sein de cette atmosphère raréfiée, sous les yeux de l'observateur; il distinguait sans peine les plus fines divisions de l'anneau de Saturne, et la topographie de la lune ; il pouvait même voir sur Jupiter les nuages se former et changer d'aspect, comme ceux qui se déroulaient le long des flancs de la montagne où se faisaient les opérations.

Pour Dieu donc, qu'on écoute les sages conseils de M. Babinet, qu'on observe en 1862, et qu'on puisse connaître la distance du soleil à la terre avant vingt-cinq siècles, ce qui paraîtrait un peu long aux curieux impatients.

L'autre jour on m'a envoyé de Chine des filaments longs de plus d'un mètre, d'un blanc grisâtre, transparents, souples, de la forme et de l'épaisseur d'une feuille de varech.

Cette substance naturelle, ou modifiée par des préparations industrielles, porte dans le Céleste Empire le nom d'*aja-aja*.

Plongée dans l'eau froide, elle s'y amollit, s'y gonfle et forme une masse tubulaire.

Chauffée, elle se dissout à 95 degrés centigrade, c'est-à-dire plus vite que la *vessie d'esturgeon*, et moins vite que la *gélatine animale*.

L'eau dans laquelle s'est dissous l'aja-aja prend un goût légèrement parfumé, se filtre aisément et ne présente rien de visqueux au toucher.

Refroidie, il suffit que cette eau contienne *deux parties sur cent* de la substance chinoise pour se transformer en une gelée d'un blanc très-transparent et d'une solidité qui dépasse de huit à dix fois celle de la gélatine.

Il faut une chaleur de 30 à 40 degrés centigrades pour la rendre de nouveau liquide.

L'aja-aja, quand il sera introduit chez nous en quantité suffisante par le commerce, paraît destiné à remplacer la gélatine dans la plupart de ses usages industriels.

La grande solidité de sa gelée, l'absence de viscosité qui la caractérise, la facilité avec laquelle on la détache des corps sur lesquels on la dépose, la rendent très-propre au moulage des objets délicats, dont elle reproduit avec une fidélité scrupuleuse les moindres et les plus minutieux détails.

Elle permet même de prendre plusieurs épreuves dans le bon creux qu'elle donne, et on peut la laver tant que l'on veut, à l'aide d'un pinceau doux et d'eau froide.

Enfin, la gastronomie trouvera également son compte dans l'emploi de l'aja-aja.

On le substituera pour la préparation de beaucoup de mets à la gélatine d'os, qui conserve toujours un goût peu avenant de colle-forte.

En effet, avec deux pour cent d'aja-aja, on produit une

gelée transparente et solide qui laisse aux vins et aux jus de viande ou de fruits qu'on y mélange toute la finesse de leur goût et de leurs parfums.

Enfin, le temps et la chaleur ne l'aigrissent point et ne lui font jamais subir d'altération.

Que le commerce français se hâte donc de faire venir des masses d'aja-aja à Paris.

Elles serviraient à former des mets plus délicats que la terre qui sert de nourriture à certaines tribus de l'Amérique et dont je vous entretenais l'autre jour. A ce propos, M. Virlet d'Aoust m'adresse la note suivante :

« Les géophages ou mangeurs de terre sont plus communs qu'on ne l'imagine.

« Il y en a dans toutes les nations d'Amérique, chez presque toutes les peuplades d'Indiens. Au Mexique, l'habitude de manger de la terre s'était même communiquée aux Européens, et l'on voit les femmes des créoles de Mexico manger la terre à potier à pleines mains, sans craindre de nuire à leur santé et dans le seul but de devenir plus blanches et plus pâles.

« Cette habitude de manger de la terre, qui devient souvent une passion comme l'ivrognerie, gagne même les animaux, qu'on est obligé de surveiller à ce sujet, dans la crainte qu'ils ne se rendent malades; j'ai été souvent étonné et témoin du goût prononcé de mes propres chevaux et de mes mules pour la terre, et de voir que chaque fois que le sol manquait de végétation alimentaire et qu'on était obligé de leur cueillir des branches d'arbres, et principalement du *mesquita* (espèce de mimosa très-commun au Mexique et dans l'Amérique centrale), ils ne les mangeaient pas sans les avoir plongées dans la poussière, ordinairement très-abondante, des chemins de plaines; et de telle manière qu'on peut dire qu'ils avalaient autant de terre que de feuilles : c'était leur sel ou assaisonnement.

« Chez la plupart des peuplades sauvages de l'Afrique, de l'Asie, au Japon, à Java, les *géophages* ou mangeurs de terre sont très-communs; en Europe même, ils ne manquent pas, et il y en a beaucoup en Laponie. J'en ai vu dans l'île de Sardaigne, où, dans certains cantons, quand ils ne mangent pas la terre pure, ils la mélangent dans de certaines proportions avec le pain, dont on m'a fait goûter et que je n'ai pas trouvé en définitive très-mauvais. C'est une habitude très-ancienne; car le village d'Oliena, situé près du Nuoro, et au pied du pic le plus élevé de l'île (nord-est de l'île), était appelé par les Romains le *grenier d'abondance de la Sardaigne*, parce que les Sardes y trouvaient une terre qu'ils mélangeaient avec des glands, pour s'en faire un aliment. C'est la *farine de montagne* des Lapons et autres pays. »

La semaine dernière, M. Van Straet, jeune Hollandais dont le nom commence à prendre un rang honorable dans la science, retournait de Paris à Leyde avec une petite caisse pleine d'échantillons de substances chimiques.

Arrivé dans la capitale de la Belgique, il soumit, comme l'exigeait la douane, ses malles et son bagage à l'examen d'un employé.

Quand ce dernier en vint à la petite caisse en question, M. Van Straet déclara quelle était la nature de son contenu et demanda ou qu'on ne l'ouvrît point, ou que du moins on ne la laissât ouvrir et manier que par lui seul.

Le douanier, au lieu de tenir compte de ces prudentes observations, répondit qu'il n'avait point de temps à perdre, s'impatienta des précautions et des lenteurs de M. Van Straet, et saisit brusquement la petite caisse, qui s'échappa de ses mains et tomba. Aussitôt une effroyable explosion brisa les meubles et fenêtres du bureau, et jeta à quelques pas de là le pauvre douanier, qui se crut foudroyé, et qui, du reste, l'était bien un peu.

Grâce à Dieu, il en fut quitte pour une grande peur et pour garder le lit pendant quelques jours, et il doit s'estimer très-heureux de s'en être tiré à si bon marché.

La caisse renfermait, entre autres substances, quelques grammes d'*ammoniure d'or*.

Un décigramme d'*ammoniure* d'or suffit pour produire une détonation comparable à un coup de pistolet de gros calibre. Le douanier eût pu être tué et augmenter ainsi le nombre déjà trop grand des victimes qu'ont faites les corps détonants.

Ces redoutables corps, soit dit en passant, viennent de s'enrichir de deux nouvelles substances.

Il y a peu de temps, M. Trommsdorff chauffait au bain-marie de l'*hyposulfite de soude*, et en suivait attentivement la dessiccation, quand une explosion brisa tout dans son laboratoire et blessa trois personnes qui se trouvaient dans le fond de cette pièce.

De son côté, M. Hart préparait de l'*oxalate mercurique* sur un bain de sable, et il ne tarda point à lui arriver ce qui était arrivé à M. Trommsdorff ; seulement M. Hart en fut quitte pour la peur.

Il eût pu subir, hélas ! le sort de Dulong, à qui le *bromure d'azote* creva l'œil droit et brisa le bras gauche.

Dulong voulait déterminer la densité du bromature d'azote ; il prépara une petite quantité de ce liquide dont il ne soupçonnait point, du reste, la dangereuse propriété, et il la fit couler d'un vase dans un autre. Une telle explosion eut lieu qu'elle lui brisa le bras.

A peine guéri, l'intrépide savant recommença la même expérience, non, cette fois, cependant, sans multiplier les plus minutieuses précautions. Il venait d'accomplir heureusement la tâche périlleuse qu'il s'était imposée, quand un léger choc produisit l'explosion redoutée et priva d'un œil l'intrépide chimiste.

Vous le voyez, la science a ses héros et ses martyrs.

La douane belge a failli avoir aussi le sien.

AOUT

—

Organisation de l'Université de Cambridge. — Le dernier duel judiciaire. — *Vegetarian Society*. — Les vues basses.

4 août.

Il n'est point de Français qui n'ait remarqué à Londres, avec un sentiment de curiosité et de surprise, des jeunes gens vêtus d'une façon étrange et se promenant avec une gravité toute britannique en dépit de l'étrangeté de leur accoutrement.

Pour notre compte, nous en avons vu la semaine dernière, dans les environs de Christ-Hopital, un certain nombre portant une robe bleue et des bas jaunes; un peu plus loin une autre petite bande, les bras chargés de livres, se distinguait par une robe rouge et des bas et des culottes de l'orangé le plus criard qui soit jamais sorti de la chaudière d'un teinturier.

Les premiers étaient des élèves de Christ-Hopital, et les autres des élèves de l'école de Worrall, glorieux nourrissons de l'Université anglaise.

Peu de personnes connaissent en France l'organisation de l'Université anglaise.

Cette organisation ne ressemble en rien à celle de l'Université française.

Au commencement de ce siècle, il n'y avait encore que deux universités en Angleterre, celle d'Oxford et celle de Cambridge. Depuis cette époque, on en a fondé deux autres dans le Nord pour les étudiants en théologie, mais elles ne sont pas encore d'une grande importance.

Enfin, il y a dans la ville de Londres deux universités qui ne datent guère que de quarante ans.

Cambridge est situé à quatre-vingts kilomètres de Londres; on peut s'y rendre par le chemin de fer en deux heures.

Il est difficile de préciser l'origine de son université; on sait toutefois que le roi saxon Alfred, qui naquit en 849, agrandit et embellit l'Université de Cambridge.

Sa première charte remonte au roi Henri III, c'est-à-dire à 1230. Édouard III lui accorda des priviléges plus importants en 1333. La reine Élisabeth promulgua en 1570 les statuts qui régissent encore aujourd'hui cette université et qu'a légèrement modifiés un acte du Parlement, signé par la reine Victoria en 1856.

Dans l'origine, le plan des études de Cambridge était celui de l'Université d'Orléans. Depuis le onzième jusqu'au seizième siècle, on y enseignait la grammaire, la logique,

la rhétorique, le droit, la théologie et la philosophie naturelle, d'après la méthode d'Aristote.

Aujourd'hui, l'Université de Cambridge se compose
d'une confédération de dix-sept colléges.

En Angleterre, un collége ne ressemble en rien aux institutions auxquelles nous donnons le même nom en France.
Destinés aux jeunes gens qui ont fini leur éducation, ces
colléges ne reçoivent guère que des élèves de dix-sept à
dix-huit ans. Ceux-ci doivent subir un examen avant leur
admission.

Chaque collége, qui ne relève que de l'Université, a ses
statuts et ses règlements à lui ; il est composé d'un président et d'agrégés, qui constituent un corps à la fois ensei-
gnant et administrant.

Le président peut se marier, mais les agrégés ne se
marient point ; s'ils le font, ils perdent leur place.

Les étudiants se divisent en trois classes : la première
se composent de jeunes gens qui payent des honoraires
assez chers (environ 7,500 fr. par an) et qui ont le privilége de se montrer paresseux et de ne pas assister régulièrement aux cours et à la chapelle.

Ils portent une robe galonnée d'or ou d'argent, ils dinent au réfectoire, à la même table que les agrégés, et
prennent le nom de *fellows-commoner's*, ce qui signifie
commensaux des agrégés (fellows).

La seconde classe consiste en pensionnaires qui portent
une simple robe noire, et dinent à une table à part.

Il existe une troisième classe peu nombreuse. Ce sont
les étudiants qui payent une petite redevance et qui dinent après les agrégés des portions qui restent de leur

table. On les nomme *sizers*, de l'ancien mot anglo-normand *assise*, qui signifiait *portion*.

Chaque collége ressemble à un grand hôtel, ou plutôt à plusieurs hôtels, réunis dans une enceinte entourée de murs ou de grilles. L'enceinte contient le bâtiment où se trouvent les appartements des membres du collége, la chapelle, le réfectoire, la cuisine, un beau jardin et des promenades plantées d'arbres de haute-futaie.

Les portes de l'enceinte se ferment à la nuit, excepté une seule, qui reste ouverte jusqu'à dix heures du soir. A dater de ce moment les étudiants ne peuvent plus sortir, mais il leur est permis d'entrer ; le concierge tient compte de l'heure de leur rentrée, et il en fait un rapport au *tutor*. Les appartements se composent ordinairement d'un salon, d'une chambre à coucher et d'un office; on dîne au réfectoire, mais on déjeune et on soupe chez soi.

Le service religieux se célèbre matin et soir dans une chapelle. Les étudiants doivent y assister les dimanches, les fêtes et la veille de ces fêtes; ils y revêtent un surplis.

Chaque collége possède des biens provenant de dotations, qui servent à payer les appointements, les réparations et l'entretien du collége et de ses dépendances. En outre, tant que leurs noms restent inscrits sur le registre universitaire, les élèves payent une cotisation annuelle.

A leur départ, la plupart des *fellows-commoner's* laissent leur vaisselle en argenterie au collége.

La valeur des bourses varie depuis 250 fr. par an jusqu'à 2,500 fr.

Les boursiers admis au concours lisent l'Écriture sainte à la chapelle et récitent la bénédiction avant et après les repas au réfectoire; en échange, ils ne payent pas de loyer; dans quelques-uns des colléges, ils reçoivent même gratuitement leurs repas.

Il est d'excellent genre de ne se montrer aux cours que pendant le temps strictement exigé par les règlements.

Un jeune lord qui habite Paris et qui jouit d'une grande popularité dans le monde élégant suit les cours de l'université de Cambridge.

Un beau matin, il disparaît de la vie de sportsman, qu'il mène à grandes guides dans son hôtel du quartier de la Madeleine, cesse de suivre les cours de l'Opéra, les soirs de ballet, de faire son stage à Chantilly les jours de courses, et va s'asseoir à Cambridge, sur les bancs de l'Université en digne et laborieux *fellow-commoner's* qu'il se pique d'être.

A quelque temps de là, le monde fashionable de ses amis le retrouve à Paris, sans soupçonner qu'il a affaire à un écolier qui sort de classe, et qui s'est assis, après avoir récité la bénédiction, à la table austère des agrégés, en grande tenue universitaire.

Un hiver, lord E... parut à un bal costumé, vêtu d'une longue et large robe noire, galonnée en or. On s'étonna beaucoup de lui voir un costume si sévère. Il répondit gravement qu'il le trouvait si beau, qu'il ne comptait point le quitter pendant un mois.

On crut qu'il faisait une plaisanterie, et un de ces amis, un Français, bien entendu, s'écria :

— Je parie tout ce que vous voudrez que vous ne tiendrez pas cet engagement.

— Je parie cent livres, répondit le lord.

— Soit, j'accepte.

L'écolier de Cambridge dansa jusqu'au point du jour; après quoi, accompagné du parieur, il monta en voiture, se fit conduire au chemin de fer du Nord, prit place dans un wagon, sans changer de costume, débarqua à Londres, partit pour Cambridge et alla tout droit s'installer dans son appartement classique.

Il fallut bien que son partner s'avouât vaincu et payât les cent livres perdues.

Il est vrai qu'en échange il put suivre les cours de l'université de Cambridge, qui se professent en langue anglaise, dont il ne comprenait pas un seul mot.

L'année universitaire dure vingt-huit ou vingt-neuf semaines, et les étudiants de l'Université de Cambridge ne sont obligés de résider à Cambridge qu'un tiers environ de ce temps.

L'Université forme une confédération de dix-sept colléges, dont le corps gouvernant est le sénat. On choisit ordinairement le chancelier dans la noblesse : le chancelier actuel est le prince Albert.

Après le chancelier, vient le grand sénéchal, qui a le pouvoir de juger les étudiants *prévenus de crimes*. Il exerce ce pouvoir bien rarement, ne réside pas à l'Université, mais nomme un substitut. Le sénéchal actuel est lord Lyndhurst, jurisconsulte célèbre et chancelier du royaume.

Après le chancelier et le sénéchal, vient le vice-chancelier. Il préside le sénat, avec lequel il dirige les affaires de l'Université.

Lorsqu'il se rend à l'église, il porte une robe d'écarlate, et trois bedeaux le précèdent avec leurs masses d'argent, don de la reine Élisabeth.

Le sénat se compose de tous les docteurs dans les trois
facultés et de tous les maîtres ès arts résidants ou non.

Le sénat nomme à dix bourses, dont la dotation est de
1,875 francs.

Il y avait autrefois deux bacheliers qu'on nommait *bacheliers voyageurs*; ils recevaient 2,500 fr. par an, à la
condition de voyager trois ans en pays étrangers et de
transmettre au vice-chancelier trois lettres écrites en latin.
En 1856, on a supprimé ces charges.

Après le grand examen pour le grade des bacheliers
ès arts, qui a lieu dans la salle du sénat au mois de janvier, on dresse une liste des candidats par ordre de mérite ; cette liste se divise en plusieurs classes, et ceux
qu'on y inscrit en tête reçoivent un *honneur*, et leur nom
est imprimé à perpétuité dans l'almanach de l'Université.
Cet *honneur* est exigé des candidats au titre d'agrégé ; de
plus, on présente solennellement le premier sur la liste
des *honneurs* au vice-chancelier ; il s'agenouille devant
lui ; le chancelier prend ses mains entre ses mains, et lui
dit : *Auctoritate mihi commissâ admitto te ad titulum bac-
calaurei designati in artibus, in nomine Patris et Filii et
Spiritus Sancti*. (Par l'autorité qui m'est confiée, je t'ad-
mets au titre de bachelier ès sciences, au nom du Père,
du Fils et du Saint-Esprit).

Le chancelier décerne annuellement deux médailles
d'or, de 380 fr. chacune, au meilleur élève dans l'étude
des classiques. Pour gagner ce prix, il faut encore que le

candidat ait obtenu un *honneur* dans la première ou seconde classe des mathématiques.

Outre ces deux médailles, il y a dix autres prix *classiques* : pour une ode saphique grecque, une ode latine d'après Horace, deux épigrammes, l'une grecque et l'autre latine, et une traduction en vers grecs d'un extrait de Shakespeare, ou d'un auteur dramatique ; six pour les meilleures dissertations en latin ; deux pour les mathématiques ; huit pour la théologie, et deux ¡pour la poésie anglaise.

On évalue ces prix à 40,000 fr. par an.

Après un intervalle de trois ans, les *bacheliers* passent *maître ès arts* sans examen et sans avoir résidé. S'ils sont ecclésiastiques, ils peuvent prendre en outre les grades de bacheliers et de docteurs en théologie. Pour ces deux grades, il faut qu'une argumentation ait lieu devant le professeur de cette faculté.

Les candidats en musique composent et font exécuter un morceau de musique solennelle à l'église de l'Université, devant le vice-chancelier et les présidents de collége.

Indépendamment des *tutors* des colléges et des maîtres particuliers, l'Université compte vingt-sept professeurs dans toutes les sciences, savoir : six professeurs de théologie, un de droit civil, un des lois d'Angleterre, deux de médecine, un de la langue hébraïque, un de la langue grecque, deux de langues orientales, un de mathématiques, un de casuistique, un de musique, un de chimie, deux de philosophie expérimentale, un d'anatomie, un d'histoire moderne et de langues, un de botanique, un de géologie, un d'astronomie, un de minéralogie et un d'économie politique.

Les appointements des professeurs se graduent depuis 2,500 fr. jusqu'à 7,500 fr., sauf les deux premiers professeurs de théologie, qui touchent 40,000 fr. par an.

Les maîtres de langues vivantes ne sont pas membres de l'Université.

Le roi Jacques Ier accorda à l'Université le privilége d'envoyer deux députés au Parlement. Lorsqu'il survient des vacances, soit par la dissolution du Parlement, soit par la mort ou la démission d'un député, les membres du sénat se rendent à Cambridge, de toutes les parties de la Grande-Bretagne, pour procéder à l'élection par bulletins écrits.

L'Université de Cambridge possède une imprimerie nommée *l'imprimerie de Pitt*, du nom de cet homme d'État; elle en a encore une à Oxford avec le titre d'*imprimerie royale* et le droit exclusif d'imprimer et de mettre en vente la Bible et le livre de prières de l'Église anglicane.

Autrefois, ce privilége s'étendait aux almanachs; aujourd'hui encore le gouvernement accorde, en échange de ce dernier monopole, une somme annuelle de 12,500 francs, qui s'emploie à imprimer les ouvrages d'auteurs trop besoigneux pour faire les frais de publication de leurs livres et trop inconnus encore pour trouver des éditeurs.

C'est à Cambridge, en 1817, qu'a failli avoir lieu le dernier duel judiciaire.

En 1817, — je répète cette date à dessein, — un élève de l'Université, nommé Thornton, fut accusé d'avoir assassiné, dans un accès de jalousie, une jeune fille qu'il aimait.

Traduit devant le grand sénéchal, il fut acquitté, faute de preuves, et sans doute un peu par un sentiment de partialité pour le corps auquel il appartient.

Le frère de la victime revint en Angleterre, après un long voyage et porta un appel contre le jugement rendu par le sénéchal.

L'accusé offrit alors, *comme la loi l'y autorisait*, de se disculper par un combat singulier, et les juges se virent forcés d'accepter ce moyen de défense.

« Le combat allait avoir lieu, dit M. Ludovic Lalanne, à qui nous empruntons ce fait singulier, lorsque l'appelant ayant réfléchi que, s'il était vaincu, il devait être mis à mort, et qu'il succomberait probablement, grâce à la vigueur de son adversaire, finit par déclarer qu'il renonçait à son appel. »

A la suite de cette affaire, le Parlement abrogea, en 1819, une loi stupide et barbare, comme il ne s'en trouve que trop encore de semblables aujourd'hui dans la législation anglaise.

L'autre jour, dans un journal de médecine on citait, quasiment comme une merveille scientifique, un cas de véritable gastrite. On le faisait, dit-on, pour prouver que la gastrite n'était point, ainsi que le prétendent d'aucuns, un mythe, une sœur du grand dragon de mer, une folle tradition semblable à celle des nègres à queue.

Il fut un temps peu éloigné, hélas ! où pareille constatation n'eût point été nécessaire. Les gastrites foisonnaient; les disciples imprudents d'un illustre praticien, après avoir saigné à blanc les malades, les condamnaient à une diète austère et à un régime exclusivement végétal.

On sait que de malades ce système transforma en mourants !

Il arriva qu'un certain docteur Bénech, fort peu connu jusqu'alors, se mit à professer qu'on pouvait donner la gastrite, mais qu'elle n'existait guère à l'état spontané. Il fit sa fortune en guérissant les victimes de l'école nouvelle ; pour cela il lui suffisait de prescrire, comme la, Toinette du *Malade imaginaire*, « de bon gros mouton et de bon gros bœuf rôtis. »

Quand il parlait ainsi, les malades jetaient d'abord les hauts cris et répondaient que jamais il ne digéreraient une pareille nourriture, eux dont l'estomac ne pouvait supporter même un blanc-manger. M. Bénech insistait ; il fallait choisir entre l'obéissance ou la mort. Les malades obéissaient donc. Après quelques jours d'essai, l'estomac des moribonds reprenait ses fonctions, la gastrite disparaissait et il n'en était plus question.

Toute la Faculté, il est vrai, jetait les hauts cris contre M. Bénech, le traitant de charlatan et d'ignorant, et demandait qu'on l'immolât sur l'autel de Sangrado. Ce qui n'empêcha pas l'excellent homme, à l'abri de son diplôme de médecin, de faire une fortune considérable ; ce qui n'empêche point aujourd'hui les plus opiniâtres fanatiques de ce temps-là d'en être réduits à reconnaître que M. Bénech était seul dans le vrai, et tout le reste de la Faculté dans le faux.

Ces souvenirs ne manquent pas d'une certaine actualité, au moment où la *Société végétale* (*Vegetarian Society*) recommence à faire des siennes et à vouloir occuper l'attention publique.

J'en suis fâché pour M. Newton, grand prêtre de la doctrine végétale, mais l'homme est sorti omnivore des mains de la nature ; la forme de sa mâchoire, de ses dents et de son tube digestif, l'atteste de façon à ne laisser aucun doute.

Je l'avoue cependant, à force d'habitude, certains individus peuvent parvenir à ne vivre que de légumes et de fruits, et même à ne point s'en trouver trop mal. Je doute fort néanmoins qu'un pareil système réussisse à tous les genres de constitutions. Je tiens même pour certain que sur mille personnes qui observeraient strictement les règles alimentaires de la *Vegetarian Society*, un bon quart succomberait à des inflammations d'estomac, ou, qui pis est, au diabète, qui transforme l'homme en usine à sucre.

Je prendrai pour exemple certaines communautés religieuses auxquelles leur règle impose une abstinence complète du *gras*, c'est l'expression consacrée.

A la trappe de Notre-Dame de Bricquebec (Manche), et dans les autres maisons du même ordre, la nourriture se compose exclusivement de pain, de fruits et de légumes, à la préparation desquels restent rigoureusement interdits le beurre et l'huile. Pendant leur noviciat, les trappistes éprouvent, au sortir de table, de violentes congestions à la face qui finissent par en vasculariser les tissus. Leur appétit, d'abord insatiable, ne tarde point à tomber, et leur ventre, qui avait pris des proportions exubérantes, reprend ses dimensions ordinaires. Il faut deux ou trois

ans pour que les novices subissent ces crises d'acclimatation. Après quoi, il leur reste une vive appétence pour
les acides, des aigreurs et de fréquentes attaques de *pyrosis*. On appelle ainsi une insupportable sensation de fer
rouge dans l'estomac. Enfin, les rhumatismes règnent à
l'état permanent dans la communauté. En 1859, la fièvre
typhoïde y exerça de grands ravages. Quant à la longévité, elle n'est ni moindre ni plus grande à la Trappe
qu'ailleurs.

On le voit donc, on ne s'habitue qu'à la longue, et au
prix de pénibles épreuves, à un régime exclusivement
végétal.

Maintenant que vous connaissez les dangers que présente une doctrine, comme le jeu d'oie, renouvelée des
Grecs et de Pythagore, je puis, sans inconvénient, vous
dire d'où provient et où tend cette doctrine.

Le fondateur est J. Newton. En 1811, il publia un
livre, sous le titre de : *Retour à la nature, ou apologie du
régime végétal*. L'année suivante, il fonda une association
composée d'abord d'une centaine de membres.

Le premier rapport de cette association parut en 1814.
On y lit que, pendant un laps de trois années, soixante
personnes ont uniquement vécu de végétaux et d'eau claire,
et qu'elles jouissent de la santé la plus florissante.

Le rapport ne mentionne ni les congestions de la face,
ni le pyrosis.

Parmi les partisans les plus célèbres du système herbivore, on comptait alors le poëte Skelley, qui, dans les notes de son poëme *Queen Mab*, lança un manifeste pour la
défense de la *Vegetarian Society*.

En Allemagne, il y eut, en 1814, des essais tentés à l'Institut de Hofwyl ; mais, après s'être abstenus de l'usage de la viande pendant quelques semaines, les néophytes demandèrent instamment à revenir à l'ancien régime et à tâter plus que jamais du gigot de mouton et de l'entre-côte de bœuf.

En 1847, la Société Végétale se réorganisa à Londres. Depuis lors, tous les ans elle donne un repas de corps, où l'on ne mange que des végétaux. Tous les ans aussi on publie un rapport où sont énumérés les progrès de la Société et démontrés les soi-disant avantages du système.

L'Amérique ne pouvait manquer d'accueillir une doctrine bizarre et rester étrangère à une excentricité. Les quakers surtout lui firent fête et l'on fonda même à Cincinnati un collège *medico-végétal* et des *restaurants légumistes* nommés *Graham-house*, du nom d'un certain Silvestre Graham qui en fit la spéculation. Malgré les séductions de son programme, imprimé dans tous les journaux et placardé sur tous les murs, Silvestre Graham se vit forcé peu à peu de transformer ses restaurants légumistes en tavernes, où finit par régner en maître le traditionnel rosbiff, aussi cher à frère Jonathan qu'à John Bull.

Voici le texte des affiches de Graham :

HUMANITÉ. — SANTÉ. — ÉCONOMIE. — ALIMENTATION VÉGÉTALE.

Plus de sang à répandre ! plus de victimes à immoler ! la paix aux animaux comme aux hommes ! — Pourquoi des hécatombes fratricides sur l'autel de la gourmandise, quand le règne végétal offre une si grande variété, surtout si on y joint ce que fournissent les climats étrangers ? Ces produits, soit dans leur état

naturel, soit dans leur transformation culinaire, satisfont amplement l'estomac le plus difficile. Malheureusement, ces ressources si variées se perdaient jusqu'ici, au milieu des rôtis et
des biftecks, ou bien étaient consommées par le bétail dans les
prairies et soustraites ainsi à un emploi plus rationnel. Le blé, le
seigle, l'orge, le riz, le sagou, le tapioca, le maïs, les pois sous
toutes les formes, les fèves, procurent une nourriture substan-
tielle dans toutes les saisons de l'année... Avec les pommes, les
poires, en général les fruits qui se conservent, on peut avoir en
tout temps une table copieuse et élégante, qui réjouit l'œil et le
palais, l'esprit et le corps! A bas les bourreaux et le couteau
sanglant des bouchers! hurrah pour la sainte et profitable ab-
tinence des viandes!

Le grand argument d'un journal anglais qui passe pour
sérieux et qui s'est fait, sinon le prôneur, du moins le
rapporteur évidemment partial de la *Vegetarian Society*,
consiste à énumérer les peuples qui, dit-il, se nourrissent
exclusivement, ou peu s'en faut, de légumes.

La doctrine de l'initiation, chez les Égyptiens, imposait le
régime végétal. Dans la Cyrénaïque, où les anciens ont placé le
pays des Lotophages, le peuple se nourrit surtout de miel. Selon
Job, Diodore et Strabon, les habitants de l'Arabie ne se nourrissaient que d'écorces et de bourgeons; d'après Diodore, les hylo-
phages d'Arabie comme les gymnosophistes d'Éthiopie étaient
tous rizophages ou mangeurs de racines. Les Juifs avaient des
règles de diététique encore en usage parmi eux. Les pratiques
des Esséniens ne différaient point de celles des habitants de la
presqu'île de l'Inde. La nourriture des Perses, dit Rollin, était
du pain, du cresson et de l'eau. Strabon assure que les Mèdes ne
se nourrissaient que de fruits, ainsi que les Mysiens. Les Thraces,
les Daces et les Gètes, qui habitaient la Roumélie, la Bosnie,
l'Albanie, la Bulgarie, la Valachie et la Moldavie, suivaient à cet
égard la doctrine de Pythagore, qui leur avait été apportée par
Zamolxis. Lorsque les Espagnols abordèrent au Chili, ils trou-

vèrent les Chiliens se nourrissant d'herbes et de fruits. Il en
était de même des Péruviens et des Mexicains. Les habitants des
Comores ne mangent pas de viande; les Boschimans vivent de
racines; quelques tribus andamènes, sauvages de l'Australie, se
nourrissent de fruits tombés des arbres et des coquillages ra-
massés sur les bords de la mer : la chasse et la pêche proprement dites leur sont inconnues. Au Japon, les sectateurs de Smlo
poussent si loin l'abstinence de ce qui a eu vie, qu'ils ne goûtent
pas même du lait, qu'ils appellent du sang blanc. En Europe,
où il se consomme le plus de viande, les trois quarts des habitants n'en mangent pas.

Le peuple russe ne se nourrit généralement que de pain noir,
d'oignons crus, de choux hachés et de concombres. Il a, en outre,
beaucoup de fruits, plusieurs variétés de champignons, et la
gomme qui vient sous l'écorce des sapins et des mélèzes. Les
Dalécarniens ne vivent que de pain d'avoine. L'Islande, qui n'a
ni avoine, ni froment, possède une mousse très-nourrissante, le
lichen. Beaucoup d'Allemands ne se nourrissent que de pain et
de sel, avec du vin et de la bière pour boissons. Les pauvres,
en Suisse, mangent rarement autre chose que du lait et du fromage. Les bergers des Pyrénées suivent un régime analogue; il
en est de même pour un grand nombre des habitants de l'Irlande, où la pomme de terre forme la base de la nourriture. Les
racines sont le principal régal des Grecs modernes. On trouve
en Italie, dans toute l'étendue des Apennins, la même sobriété.
Au dire de Pline, les Ibères ne vivaient que de glands. Aujour-
d'hui les montagnards de l'Alpujarra, dans la province de Gre-
nade, ont le même régime.

Il n'y a rien de nouveau sous le soleil; les doctrines de
M. Newton jouissaient déjà, sous Louis XV, au théâtre
de la Foire, des honneurs de la parodie. .

Parmi les pièces curieuses qui composaient la belle bibliothèque de M. de Solenne, vendue et dispersée à sa
mort, selon la destinée lamentable de toutes les collections,

se trouvait une farce intitulée : *Cassandre pythagoricien.*

Cassandre, riche avare qui se trouve forcé par son rang de tenir maison, réunit ses domestiques, leur prêche le système de Pythagore, leur démontre combien il est cruel d'égorger de blancs moutons pour en manger les côtelettes, et d'innocentes colombes pour les mettre à la crapaudine. Donc, à l'avenir, afin d'éviter de pareilles barbaries, on ne mangera plus chez lui que du pain et des légumes; quant au vin, on n'en boira point parce que sa couleur rappelle trop la couleur du sang.—Mais le vin blanc? objecta Pierrot.—Le vin blanc a la couleur des larmes, répond Cassandre, après une courte hésitation. D'ailleurs, l'eau est plus saine que le vin et l'habitude rend tout possible.

Les domestiques se révoltent et plantent là leur maître et sa propagande herbivore. Arlequin seul, non-seulement reste au service de Cassandre, mais encore il renchérit sur la doctrine de son maître.

— Puisqu'on peut vivre de si peu de choses, se dit-il, pourquoi ne vivrait-on pas de rien du tout, de l'air du temps?

Il met tout de suite cette belle idée à exécution sur les chevaux de son maître.

Je vous fais grâce de mille incidents souvent un peu bien gaillards, toujours franchement burlesques et d'une gaieté qui vous paraîtrait aujourd'hui, j'en ai peur, un tantinet surannée et rancie. Bref, Cassandre, furieux, entre en scène en criant que ses chevaux sont morts.

—Hélas! dit Arlequin, sur le dos duquel l'avare exaspéré fait tomber une grêle de coups de bâton; hélas!

quel malheur qu'ils soient morts! Encore un jour ou deux, et ils eussent tout à fait pris l'habitude de vivre sans manger !

M. Newton et la *Vegetarian Society* veulent, ou peut s'en faut, faire pour les hommes ce qu'Arlequin faisait pour les chevaux de son maître.

Tout cela est assez plaisant; mais en France n'avons-nous pas nos ridicules ? —Et des meilleurs.

Les *Aventures de Gulliver* ne sont point une œuvre tout à fait originale, ou du moins sans antécédents; suivant l'expression de Molière, Swift a pris dans plus d'un auteur *son bien où il le trouvait.*

Les récits de voyages fantastiques dans des pays impossibles, non-seulement datent du moyen âge, mais encore ils remontent jusqu'aux anciens. C'est un romancier grec, contemporain de Lucien et dont on ignore le nom qui, le premier, a raconté l'histoire de l'*Ile des Bossus.*

Depuis, chacun s'en est emparé : Indiens, Chinois, trouvères de toutes les nations et conteurs de toutes les époques et de toutes les langues.

Un jeune Athénien, d'une grande beauté plastique, fit naufrage et aborda dans une île déserte; il y rencontra des femmes dignes de servir de modèle à Praxitèle; mais, en revanche, tous les hommes étaient bossus par devant et par derrière comme notre Polichinelle; ce qui prouve encore, soit dit en passant, que l'invention du type de Polichinelle ne date pas d'hier.

Il n'est pas besoin de dire que les bossus rirent au nez du bel étranger et se moquèrent de sa taille svelte.

Celui-ci finit pourtant par se faire aimer d'une jeune fille, qui le sollicita de devenir bossu.

— Mais comment puis-je devenir bossu? demanda-t-il, surpris de cette singulière proposition.—En faisant comme tous les habitants de l'île : en prenant des bosses artificielles. Il n'y a point ici dix bosses véritables; mais on trouve que deux bosses donnent si bonne manière aux gens, que chacun s'en approvisionne chez les marchands.

L'Athénien suivit le conseil de sa maîtresse, il acheta deux bosses, et de plus il se contourna les jambes, s'allongea les bras, se grima le visage, et se rendit en apparence un si hideux bossu, qu'il devint dans l'île le type de l'élégance et de la beauté.

En France, à Paris, on ne cherche point encore à se donner des bosses factices, mais en attendant on s'ingénue à faire croire qu'on jouit d'une mauvaise vue et qu'on est myope.

Cette manie saugrenue, s'il en fut jamais, date du Directoire et du Consulat.

Il y avait à cette époque à Paris un duelliste trop célèbre, et qui, aveugle, solitaire, farouche, ignoré, expie peut-être encore, à l'heure qu'il est, dans un coin obscur et pauvre de la province, sa fatale célébrité. Cet homme avait la vue basse; un lorgnon à la main, il se plaisait à regarder sous le nez le premier venu, à lui dire que sa figure lui déplaisait, à lui chercher querelle et à le tuer, en abusant lâchement de la seule supériorité qu'il possédât : une adresse merveilleuse à se servir du pistolet.

Les incroyables trouvèrent la chose charmante et se

mirent à porter des lorgnons. Dans toutes les caricatures de Carle Vernet, les personnages à cadenettes, à cravattes hautes et épaisses, à gilets à revers, à gourdin sous le bras, tiennent un lorgnon à la main. La mode absurde s'en est perpétuée jusqu'à nos jours ; et si bien, hélas ! qu'on rencontre à chaque pas des gens possédant une excellente vue et qui regardent comme de la plus suprême élégance de ficher à grand'peine un lorgnon dans le coin de leur œil.

D'après une épitaphe qu'on lit dans l'église Santa Maria de Florence, Salvino Armati serait l'inventeur des lunettes.

« *Qui diace Salvino d'Armato degl' Armati di Firenza, inventor degl' occhiali. Dio gli perdoni la peccata ! A. 1317.*

« Ci-gît Salvino Armato d'Armati, de Florence, l'inven-
« teur des lunettes. Que Dieu lui pardonne ses péchés !
« Année 1317. »

Cette inscription se corrobore d'une lettre de Franz Redi, dans laquelle il affirme avoir lu, en tête d'un manuscrit portant la suscription : *Journal de famille rédigé en 1299 par Sandro di Popozo di Sandro, de Florence :*

« Je suis si vieux, que je ne puis lire ou écrire sans le
« secours de lunettes (*occhiali*), nouvelle invention bien
« précieuse pour les pauvres vieillards. »

En outre, Giordino, moine du couvent de Santa Catarina, en relation avec la famille de Salvino d'Armati, dit, dans un discours prononcé le 23 février 1305, sur la place Santa Maria Novella : « Il n'y a pas vingt ans que l'on a trouvé les lunettes ; j'en ai vu l'inventeur. *So vidi exclue, se prima la trovo e fece.* »

Comme Alexandre Spina était du même couvent, on a cru, mais à tort, que l'honneur de la découverte lui revenait; il est certain, toutefois, que c'est lui qui rendit publique l'invention des lunettes, jusqu'alors tenue secrète, ainsi que le prouve ce passage d'un autre manuscrit latin du couvent de Sainte-Catherine :

Frater Alexander Spina, vir modestus et bonus, quæcunque vidit aut audivit facta, scivit et facere. Ocularia ab aliquo primo facta et communicare nolente, ipse fecit et communicavit, corde hilari et volente.

On attribue encore les lunettes à Roger Bacon. Or il est mort en 1294, et puisque, d'après Giordino, on connaissait les lunettes à Florence en 1299, peut-être doit-on supposer qu'une circonstance fortuite a porté le secret de la nouvelle invention à la connaissance, soit du physicien anglais, soit du moine italien, ou que chacun d'eux l'a découverte à la même époque.

On voyait encore, il y a quelques années, dans une des églises de Cambrai, un tableau de Snyders, représentant le Christ interrogé par les pharisiens; un des pharisiens portait sur le nez une énorme paire de lunettes.

Les enfants sont naturellement myopes. Selon Rognetta, ils ne voient qu'à une distance de huit à dix centimètres. De cette myopie accidentelle à la myopie permanente il n'y a qu'un pas. Que le diamètre antéro-postérieur du cristallin suive le développement du reste de l'œil, et le sujet reste myope.

Généralement, les jeunes gens ne s'aperçoivent qu'ils ont la vue courte qu'à l'époque de la puberté. En regardant avec des verres concaves, ils s'étonnent de voir les objets avec plus de netteté, et d'en apercevoir d'autres qu'ils ne distinguaient pas auparavant.

Il y a beaucoup moins de myopes qu'on ne le croit.

Dans une thèse soutenue en 1855, un médecin militaire, M. Devot, a constaté que, sur trois millions deux cent quatre-vingt-quinze mille deux cent deux conscrits soumis, de 1831 à 1849, à l'examen des conseils de révision, il n'y a eu que treize mille sept jeunes gens exemptés pour faiblesse de vue; ce qui donne, année moyenne, *deux cent quatre-vingt-quatre* myopes sur cent soixante-treize mille quatre cent trente et un conscrits.

Un autre médecin militaire, M. Rebstock, trace des myopes un portrait médical qui devrait bien guérir nos *gandins* de la manie de se rendre laids et ridicules à plaisir en cherchant à faire croire qu'ils y voient fort mal.

Si le myope vient à quitter ses lunettes, l'œil hagard, l'air hébété, il ne sait où porter ses pas; il se frotte les yeux comme pour dissiper un brouillard qui lui obscurcirait la vue; petit à petit, il s'habitue à ce nouvel état; et, pour ne pas laisser voir son embarras, il marche fièrement, la tête haute; son port est presque normal, son regard fixe; puis tout à coup, s'oubliant, il porte la main à la racine du nez ou à la jointure des verres et des branches, afin de relever ses lunettes qu'il croit encore avoir. Tout surpris de sa distraction, il ralentit son allure, marche la tête basse, les yeux fixés à terre, pour reconnaître son chemin.

Pline, — on voit que la chose remonte loin, — Pline dit que « le myope a un regard hébété, *hebetis visus;* que dans le danger il se trouble, il pâlit, et que plus d'un homme qui aurait pu devenir un héros, s'il eût possédé les yeux de tout le monde, passe, à cause de la faiblesse de sa vue, pour manquer de vaillance ou de résolution. »

Le monocle est la plus triste innovation que la mode ait pu imaginer. Sans compter l'aspect désagréable qu'il imprime à la physionomie, il présente le fâcheux inconvénient d'affaiblir l'œil inactif et de déterminer quelquefois le strabisme.

Il y a sept ou huit ans, un de ces jeunes gens que l'oisiveté et la fortune initient d'une façon si déplorable à la vie, dépravent et transforment en êtres insupportables à eux-mêmes et aux autres, trouva charmant de se promener sur le boulevard, un lorgnon de cristal dans l'œil. Jeune, bien taillé, d'une figure assez agréable, et précoce héritier d'un patrimoine qu'il gaspillait follement, il se croyait le plus élégant et le plus envié des *dandys*. C'était le mot dont on se servait à cette époque. On a dit successivement : *merveilleux, incroyable, fashionable, lion*. On dit aujourd'hui *gandin*.

Un matin qu'il rompait un peu violemment avec une infidèle, celle-ci lui jeta pour dernier adieu : « Je ne regretterai jamais un louche. »

Il sourit dédaigneusement et haussa les épaules. Ne se savait-il pas possesseur de deux yeux noirs parfaitement sains et droits?

Toutefois, en rentrant chez lui, il se regarda machinalement dans la glace, devant laquelle il s'était exercé tant de fois à fixer son lorgnon entre ses paupières ; il vit, à son grand désespoir, qu'il louchait horriblement.

Aujourd'hui il porte des lunettes bleues pour déguiser cette infirmité.

Mon savant ami le docteur Sichel m'a raconté ce faimédical, un jour que nous chassions ensemble une espèce rare de diptères.

———

Éclairage au magnésium. — Thilorier.

17 août.

Qui ne sait la vieille histoire d'Ésope, arrêté dans les rues par un officier public qui lui demanda :

— Où vas-tu?

— Je n'en sais rien, répondit le fabuliste.

— On sait toujours où l'on va! reprit solennellement l'homme de l'autorité. Puisque tu me fais une réponse saugrenue et peu polie, je te condamne à la prison.

Et, sur son ordre, des agents subalternes se saisirent d'Ésope et l'entraînèrent vers la geôle.

— N'avais-je point raison de vous dire que je ne savais pas où j'allais? s'écria l'immortel esclave. Sorti pour faire une commission de mon maître, pouvais-je prévoir que j'irais en prison?

Bien des personnes à Paris, en quittant leur demeure, peuvent répondre, comme Ésope : « Je ne sais pas où je vais. »

En effet, à chaque pas, on rencontre un ami, on trouve une affaire imprévue qui vous emmènent bien loin du but et du quartier vers lequel on se proposait de se diriger en franchissant le seuil de son logis.

Témoin hier, par exemple! Je voulais aller visiter de

nouveaux objets exotiques arrivés à l'*Exposition des colonies*, quand une main me frappa doucement sur l'épaule.

C'était celle d'un ami que je n'avais point vu depuis longtemps. A Paris, il suffit que ceux qui s'aiment le plus habitent des quartiers différents pour ne se visiter qu'à de lointains intervalles. Peut-être, hélas! la distance et le temps séparent-ils plus à Paris que l'indifférence, voire la haine!

— Puisque je vous rencontre, dit cet ami, il faut que vous veniez chez moi, voir une chose qui ne saurait manquer d'intérêt pour vous. Je vous tiens, je ne vous lâche pas!

Nous grimpâmes en riant sur l'impériale de l'omnibus, cette charmante voiture des observateurs et des petites bourses. Trois quarts d'heure après, nous débarquions sur la place du Panthéon.

De là, nous gagnâmes une des rues étroites qui entourent l'église consacrée à la patronne de Paris, et nous entrâmes dans un petit laboratoire où bien souvent, il y a une trentaine d'années, nous avons, mon ami et moi, passé des journées, voire des nuits, au milieu des creusets et des réactifs.

— Regardez ceci, me dit mon vieux camarade.

Et il me montra une bobine revêtue d'un fil métallique très-fin, blanc comme de l'argent, et placée sur un petit appareil d'horlogerie qui se mouvait de façon à dérouler lentement le fil entre les deux cylindres.

Puis il chauffa fortement l'extrémité du fil, et ce fil s'enflamma.

Soudain le chimiste ferma hermétiquement les volets de son laboratoire, et je me trouvai en face d'une lumière éclatante, blanche, et qui éclairait le laboratoire comme l'eût fait la clarté du jour.

Mon ami jouit un instant de ma surprise et me dit :

— La lumière que je viens de produire égale celle que donneraient soixante-quatorze bougies de dix au kilogramme; un kilogramme de la matière métallique employée éclaire autant que cent vingt kilogrammes de stéarine.

Il prit ensuite une chambre noire, plaça derrière une plaque de verre préparée au collodion, la retira, la soumit à des bains métalliques et me montra une épreuve négative d'une grande netteté.

— Quel est ce fil magique? demandai-je; ce fil qui, gros à peine comme un crin de cheval (moins d'un tiers de millimètre), lutte d'éclat avec le jour?

— C'est du magnésium.

— Du magnésium! répétai-je.

— Je n'ai pas besoin de vous apprendre, continua-t-il, que le magnésium est la base métallique de la magnésie, et que la magnésie est une sorte de terre blanche onctueuse, légère, infusible, avide de se mélanger avec les acides. On la rencontre rarement dans la nature à l'état de pureté complète; la magnésie la moins associée à des substances étrangères se trouve toujours unie à une certaine quantité d'eau.

Le magnésium est un métal que le chimiste anglais Davy, vers le commencement du dix-neuvième siècle, puis ensuite M. de Bussy, ont isolé les premiers de la magnésie.

Comme vous le voyez, il s'aplatit en paillettes sous le marteau, se lamine facilement, devient fusible à une température peu élevée, ne s'altère point à l'air sec, perd son éclat et s'oxyde un peu sous l'influence de l'humidité. L'eau pure reste néanmoins sans action sur lui. Quand on le soumet dans un creuset à l'ébullition, il s'en dégage quelques bulles d'hydrogène.

Pour le préparer, on amène à la chaleur rouge, dans un vase clos, un mélange de chlorure de magnésium, de potassium ou de sodium.

D'après Bunsen, pour entretenir pendant une minute la lumière que vous voyez, il faut un bout de fil long de $0^m, 887$, et pesant $0^{gr}, 1204$. Par conséquent, si l'on veut produire, durant dix heures, une lumière égale à celle que donneraient les soixante-quatorze bougies dont je vous parlais tout à l'heure, et représentant cinq kilogrammes de stéarine, on devrait consumer $72^{gr}, 2$ de magnésium.

— Ah! m'écriai-je, voici une révolution nouvelle qui va s'opérer dans l'éclairage public et privé. L'industrie ne peut tarder à s'emparer d'un moyen aussi puissant et aussi victorieux!

Le chimiste se prit à rire.

— Mon pauvre ami, dit-il, vous avez bien des fois enseigné dans votre *chronique* de la *Patrie* qu'entre la théorie et la pratique, entre la science et l'industrie, se trouve toujours un large abîme, trop souvent infranchissable. Hélas! l'abîme existe pour l'éclairage au magnésium : cette substance coûte *sept mille huit cents francs* le kilogramme.

A ces paroles, je restai un moment abasourdi, et je sentis mon enthousiasme se figer quelque peu.

— Qu'importe! repris-je : l'aluminium ne coûtait-il pas aussi cher, il y a quelques années? n'est-il pas devenu aujourd'hui une substance commerciale dont le prix s'abaisse de plus en plus? Il en sera de même, il faut l'espérer, du magnésium.

— Je le désire, sans trop y croire, répliqua-t-il. En attendant, permettez-moi d'éteindre ce fil coûteux, de rouvrir mes volets, et de faire rentrer dans mon laboratoire la clarté vulgaire, mais beaucoup plus économique du jour. Je ne suis pas assez riche pour vous gratifier plus longtemps d'une illumination aussi chère.

— Attendez, reprit-il, comme je lui tendais la main pour prendre congé de lui. Avant de nous séparer, laissez-moi faire devant vous encore une expérience.

Il se leva, et il alla prendre dans sa cour un petit lapin qu'il plaça sur une table. La jolie bête nous regardait de son grand œil noir, levait les oreilles, frappait des pattes de devant, et semblait demander pourquoi on l'avait amenée, de sa cabane pleine de succulents débris de légumes, sur des planches imprégnées d'odeurs chimiques peu ragoûtantes et où ne se trouvait pas la moindre feuille de chou.

Le chimiste prit environ deux grammes d'une substance brune dont il entartina un peu de fane de carotte qu'il présenta au lapin. Celui-ci flaira la chose, et, après une assez courte hésitation, avala le petit paquet de verdure.

Hélas! peu d'instants après, sa respiration se ralentit; il fut pris de convulsions et il ne tarda point à mourir.

Je détournai la tête, et d'un ton de reproche :

— Pourquoi me faire assister à ce hideux spectacle?

— Pour vous démontrer la puissance délétère d'une substance dont Paris boit chaque jour une véritable rivière. Ce toxique, qui, condensé, agit d'une façon si terrible sur le système nerveux, sur le système cérébro-spinal, c'est de l'extrait de café! c'est de la *caféine.*

Félicitez-vous après cela de l'excitation qu'il produit, du bien-être moral et physique qu'il semble causer! Comprenez-vous maintenant pourquoi l'on ne dort point quand on a bu du café? Le café enfante à la longue la paralysie de la moelle épinière. Qui donc a raison de Broussais, prétendant que l'homme fait entrer par sa bouche presque toutes les maladies qui le frappent, et de Ducis écrivant :

> Mon cher café, dans mon humble ermitage,
> Que les beaux-arts, les innocents plaisirs,
> La liberté, ce seul besoin du sage.
> Que tes faveurs soient toujours mes plaisirs!

— Vous me faites peur! répondis-je en riant. Mais voici l'heure de dîner; puisque le hasard nous a réunis, allons dîner ensemble.

Et, bras dessus, bras dessous, nous redescendîmes au boulevard.

A ma grande surprise, après avoir vaillamment dîné, en se levant de table, le chimiste alluma un cigare et se fit servir du café

— Vous buvez d'un pareil poison! vous, après le meurtre du lapin!

— Mon ami, répliqua-t-il en mirant sa tasse, savez-vous rien de plus despotique que l'habitude, cette seconde nature, si ce n'est la nature elle-même, comme disait Montaigne? Je vois le bien, je fais le mal; c'était déjà la coutume du temps d'Ovide :

> Video meliora, proboque,
> Deteriora sequor.

Et puis, l'exemple de Mithridate n'est-il pas là? Comme lui, je m'empoisonne lentement et je m'habitue au poison.

Il parlait encore, quand un de nos amis, un autre chimiste encore, nous aborda pour nous raconter qu'on venait d'essayer à Birkenhead une machine à vapeur destinée à remplacer les chevaux de trait. Suspendue sur des ressorts très-flexibles, cette machine marche facilement, dit-on, sur les chemins les moins unis, parcourt deux milles et demi à l'heure (4,048 mètres) et ne dépense que pour quatre pences de combustible en faisant cette route. Que l'invention anglaise soit réelle ou non, on ne peut, nous l'avons déjà dit, tarder à inventer un appareil qui remplace les chevaux de trait, car il est nécessaire.

Tandis qu'il nous parlait de cette nouvelle tentative industrielle, nous nous dirigions vers les Tuileries.

En passant sur la place Vendôme, mes regards se portèrent sur une des maisons qui forment un des angles de cette place. Je la désignai du doigt.

—Voyez la petite fenêtre qui domine ce toit, m'écriai-je; peut-être le problème important dont nous nous entretenons a-t-il été résolu dans le laboratoire qu'elle éclairait il y a quelque trente ans. Ce laboratoire appartenait à un vieillard qui réunissait à beaucoup de science une imagination de poëte. Je n'ai jamais bien pu connaitre, s'il fallait attribuer à la bonhomie ou à l'ironie, le sourire qui contractait habituellement ses lèvres, et si son cœur renfermait de l'insouciance ou de l'amertume. Tout ce que je sais, c'est que nul plus que lui n'avait le droit d'être misanthrope pour le mal que lui avaient fait les hommes, et de bénir Dieu pour les dons que Dieu avait rassemblés en lui. Nous nous étions connus un soir que, tout entier à la préoccupation de je ne sais quel problème de physique, il se trouvait presque sous les pieds des chevaux d'un fiacre, sans prendre garde aux cris d'épouvante du cocher et des spectateurs. Le choc de la voiture le jeta à six pas de là sur le trottoir. Je le relevai et lui donnai le bras pour le ramener chez lui. Chemin faisant, nous causâmes physique, et nous fûmes dès lors unis par une affection sincère, et sur laquelle, pendant dix années, ne passa jamais un seul nuage.

Mon nouvel ami se nommait Thilorier.

A quelques semaines de là, Thilorier opérait, au collège de France, devant un auditoire qui le saluait de ses acclamations enthousiastes, la condensation de l'acide carbonique. Quand on vit le gaz impalpable et invisible jaillir de l'appareil en forme de neige, quand on put le toucher et le tenir dans la main, jamais transports d'admiration semblables n'emplirent de joie et de noble orgueil l'âme enivrée d'un homme. Des larmes emplirent les yeux de Thilorier : il me serra la main, et je sentis la sienne tremblante et humide.

En effet, il ne s'agissait de rien moins que d'un nouveau moteur, destiné à remplacer la vapeur qu'on regardait alors, non sans quelque raison, comme un moyen grossier et barbare de locomotion. On se le rappelle : à cette époque M. Arago, à la tribune, disait hautement, avec toute l'autorité de son nom scientifique, qu'il fallait bien se garder de construire des chemins de fer, dont les éléments encore incomplets ne tarderaient point à se trouver remplacés par d'autres procédés de beaucoup supérieurs.

En parlant ainsi, il faisait allusion à l'acide carbonique condensé et aux travaux de Thilorier.

Après la grande victoire remportée au collège de France, Thilorier rentra dans son laboratoire.

Les yeux fermés, un chat sur ses genoux, il se mit à songer silencieusement aux immenses résultats de sa découverte. La vapeur vaincue et remplacée par une force mille fois plus puissante ; la navigation transatlantique facile et rapide ; le problème de la direction des ballons presque résolu ! Il voulait faire le tour du monde en quelques mois, sur un vaisseau mu par l'acide carbonique condensé, et dont une hélice remplacerait les roues ; car l'idée de l'hélice appliquée à la navigation, Thilorier l'avait conçue et exprimée depuis longtemps. Ceux qui l'ont connu peuvent se rappeler qu'il s'étonnait toujours qu'on *n'y pensât point*. C'était son expression favorite en parlant de choses inventées par lui et qu'il regardait comme si vulgaires qu'il ne supposait pas qu'il fût possible de n'y point songer.

Cependant, si Thilorier avait trouvé un moteur d'une

puissance sans égale et près de laquelle la vapeur n'était qu'un enfantillage; il s'agissait encore de régler sa force, et trois ou quatre fois les essais qu'il en avait tentés lui étaient devenus funestes. Les appareils, en éclatant, avaient couvert de nouvelles blessures; et frappé d'une surdité à peu près complète le martyr de la science.

Sur ces entrefaites, on jugea à propos de renouveler au collége de France, l'expérience de la condensation de l'acide carbonique. Par une imprudence ou par un hasard funeste, l'appareil se brisa, éclata, blessa gravement plusieurs personnes, coûta la vie à un des aides du professeur, et enleva un doigt à Thilorier.

Ce ne fut pas son doigt qu'il regretta, ce fut la défaveur jetée sur le nouveau moteur qu'il avait découvert. La peur s'empara de tous les savants, et ils refusèrent de se rendre à ces naïfs arguments de Thilorier : « Mais voilà vingt-fois que mon appareil à condensation éclate entre mes mains, et c'est la première fois qu'il tue quelqu'un ! Il n'a jamais fait que me blesser ! » Le nom seul d'acide carbonique mettait en fuite l'Institut tout entier, sans compter la Sorbonne et le collége de France.

Thilorier, un peu triste, se renferma dans son laboratoire plus qu'il n'avait l'habitude de le faire; ceux qui l'aimaient purent remarquer dès lors un changement profond s'opérer dans ses habitudes. Il passait des journées entières sans songer à prendre son chat sur les genoux, marchait à grands pas, et ne touchait plus ni à ses cornues ni à ses alambics. Lorsque par hasard il sortait de chez lui, c'était pour s'arrêter tout court, en plein milieu

de la rue, sans prendre garde à la curiosité et à l'étonnement qu'il excitait parmi les passants.

Comme c'était un homme à la physionomie douce et
distinguée, avec de beaux cheveux commençant à blan-
chir, et qui portait à la boutonnière de sa redingote bleue
le ruban de la Légion d'honneur, on le regardait sans trop
de moquerie. Une jeune femme, émue de compassion, le
prit un jour par le bras et le ramena du milieu de la
chaussée sur le trottoir. Il ne songea même pas à remercier sa jolie bienfaitrice. Il passait à côté de ses meilleurs
amis sans les voir et sans leur répondre quand ils lui
adressaient la parole. L'idée fixe s'était emparée de lui;
l'idée fixe, cette nuance insaisissable qui sépare le génie
de la folie, et Newton de cet insensé qui croyait soutenir
la lune de l'extrémité de son index !

Cet état mental de Thilorier dura plusieurs années.

Un jour il entra, à cinq heures du matin, chez moi. Il
n'était plus le même homme que la veille. Une transfigu-
ration s'était opérée en lui. Plus de distractions, plus de
méditations profondes ; il avait fait sa barbe de frais, ses
vêtements ne se trouvaient point en désordre, et il passa
entre deux tables chargées de porcelaines sans rien ren-
verser. Il s'assit sur le pied de mon lit, l'air calme et
riant.

— Eh bien! dit-il, j'ai enfin résolu mon problème! Tu
le sais, il y a quelques semaines, mon appareil à condensation s'est brisé, à la Sorbonne...

— Quelques semaines? interrompis-je ; mais voici déjà
plusieurs années!

— Ah! reprit-il sans se déconcerter, ai-je donc été si

longtemps à résoudre mon problème? Quelques semaines ou quelques années, qu'importe, après tout, puisque j'ai ma solution! Oui, mon ami, non-seulement une explosion est impossible, mais encore cette force terrible, j'en suis le maître! j'en fais ce que je veux! elle est mon esclave! Je puis à mon gré l'employer à entraîner des masses énormes, à donner la vie à des machines gigantesques, et l'obliger à se jouer, sans les blesser, avec les ressorts les plus délicats et les plus fragiles!

Et comme je le regardais avec stupéfaction :

— Il doute, ma foi, de ce que je lui dis! s'écria-t-il en riant. Mais, tiens, vois ces plans, ces dessins, et si tu n'en crois point tes yeux, écoute-moi!

Et aussitôt, avec une lucidité qui ne laissait aucun doute possible, même pour un homme étranger aux arcanes de la science, il développa les moyens qu'il comptait mettre en œuvre. On ne pouvait lui adresser une seule objection; sur tous les points, sa théorie était irréfutable.

— Il me faut trois jours pour exécuter mon appareil; continua-t-il. Je veux le construire tout entier de mes mains. Viens me voir après-demain... Et toi qui ne m'as point abandonné, toi qui n'as point douté de moi, toi dont la plume m'a défendu, tu seras le premier à jouir de mon succès et à le partager.

Il me serra la main et s'éloigna en me répétant :

— Je t'attends après-demain; sois fidèle au rendez-vous.

J'y fus fidèle, en effet.

Lorsque je passais devant la loge de la concierge, celle-ci me héla.

— Ah! monsieur, me dit-elle, quel grand malheur! n'est-ce pas? Un si brave homme! un véritable enfant pour la bonté! Mourir si vite!

— Qui donc?

— M. Thilorier. Il a passé tout à l'heure.

Hélas! elle ne disait que trop vrai! Une mort subite avait frappé, dans son laboratoire, mon malheureux ami.

Qu'est devenue sa découverte? On n'a trouvé chez lui aucune trace des dessins qu'il m'avait montrés; ses notes, s'il en avait laissées, sont restées également perdues. Avait-il réellement résolu le grand problème qu'il cherchait! Dieu le sait! Dieu, qui ne lui avait permis de dire sa pensée sublime ou folle qu'à un profane, incapable d'en discerner le vrai ou le faux, et surtout de se rappeler la théorie sur laquelle l'inventeur la faisait reposer.

Quoi qu'il en soit, aujourd'hui, la condensation de l'acide carbonique n'est plus qu'une expérience curieuse que les professeurs démontrent rarement dans leurs cours.

Si Thilorier avait vécu quelques jours de plus, peut-être l'acide carbonique eût-il bouleversé la face du monde?

Les Landes. — Les Vosges. — Histoire d'une bûche.
Singulière industrie anglaise.

20 août.

A beau conter qui vient de loin, dit une de ces sentences des nations, qui a subi les conséquences du temps et du progrès. Après avoir été rigoureusement vraie pendant des séries de siècles, elle commence à devenir quasiment fausse et sans application.

En effet, le mot *loin* tend à s'effacer du dictionnaire français, et se dispose à suivre le mot *impossible*, que Napoléon Ier voulait qu'on en ôtât. Quarante-huit heures suffisent aujourd'hui pour aller d'une extrémité à l'autre de la France. Paris n'est plus réellement éloigné des autres départements, et l'on peut, de temps à autre, s'échapper de cette vaste fournaise de travail et d'affaires, pour respirer un air plus vivifiant et visiter d'autres panoramas que le boulevard des Italiens et les quais.

C'est ainsi qu'un de vos chroniqueurs, servi par le hasard, a vu il y a quelque temps, pendant quelques heures, un édifice disparu depuis plus de quatre siècles, et un instant sorti du sépulcre qui le tenait enseveli.

Le miracle s'est opéré dans les Landes, à Mimizan, autrefois port de mer, aujourd'hui éloigné des côtes de quatre kilomètres. Un ouragan des plus violents avait, pendant la nuit, déblayé une partie de l'ancien port, et laissé à demi couvertes des carènes de vaisseau et une vieille église en ruine. Puis le vent d'ouest a tout à coup ramené les flots de sable que les vents de l'est avaient un instant dispersés, et tout a de nouveau disparu pour des siècles, pour toujours peut-être ! Spectacle saisissant que seules peuvent offrir les Landes !

Ce prodige est moins rare qu'on ne serait tenté de le croire, dans une contrée qui ne ressemble à aucune autre partie de la France.

Monseigneur l'archevêque de Bordeaux, en 1858, n'a-t-il point exhumé des sables l'église de *Notre-Dame de la fin des Terres*, près du vieux Soulac?

Quand le prélat, accompagné d'un pieux cortége, arriva devant le monument, il le trouva à demi enseveli, et élevant péniblement au-dessus des sables son toit à demi brisé.

Ce qu'on voyait des restes du monument et de l'abside mutilé rappelait l'architecture romane du onzième et du douzième siècle.

Monseigneur Donnet prit une pioche, fit approcher une brouette, et donnant l'exemple, se prit à enlever les premières couches de sable. Aidé de ceux qui l'entouraient, il ne tarda point à mettre à découvert des chapiteaux d'une merveilleuse conservation. L'un deux, surtout, d'un style corinthien barbare et orné d'acanthes grossièrement sculptées, attestait, d'une façon caractéristique, le type de l'art grec dégénéré et se mêlant aux premiers essais de l'art moderne.

Les Landes forment une large zone de sable qui s'étend de la Gironde à l'Adour.

L'Océan vomit annuellement sur sa côte, longue d'environ deux cent cinquante kilomètres et large de quarante, une quantité de sable évaluée à plus d'un million de mètres cubes. Accumulée depuis des siècles, cette couche s'étend à plus de quatre-vingts kilomètres dans l'intérieur des terres, et va se perdre vers les plaines fertiles d'Aire et de Villeneuve-de-Marsan. Son épaisseur habituelle n'est que de quarante ou soixante centimètres, mais sur le bord de la mer il en est autrement; le sable s'amoncelle en tas qui atteignent quarante, soixante et cent mètres même; leurs éternelles migrations font encore de nos jours le désespoir des habitants.

Sans cesse rejetés par l'Océan, dont ils forment le rivage, et poussés dans l'intérieur, les sables s'accumulent en monticules, qui ne tardent pas à s'ébouler pour se reformer plus loin en masses nouvelles, avançant ou reculent, suivant que le vent souffle de la terre ou de la haute mer. Le vent d'ouest étant beaucoup plus fréquent et plus fort, les dunes avancent donc toujours et gagnent sans cesse du terrain.

Elles marchent pour ainsi dire. Durant un orage leurs cimes s'écroulent et remplissent les vallons. Rencontrent-elles un champ, elles l'ensevelissent sous un lit de sable. Plus de cent villages ont disparu de cette façon. Dans les pays envahis, on ne trouve plus qu'une plaine d'un blanc livide où le pied s'enfonce péniblement, sur lequel le soleil jette des réverbérations qui aveuglent, où l'on n'entend aucun bruit, où l'on ne respire qu'un air enflammé.

Cependant la nature, toujours avide de substituer la vie à la mort, sème çà et là dans ces lieux, plus désolés que les *villes maudites* de la Syrie, la linaire à feuille de *thym*, l'œillet et le *coret* des sables, et l'*épervière laineuse*, espèce de chicorée à feuilles couvertes de longs poils blancs, mous et plumeux. Jadis l'épervière passait pour une panacée héroïque contre les maladies de poitrine; aujourd'hui la médecine la dédaigne, et à peine les rares teinturiers des Landes s'en servent-ils encore pour donner à la teinture une nuance solide de mordoré clair.

Les Landes ont aussi leurs marais, que les éboulements des dunes changent parfois de place. Recouverts de débris végétaux et de plantes aquatiques, le vent les saupoudre peu à peu d'une couche de sable qui s'épaissit insensiblement et finit par présenter l'aspect d'un terrain solide. Malheur à celui qui rencontre ces marais! Le moins qu'il puisse lui arriver c'est de s'y enfoncer jusqu'à la ceinture, et de chercher, souvent en vain, pendant des journées et des nuits entières, à sortir de cette tombe mobile qui se creuse sans cesse de plus en plus sous les pieds de sa victime.

L'agriculture et l'industrie ne tarderont point à transformer les Landes et à les conquérir à la culture.

Avant un demi-siècle peut être, les Landes ressembleront aux autres parties de la France. On n'y rencontrera plus que des cultivateurs ressemblant à tous leurs confrères : les échasses (*xangues*), les bérets, les *cuculles* ou vestes de peau non mégies, les larges chapeaux de feutre ou de paille garnis de rubans noirs, ornés d'immortelles de mer, et nommés *pallioles ;* la *cruchade*, bouillie de maïs, d'eau et de lait ; le *tourin*, soupe à l'oignon, à la graisse et au vinaigre ; le *mousset* de jambon frit, auront disparu avec les générations actuelles. D'autres habitudes créeront. d'autres coutumes et d'autres besoins.

Mais ce qui ne disparaîtra jamais toutefois, c'est le nom et le souvenir d'un pauvre pâtre, né près de Boglose, en 1576, et dont non-seulement les Landes, mais toute la chrétienté, bénit le nom sanctifié. Nom bienheureux que le catholique intercède dans ses prières ; nom que le philosophe le moins orthodoxe admire et bénit.

On voit encore, et les paysans montrent avec respect,

dans le village natal de cet homme, l'arbre au pied duquel il gardait ses troupeaux.

Cet homme a créé des œuvres de charité qui fleurissent et se développent même encore de nos jours. C'est lui qui voulait qu'on en usât à l'égard des malades *comme une mère en use à l'égard de son fils unique;* qui, le premier, fit pénétrer l'humanité dans les prisons; qui ramassa sur le pavé des rues les nouveaux nés abandonnés! Il prescrivait aux sœurs de la charité, dont il fonda l'ordre, *de se faire entre elles, aux heures de récréations, de petites taquineries, pour s'égayer et se tenir en belle humeur.* Enfin, il disait, en parlant des congrégations qu'il avait instituées : *Elles ne périront point par la pauvreté, mais je crains que si la pauvreté leur manque, elles ne viennent à périr.*

Je n'ai pas besoin, je pense, d'ajouter que ce petit Landais est saint Vincent de Paul.

Saint Vincent, au milieu de ses grands travaux, conservait un pieux et tendre souvenir de son pays natal. Il ne savait pas maitriser son émotion, surtout quand l'accent caractéristique d'un de ses compatriotes venait à l'imprévu frapper son oreille; il tressaillait alors et avait bien de la peine à retenir ses larmes. Les grands cœurs sont ainsi !

Ce qu'éprouvait le saint, madame Desbordes-Valmore l'exprime dans des vers faits comme seule elle savait les faire, et qui s'offrent à nos yeux en ouvrant le volume de *Poésies inédites* de cette illustre morte d'hier.

Air natal! aliment de saveur sans seconde
Qui nourrit les enfants et les baise à la ronde;

Air natal, imprégné des souffles de nos champs,
Qui fais les cœurs pareils et pareils les penchants ;

Depuis que j'ai quitté tes haleines bénies,
Tes familles aux mains facilement unies,
Je ne sais quoi d'amer à mon pain s'est mêlé,
Et partout sur mon cœur une larme a tremblé.

Et je n'ai plus osé vivre à poitrine pleine
Ni respirer tout l'air qu'il faut à mon haleine.
On eût dit qu'un témoin s'y serait opposé.
Vivre pour vivre... oh ! non, je ne l'ai plus osé !

Viens ranimer un cœur séché de nostalgie,
Le prendre et l'inonder d'une fraîche énergie.
En sortant d'abreuver l'herbe de nos guérets,
Viens, ne fut-ce qu'une heure, abreuver mes regrets !

A ces mœurs des Landes opposons les mœurs des Vosges.

C'est bien peu, me dira-t-on, que les bûches que nous brûlons dans notre foyer, et dont la flamme réjouit nos yeux et vivifie notre corps par la douce chaleur qu'elle produit ! C'est bien peu que les planchettes de sapin qui servent à allumer ces bûches et à les faire flamboyer !

C'est beaucoup ! répondrai-je, quand on sait ce qu'elles coûtent de travail à la nature et à l'industrie.

Beaucoup de ces bûches et de ces planches nous arrivent des forêts des Vosges.

Il faut attendre d'abord que l'arbre ait crû, — et il croît lentement, — et qu'il se trouve à point pour être abattu.

Dans les forêts, le sapin se sème de lui-même. A mesure que les jeunes individus grossissent, les plus vigoureux étouffent les plus faibles. Les arboriculteurs des Vosges les laissent en liberté commettre ces fratricides.

La croissance lente des sapins durant les cinq ou six premières années s'accélère de vingt à trente ans; à cette époque énergique de la crue, il n'est pas rare que des arbres acquièrent, entre deux séves, un mètre de hauteur.

A cent ans seulement, le sapin devient un arbre complet et dont on peut livrer le bois à l'industrie.

Dans peu de pays on gouverne aussi bien les sapinières que dans les Vosges. Jamais on n'y met *les arbres à blanc*, mot technique qui signifie raser; on coupe les arbres isolément, selon les besoins; seulement on prend la précaution de porter la cognée particulièrement sur les individus d'une venue malencontreuse, ou qui cessent de prendre de l'accroissement.

Grâce à cette méthode, on obtient fréquemment des sapins mesurant cinquante mètres de hauteur et deux mètres de diamètre à la base du tronc.

Ce n'est pas tout que le sapin atteigne cent ans et soit abattu; il faut le transporter aux scieries, et les chemins ne sont ni nombreux ni faciles dans les Vosges. Prenons pour exemple la vallée du *Blanc-Rupt*.

Resserrée dans presque tout son parcours, des bois la bordent de deux côtés, et la Sarre y serpente capricieusement, donnant le mouvement et la vie à des scieries nombreuses.

Des canaux conduisent cette eau aux usines, et, leur travail accompli, vont souvent plus loin porter leur labeur dans une autre usine, avant que de rentrer dans leur lit.

Quant à la Sarre et à son cours véritable, l'homme en a fait un moyen de transport qui tient à la fois du chemin de fer et de la grand'route.

De distance en distance des barrages retiennent les eaux et en forment des bassins dont on ouvre les écluses de temps à autre, pour donner à la rivière la force de transporter jusqu'au point où elle devient navigable les *flottes* ou masses de bois qu'on lui confie.

Occupés aux différents travaux de l'exploitation forestière, les paysans des Vosges passent la plus grande partie de leur existence au milieu des forêts; ils y construisent des huttes, hautes environ de deux mètres, larges de quatre et longues de trois et les meublent avec des quartiers de rochers, des écorces et de la mousse.

« Levez, dit M. Arthur Benoit, auteur d'une *Excursion dans les Vosges*, levez la planche qui repose d'un bout à terre, de l'autre contre la pièce de bois qui forme le faîte : c'est la porte que vous ouvrez; c'est encore bien la fenêtre, car c'est tout un. Regardez dans l'intérieur, et vous verrez devant vous une pièce de quelques pieds carrés, où l'on s'assoit et où l'on cause. A droite, une cheminée, où l'on se chauffe et où l'on fait cuire le diner; à gauche, des planches et un peu de paille où l'on dort. Quoique au premier aspect cette hutte n'ait pas l'air d'avoir une architecture bien solide, vous pouvez y entrer par le plus violent orage : non-seulement elle ne vous ensevelira pas sous ses décombres, ce qui serait peu grave, mais encore elle vous préservera de la plus petite goutte d'eau. »

Naturellement, le régime se trouve en rapport avec le logement. Après avoir passé la journée du dimanche près de sa famille, qui demeure souvent à sept ou huit kilomètres de la forêt, l'ouvrier arrive le lundi matin à son rustique atelier, en habit de travail, et portant sur le dos une besace qui contient la nourriture de toute la semaine, c'est-à-dire des pommes de terre et un pain de munition.

Une cuiller, une marmite, un petit baril composent son ménage. Le matin, il met les pommes de terre dans la marmite après les avoir dégarnies de leur enveloppe; une fois cuites, il les écrase, en fait une espèce de pâte, et mange; à deux heures, même repas, plus une soupe; le soir, même repas, moins la soupe.

Le transport des bois se fait au moyen de voies appelées *chemins de schlitte*, du nom populaire de l'appareil sur lequel on charge les bois abattus. On trace ces voies en les faisant serpenter le long de la montagne, de manière à obtenir une pente douce et une inclinaison qui ne soit ni trop faible ni trop forte. Ici, c'est un rocher qu'on fait sauter; là, c'est un pont qu'on jette sur un ravin; plus loin, on creuse une forte tranchée dans le roc : on place au travers de ce chemin sur toute sa largeur des jambages, qu'on éloigne de cinquante centimètres chacun. Comme le terrain va en pente et que la *schlitte* descend toujours, on relient ces jambages par des piquets, si bien qu'après son achèvement, la voie offre l'apparence d'une échelle sans fin jetée à terre.

Une fois le chemin établi, il faut construire la schlitte,

c'est-à-dire un traineau solide et léger tout à la fois; solide, parce qu'il doit supporter des charges considérables; léger parce que les *tronces* amenées à la scierie, c'est la schlitte sur l'épaule que l'ouvrier remonte en forêt. Le schlitteur va chercher à la coupe le bois à moitié débité; quand la montagne est trop rapide, le chemin *à ravetons* ne va que jusqu'au tiers de la distance; alors un sentier escarpé sert seul de chemin.

En ce cas, on laisse la grande schlitte et on prend ce qu'on appelle un *bouc*, c'est-à-dire un traineau d'environ un mètre de longueur, sur lequel s'attache l'extrémité d'une *tronce;* l'autre extrémité traine à terre.

C'est chose admirable et terrible à la fois que de voir ces infatigables ouvriers descendre de tels fardeaux par des chemins à pente si prononcée et si rapide.

Le schlitteur traine derrière lui un poids considérable et déploie une vigueur inimaginable; il rassemble tout ce qu'il a de force pour ne pas se laisser entrainer par la tendance naturelle de sa charge à le pousser violemment; ses muscles se contractent, il se roidit, et son pied, qui râcle la terre, y trace un sillon profond.

Un faux pas, une contraction de muscles un peu moins forte, peuvent amener un fatal accident, et peut-être la mort au schlitteur; car la schlitte, en passant avec sa pesante charge sur son conducteur abattu, lui fait des blessures affreuses; elle le broie, elle le mutile. Et pas de médecin, pas de chirurgien, si ce n'est à dix ou quinze kilomètres! Presque toujours, des journées se passent avant que les secours de l'art arrivent.

Après le schlitteur vient l'ouvrier qui, la hache à la

main et le crampon au pied, atteint la cime du sapin pour l'ébrancher. Il s'expose, lui aussi, à de sérieux dangers. Que son pied glisse, que la branche à laquelle il s'accroche cède sous sa pression, il tombera de trente mètres de hauteur, heureux s'il peut saisir quelques branches inférieures pour amortir sa chute.

On abattait autrefois les arbres avec leurs rameaux, mais ce procédé causait des ravages considérables ; aujourd'hui on évite les dégâts en coupant tous les rameaux; on en laisse seulement quelques-uns à la cime.

L'ébranchage terminé, vient l'abattage. Un bûcheron et son aide suffisent; la cognée commence, la scie achève. Cette scie consiste en une simple lame, que termine à chaque bout une poignée.

Elle avance lentement, mais sûrement, dans le corps de l'arbre. De moment en moment, on enfonce des coins pour laisser du jeu à cet outil, et pour faire prendre à l'arbre l'inclinaison nécessaire afin qu'en tombant il cause le moins de dégât possible. Le travail touche à son terme; quelques fibres de bois persistent seules; on retire la scie, on attend. Après avoir gardé un peu de temps son imposante tranquillité, le sapin vacille sur ses bases, s'ébranle et perd l'équilibre; un craquement se fait entendre, la dernière cloison du bois se brise, un bruit sourd retentit, et l'arbre tombe.

Aussitôt les bûcherons, la scie à la main, le débitent en *tronces* que le schlitteur viendra bientôt chercher pour les conduire à la scierie. On débite sur place le sommet de l'arbre, trop petit pour fournir une des billes d'où l'on tire des planches; on donne à ces tronces, destinées au chauffage, la longueur voulue; on les assemble et on y ajoute les grosses branches. Avec les petits rameaux, on prépare des fagots, ou si, comme cela arrive dans les Vosges, la main-d'œuvre revient plus cher que le prix d'achat, le propriétaire, convaincu qu'abondance de bien peut quelquefois nuire, est obligé de payer des ouvriers pour ramasser et brûler les branches, les ételles et les écorces, qu'on donnerait pour rien à qui voudrait venir les chercher, mais dont on ne peut trouver le placement, parce que chacun a plus de bois qu'il n'en veut.

Parfois, l'arbre n'est pas assez fort pour fournir des planches; dans ce cas, on le dépouille de son écorce, on le taille comme une immense poutre carrée, et on lui laisse toute sa longueur.

La conduite de ces pièces de charpente offre de sérieuses difficultés au schlitteur, car elles mesurent quelquefois vingt mètres de longueur. On place sous chaque extrémité de la poutre un petit traîneau, et le schlitteur, avec l'appui d'un seul aide, dirige cette masse énorme.

Qu'un danger se présente, le schlitteur saute de côté, et laisse sa charge continuer sa route, sauf à la voir se briser contre le premier obstacle qu'elle rencontrera.

Une fois les *tronces* descendues sur le port, l'œuvre du *segard* ou scieur commence.

Toute scierie se compose d'une manivelle que fait tourner la roue sur laquelle tombe la chute d'eau; à cette manivelle s'adapte une scie, qui, fixe et inébranlable, déchire tout ce qui se rencontre sous sa dent; au moyen d'un engrenage bien simple, un chariot roule l'arbre à l'encontre de la scie que le segard dispose de manière à donner à la planche l'épaisseur voulue.

Dans les Vosges, une scierie confectionne parfois jusqu'à cinquante mille planches par an. On les dispose en carrés sur le port, en attendant que le printemps permette aux flotteurs de les empaqueter.

Ceux-ci lient les planches sur cinq de largeur et dix de hauteur au moyen de harts, c'est-à dire de jeunes sapins ou de jeunes chênes chauffés et tordus qui résistent à toutes les secousses, supportent tous les chocs sans se délier et heurtent les rochers sans que rien puisse les briser.

On attache cinq ou six de ces radeaux les uns au bout des autres, et, après avoir fait un gouvernail au moyen d'une petite pièce de bois attachée sur l'avant, on lance la flotte à la rivière et on lève l'écluse qui retient l'eau accumulée dans l'étang supérieur. La masse des eaux échappées du barrage enlève, comme en se jouant, ce lourd fardeau, qui vole plutôt qu'il ne glisse. A demi nus, des hommes expérimentés guident la flottille à travers les mille sinuosités de cette capricieuse rivière, tantôt dans l'eau jusqu'à la ceinture, tantôt couchés à plat ventre sur la flotille pour passer sous les ponts, tantôt debout pour empêcher, à l'aide de leur gaffe, les planches de se briser en se heurtant.

Quant au bois à brûler, on le jette à l'eau, et il part à la grâce de Dieu avec le torrent, s'entrechoquant, bondissant parmi les rochers, se heurtant contre les ponts, et surveillé seulement dans sa course par quelques hommes, qui rejettent dans le lit les bûches lancées sur la rive.

Voilà ce que coûte de travail, de peine et de péril la planche de sapin que vous foulez aux pieds et la bûche que vous brûlez dans votre cheminée avec tant d'insouciance.

Laissez-moi maintenant vous parler des ouvriers qui exploitent les forêts des Vosges.

Ces ouvriers forment une population à part, dont les habitudes et les mœurs présentent un contraste caractéristique avec les mœurs des autres ouvriers de la France.

Ils partent, vous vous le rappelez, le lundi avec de frugales provisions, pour ne revenir dans leur famille que le dimanche.

Grâce à leur sobriété, ils ne connaissent guère ni la misère ni sa triste sœur, la mendicité. A de rares exceptions, le plus pauvre possède d'ordinaire un champ de pommes de terre, une vache, ou tout au moins une chèvre.

Il pétrit le pain qui le nourrit, et il s'approvisionne à peu près gratuitement de la résine qui doit l'éclairer pendant l'hiver; quant au bois, il ne lui coûte que la peine de le ramasser. Enfin il se procure à peu près au même prix les matériaux nécessaires à la construction et à l'entretien de sa chaumière, toujours grouillante d'enfants de tous les âges, car chaque année il se célèbre régulièrement un baptême dans chacune des familles du Blanc-Rupt.

N'allez pas croire que cette vie laborieuse n'ait pas ses distractions, voire ses plaisirs. Arrivez le soir dans un village, et demandez-y l'hospitalité ; la ménagère, entourée de sa famille, vous recevra d'une façon avenante, vous fera place à son foyer toujours rempli d'écorces et de déchets de bois enflammés, placera devant vous un plat de pommes de terre fumantes, et vous offrira, si vous n'éprouvez pas trop de fatigue, de vous conduire à l'*ava*, quand elle aura couché ses enfants.

A sept heures, tous les marmots, amplement repus, s'endorment d'un profond sommeil après avoir pieusement récité leur prière, qu'ils soient catholiques ou anabaptistes ; car les anabaptistes sont assez nombreux dans les Vosges.

On reconnaît ces derniers à leur allure puritaine, aux psaumes qu'ils chantent en allemand, aux sermons qu'ils se trouvent toujours disposés à débiter sur un texte de la Bible, et à leur costume de couleur sombre où jamais l'on ne peut apercevoir un seul bouton. Pourquoi cette aversion pour les boutons? Nul ne le sait, mais elle existe au plus haut point.

Une fois les petits enfants couchés, votre hôtesse, accompagnée des aînés, se mettra en route pour l'*ava*.

L'*ava* est une veillée, qui parfois se tient à trois ou quatre kilomètres de là ; car les chaumières de la vallée s'élèvent presque toujours à des distances considérables les unes des autres. On arrive donc ordinairement vers huit heures et demie à l'*ava*.

Après avoir pris une *chaude* devant la vaste cheminée, on s'assied en cercle, les hommes, la pipe aux lèvres, et les femmes la quenouille à la main. Puis les jeunes filles et les jeunes garçons devisent gaiement entre eux, tandis que les vieillards commentent les articles d'un numéro du journal venu là par hasard, et souvent vieux d'un mois. Tout à coup, une musette ou un violon se fait entendre. Aussitôt des groupes de danseurs se forment et l'on saute jusqu'à dix heures. Alors un vieillard donne le signal du départ, et chacun s'en retourne gaiement chez soi, sans tenir compte du vent, de la pluie, du froid, de la neige qui tombe, ou de la terre qui gèle à pierre fendre. Il n'est pas rare que des jeunes filles, dont la mère a été retenue au logis, partent seules pour regagner leur demeure distante d'une heure de marche. Elles s'en vont pleines de sécurité à travers la nuit, par des sentiers à peine tracés, et jamais, de mémoire d'homme, rien n'a troublé cette sécurité : une lanterne qu'elles portent à la main leur indique les mauvais pas ; quant aux mauvaises rencontres il n'en advient jamais.

Parfois, au lieu de danser, on conte des histoires, où le diable joue toujours le premier rôle; le diable est naturellement le héros favori d'une population que son isolement et son ignorance rendent superstitieuse et qui conserve encore un cachet caractéristique de moyen âge. On retrouve d'ailleurs dans la veillée du *Blanc-Rupt* une foule de coutumes de ce moyen âge; entre autres les feux de la Saint-Jean dont les bonnes femmes ont soin de ramasser un tison, qu'elles placent sous leur toit, pour se préserver de la foudre et de plus échapper au démon et à ses tentations.

Les jeunes filles, de leur côté, ont soin de visiter cinq feux de la Saint-Jean pour y trouver les moyens de faire apparaître l'homme qui doit devenir leur époux.

Si maintenant vous désirez connaître la nature des récits qui charment les loisirs de l'*ava*, voici une des légendes que vous y entendrez infailliblement dire. Je dois ajouter en passant qu'on la raconte dans les mêmes termes ou peu s'en faut aux veillées des bords de l'Escaut et de la Meuse.

« Je vivrais cent ans et plus, qu'il me souviendrait encore de la noce de Jean Saveux, comme il m'en souvient aujourd'hui.

« J'étais parti de bon matin de mon village, car je devais traverser la forêt pour aller prendre, comme me l'avait recommandé mon oncle, son vieux compère le berger Nicolas Meuron, lequel était invité à la noce.

« Celui-ci refusa obstinément de m'accompagner, disant qu'on ne le verrait pas à de telles épousailles, quand même on lui payerait dix écus ; mais il ne voulut jamais me faire connaître pourquoi. J'étais éloigné de sa maison au moins déjà de quatre *Ave Maria*, quand il courut après moi et me rappela. C'était pour me remettre une petite bouteille, qu'il me recommanda vingt fois au moins de ne pas quitter une minute durant tout le temps que je serais chez Jean Saveux. Elle devait, disait-il, me préserver des embûches du malin esprit, lequel ne manquerait pas de faire des siennes.

« Hélas ! il ne prédisait que trop vrai, comme on le verra par la suite.

« Je ne connaissais pas le futur de ma cousine Marguerite, et quand je le vis à mon arrivée, je me sentis devenir tout triste de ce qu'il allait avoir pour femme une si bonne et si jolie fille.

« C'était, je dois l'avouer, un beau garçon; mais il y avait dans ses yeux enfoncés sous de grands sourcils, il y avait dans sa figure pâle je ne sais quoi dont la vue faisait mal. On l'aimait peu dans le pays, parce qu'il se montrait fier de son argent, n'assistait jamais aux *avas* et restait quelquefois tout une semaine sans dire un mot à personne. Aussi, plus d'un blâmait ma cousine Marguerite de contracter ce mariage.

« La noce se fit, et tout alla bien jusqu'à l'heure de danser. Il advint alors que le ménétrier n'avait pas été prévenu.

« Chacun se lamentait d'un pareil contretemps, lorsqu'on annonça au marié qu'un inconnu demandait à lui parler.

« Jean Saveux, qui devisait et batifolait avec sa femme, et que l'on n'avait jamais vu, de mémoire d'homme, d'une humeur aussi avenante, se leva en pestant contre le malotru qui le dérangeait lorsque c'en était si peu le cas... Mais à l'aspect de l'étranger, qui, las d'attendre, avait pris sur lui d'entrer, il devint pâle comme un trépassé et faillit choir de son haut.

« — J'espère que je suis le bienvenu? demanda froidement l'inconnu au marié.

« — Vous avez le droit de l'être, répliqua Jean Saveux. Mais son visage pâle et le tremblement de tous ses membres démentaient le bon accueil qu'il s'efforçait de faire au nouvel arrivant.

» Celui-ci n'en eut cure et se mit gaiement à table.

« Puis se tournant vers le marié :

« — Eh! eh! lui demanda-t-il familièrement, tu ne m'as pas encore montré ta femme, mon camarade.

« Jean Saveux lui désigna du doigt Marguerite.

« — Tu as bon goût, Jean, excellent goût! Il est malheureux, ma foi! que ce soir..... Mais que veux dire ceci?
s'écria-t-il, sans faire attention au désespoir du marié;
voilà une noce singulière : il ne s'y trouve même pas un
violon.

« Quelqu'un hasarda de raconter que l'on avait négligé
de prévenir le ménétrier.

« — Parbleu! si c'est là ce qui vous empêche de danser,
dit l'étranger, j'ai précisément dans mon sac un violon;
sans me piquer d'être excellent musicien, j'espère bien ne
pas vous faire trop regretter l'absence du ménétrier.

« Il sortit et revint avec un violon, posa une chaise au
milieu d'une table, grimpa dessus et se mit à jouer
comme s'il n'eût jamais fait d'autre métier de sa vie. On
l'aurait prit sans peine pour un ménétrier véritable, car
c'était un petit homme gros et court, à mine réjouie et
moqueuse au dernier point; il battait des pieds, criait,
se trémoussait et buvait sans cesse.

« Chacun se mit en place, sauf le marié, qui, taciturne
et rêveur, se tenait dans un coin et voulait même empêcher sa femme de danser.

« Le joueur de violon s'en aperçut.

« — Que signifie une pareille conduite, Jean Saveux?
demanda-t-il en ricanant. C'est aujourd'hui le plus beau
jour de ta vie, et tu demeures là comme un hibou!
Allons, gai, mon camarade, en place!

« Mais pour cette fois Jean Saveux refusa d'obéir.

« L'étranger allongea le bras, et du bout de son archet
effleura l'épaule du récalcitrant.

« Aussitôt un transport frénétique de gaieté s'empara de Jean, naguère si triste. Il se mit à parler, à sauter, à rire, mais tout cela d'une manière tellement sinistre, qu'on l'aurait pris plutôt pour un possédé que pour un nouveau marié.

« A vrai dire, la musique que jouait l'inconnu produisait une sorte de joie douloureuse que je n'avais jamais éprouvée que cette fois-là.

« Je me sentais, durant la danse, mille pensées coupables et singulières; j'étais comme ivre ou faisant un mauvais rêve. Et puis l'air que l'on respirait dans la chambre était devenu lourd et brûlant, et il se répandait de toutes parts une odeur forte, âcre et suffocante, comme celle que produit un fer rouge que l'on enfonce dans l'eau.

« Minuit sonna : l'inconnu mit alors son violon sous son bras, descendit de sa chaise, et s'approchant de Jean Saveux :

« — A présent! lui dit-il.

« — Encore une nuit, rien qu'une seule nuit? demanda Jean, dont tous les membres tremblaient.

« — Non, répondit l'inconnu

« — Accordez-moi une heure, une heure encore?

« — Non, répliqua une voix sourde et implacable.

« — Donnez-moi un quart-d'heure?

« — Non... J'ai pitié de toi, ajouta l'étranger, après avoir joui, un moment du désespoir de Jean Saveux; que ta femme signe ceci, et je t'accorde encore huit jours.

« Jean prit un rouleau de parchemin rouge à lettres d'or

que lui présentait son hôte... mais il le rejeta avec horreur.

« — Alors je vais prendre congé de la compagnie, et tu me donneras un pas de conduite.

« Le petit homme salua poliment chacun, et passant amicalement son bras autour du cou de Jean Saveux :

« — Adieu, dit-il à la mariée. Ne vous fâchez pas trop contre moi si j'emmène votre mari : vous ne tarderez pas à le revoir, ma belle.

« Ce ne fut pourtant que le lendemain qu'elle le revit, et il n'était plus qu'un cadavre frappé de la foudre.

« On l'avait trouvé, après bien des recherches, gisant au pied d'un chêne de la forêt

« Quand on le porta à l'église, les cierges bénits s'éteignirent tous à la fois, et l'on m'a raconté que la fosse dans laquelle on déposa la bière fut trouvée vide le lendemain. »

Londres n'a point de chiffonniers comme Paris; mais, en revanche, elle a ses alouettes de boue (*murds-larks*), et les chasseurs d'égouts (*sewer-hunter*).

Les alouettes de boue se composent presque exclusivement de jeunes filles et de vieilles femmes. Quand la marée se fait basse et laisse à nu les bords fangeux de la Tamise, le triste essaim de ces pauvres créatures s'éparpille au milieu de la vase. Il leur faut y entrer jusqu'aux genoux et plonger leurs bras jusqu'aux épaules pour recueillir les débris de bois, les morceaux de houille et les clous que contient cette vase.

On ne peut se faire, en France, une idée du spectacle

lamentable que présentent les alouettes de boue, qui, à l'heure de la pêche, sortent à demi-nues des misérables repaires qu'elles occupent la plupart dans les rues de Blackwall. Elles barbotent dans la fange empoisonnée, qui, chaque année, infecte Londres de tant de maladies épidémiques, et, le dos chargé d'une mauvaise corbeille, elles se disputent les humbles épaves dont le produjt leur permettra d'acheter peut-être un reste de viande provenant de la desserte d'une taverne, et surtout de boire un verre de gin. Il y a des alouettes de boue qui comptent à peine six ans; celles-là disparaissent jusqu'au cou dans les sables fétides de la Tamise.

Les chasseurs d'égouts cherchent leur vie, comme l'indique leur nom, dans la Londres souterraine.

Londres possède, sous ses rues macadamisées, d'innombrables voies souterraines dans lesquelles viennent aboutir les immondices des maisons particulières. Plusieurs de ces voies qui finissent par aboutir à la Tamise, étaient autrefois de petites rivières à ciel ouvert qu'on a voûtées, dérobées au jour, et qui entraînent avec leurs eaux toutes ces matières sans nom, résidus des capitales. Au nombre de ces rivières, on cite le Fleet, autrefois, dit-on, assez vaste et assez profond pour voir naviguer entre ses deux rives des vaisseaux marchands.

Il y a peu d'années, les chasseurs d'égouts pouvaient librement parcourir les canaux souterrains de Londres. La police anglaise s'est récemment émue des dangers que couraient une foule de pauvres diables que l'appât d'un gain modique entraînait dans ces lieux ne prenant jour, de distance en distance, que par un petit nombre de grilles ouvertes dans le macadam. Mais l'impitoyable nécessité et la faim, cette funeste conseillère, *male-suada fames*, comme la nomme si énergiquement Ovide, font déjouer chaque jour les mesures prises pour interdire aux *sewer-hunter* l'entrée d'un séjour devant la description duquel eût reculé peut-être le sinistre chantre de l'*Enfer*. Comment y parviennent-ils? On n'en sait rien, car l'entrée des égouts (*sewer*) qui viennent vomir leurs eaux dans la Tamise se trouve fermée par une grille en fer fixée à l'aide d'énormes gonds au milieu d'un fort mur en briques. A marée basse, les eaux de l'égout poussent cette grille et se livrent passage; à marée haute, au contraire, la mer presse énergiquement sur cette grille et la tient fermée. N'importe! Les chasseurs, au péril de leur vie, trouvent moyen de pénétrer dans les souterrains où les attend une récolte qui, parfois, leur procure quelques jours de repos et d'ivrognerie. Car le gin est le but constant de toutes les tentatives de gain auxquelles se hasarde la populace anglaise, hommes et femmes, alouettes de boue et chasseurs d'égouts!

Je ne vous ai point fait une peinture attrayante des premières, l'aspect des seconds ne vaut guère mieux. Vêtus de haillons, un sac sur le dos, les reins entourés d'un tablier de cuir, les pieds et les jambes enveloppés de chiffons de toile, une lanterne sourde attachée à la poitrine, ils parcourent les souterrains dont ils sondent la vase à l'aide d'un crochet semblable à celui de nos chiffonniers, mais emmanché sur un plus long bâton. Les chasseurs d'égouts marchent presque toujours en petites troupes de cinq ou six.

12.

Leur butin se compose de débris de fer, de pièces de menue monnaie, et parfois de bijoux et de couverts d'argent. Ces derniers proviennent surtout de la négligence des domestiques, qui jettent, sans les examiner, dans les pertes d'eau des maisons de leurs maîtres, les résidus du ménage; quelques autres se trouvent là cachés par des larrons que poursuit la police et qui lancent leur butin à travers les grilles des égouts, pour ne pas être surpris avec des pièces de conviction.

Il y a une dizaine de jours, cinq jeunes gens, après avoir lu un curieux article du *Quaterly-Review*, sur les égouts de Londres, résolurent de les visiter, et prirent pour guide un *sewer-hunter* familier avec ces lieux ténébreux. Leur expédition souterraine les amusa beaucoup d'abord; mais Is ne tardèrent point à remarquer que leur guide qui, chemin faisant, ne cessait de puiser à une bouteille d'eau-de-vie, devenait de plus en plus ivre. Ils voulurent l'empêcher de boire, il résista, une rixe s'engagea : le chasseur furieux éteignit sa lanterne et s'enfuit par une voie latérale, laissant là, sans lumière et sans guide, les cinq gentlemen.

Trois jours après, leurs familles, justement alarmées, firent promettre par la voie des journaux, une récompense de cent livres aux personnes qui pourraient donner des renseignements sur les cinq jeunes gens. Le chasseur d'égout se présenta chez le père de l'un d'eux, et après en avoir obtenu une promesse d'impunité, l'emmena dans les égouts à la recherche des malheureux étourdis. On les trouva à l'endroit même où il les avait abandonnés, à demi asphyxiés, mourant de froid et de faim, et obligés, en outre, de se défendre sans relâche contre une armée de surmulots, énormes rats qui leur livraient constamment bataille.

Quelques jours de fièvre ont, grâce à Dieu, été les seules conséquences d'une équipée qui eût pu leur coûter la vie.

Les champignons vénéneux.

25 août.

Dans le monde étrange des végétaux, je ne sais rien de plus étrange que la famille des champignons. Aliment délicieux ou poison mortel, exhalant un parfum exquis ou une odeur fétide, seuls, parmi les plantes, les champignons ne revêtent jamais la couleur verte. Ils se retrouvent dans toutes les parties du globe, et sous toutes les températures ; parfois enfin, épidémies mystérieuses, ils désolent nos cultures sous le nom d'*oïdium*, et nos magnaneries sous le nom de *muscardine*.

Une seule nuit en voit naître et mourir certaines espèces, comme le *bovista gigantea*, qui apparaît et prend, en quelques heures, les proportions d'une forte gourde, et développe, dans cette création rapide, *quarante-sept milliards de cellules ; soixante millions par minute !*

En général, les champignons surgissent du sol, la nuit, en groupes serrés et sous forme de cercle ; on dirait l'œuvre magique et fatidique d'une fée. Les uns naissent

sur les matières en décomposition, les autres sur des animaux vivants.

> Les uns en divers lieux habitent solitaires,
> D'autres sont rapprochés, comme il sied à des frères.
> Et l'œil se plaît à voir, au pied des troncs moussus,
> Leur aimable union et leurs groupes confus.
>
> (Catel. Les *Plantes*, poëme, chant 5°.)

Et leurs formes? Où en trouver de plus variées, de
plus étonnantes, de plus inattendues? Ils prennent celles
d'un léger duvet que le moindre souffle dissipe (*mucor*);
d'un réseau aux mailles serrées (*reticularia*), ou d'une
poussière noire ou jaunâtre (*charbon, carie, rouille des céréales*). Tantôt on croirait voir de petites massues (*clava-
ria*) et tantôt de gracieux pinceaux (*penicillium*). Ailleurs c'est la figure d'une cupule ou d'un calice (*peziza*),
d'une bourse ou d'une vessie (*lycoperdon*), d'une boule
solide (*truffe*), d'une mitre (*helvella mitra*), d'une étoile
(*geastrum*), d'un parasol (*agarics et bolets*), ou même de
quelque partie d'une plante (*rhizomorpha*), ou du corps
d'un animal (*auriculaire, ergot de seigle, bolet, sabot de
cheval*).

Longtemps le mode de production des champignons est
resté un mystérieux problème.

Théophraste, Pline et Dioscoride les attribuaient à une
certaine viscosité née de la putréfaction des plantes. « Ce
sont des excroissances du sol produites par un mélange
de sel de soufre avec la graisse de la terre, » disait en
1669 le botaniste anglais Morison. « Ce sont des plantes
nées d'une fermentation putride, » écrivait en 1719 le
botaniste allemand Dillen.

Plus près de nous les champignons furent considérés par Necker comme une nouvelle réunion des éléments organiques ou du tissu cellulaire des végétaux. De la Méthrie et Médicus voulurent y voir une cristallisation végétale.

De leur côté, Tournefort (1707), Mickels (1752) et Haller de nos jours, soutinrent que les champignons, comme tous les végétaux, se reproduisaient au moyen de semences ; personne n'en doute plus aujourd'hui.

La culture des champignons forme une des industries les plus lucratives des environs de Paris.

M. Husson, dans son livre des *Consommations*, évalue le nombre des maniveaux de champignons qui se vendent à Paris à 1,914,000 du poids de 50 grammes, et contenant chacun de douze à quinze champignons.

Ces champignons proviennent d'un grand nombre de carrières où on les produit artificiellement. Des préposés, placés sous la surveillance de l'autorité municipale, sont chargés d'examiner aux halles tout ce qui s'introduit de cette denrée, et de s'assurer que des champignons vénéneux ne se glissent point parmi ceux qu'on livre au public.

Il est sans exemple qu'un empoisonnement par des champignons vénéneux ait eu lieu à Paris.

Une des cultures les plus importantes se trouve à Bougival, dans trois carrières qui occupent entre elles une étendue de huit mille quatre cents mètres de meules. La première située en haut du pavé de Bougival, près de Louveciennes, est de forme circulaire et se partage en plusieurs compartiments.

Cette carrière, longue de deux mille cent mètres, paraît littéralement blanche de champignons; des ouvriers les y cueillent à pleins paniers.

L'important, pour obtenir de riches récoltes de champignons, c'est de leur donner de l'air : aussi a-t-on ouvert, au-dessus de la carrière un puits de quinze mètres. A peine le puits eut-il été terminé, qu'on vit la végétation souterraine prendre une force et une abondance dont rien n'avait approché jusque là.

Il s'expédie tous les jours, en moyenne, de Bougival à Paris, deux mille cinq cents maniveaux de champignons.

Chaque année de nombreux accidents, qui résultent de l'emploi des champignons vénéneux, remplissent les colonnes des journaux.

Un des plus grands seigneurs de l'Europe doit sa fortune, son titre et même son nom à un plat de champignons.

A l'âge de quinze ans, il était le plus pauvre et le dernier de sa famille. Entre lui et le majorat héréditaire, il y avait cinq oncles et onze cousines. Un matin on vint lui annoncer, au collége de St***, où il recevait une éducation payée par un de ses parents, qu'il se trouvait héritier du titre de prince de ***.

Dans un repas donné pour célébrer un des glorieux souvenirs de la famille, et où on avait dédaigné de convier le pauvre écolier, un plat de champignons-vénéneux, cueilli par la maîtresse du château, qui prétendait savoir parfaitement distinguer les espèces empoisonnées des espèces comestibles, avait, en deux heures, fait d'un futur

séminariste un des plus riches et des plus grands seigneurs
de l'Europe.

Il est pourtant bien facile d'ôter aux champignons, même
les plus dangereux; leurs propriétés nuisibles; il suffit de
les laisser tremper une heure ou deux dans le vinaigre
avant de les faire cuire et de les manger.

Bons ou mauvais, les champignons jouissent presque
toujours, la nuit, de la propriété de devenir phosphores-
cents. C'est un phénomène singulier et de nature à inspirer
de la terreur à une imagination facile à émouvoir, que de
se trouver tout à coup face à face avec une flamme bleuâtre, qui parcourt en ondulant les chapeaux des champignons et qui semble leur donner une sorte de mouvement.
Comme les champignons sauvages sont presque toujours
disposés en circonférence, on dirait le cercle magique où
les superstitions du moyen âge plaçaient le diable, appelant
à lui les malheureux qui voulaient lui vendre leurs âmes.

Ce phénomène a lieu également par la sécheresse et
par l'humidité, et l'hiver comme l'été; on le remarque
surtout dans les cultures souterraines, dont parfois les
galeries s'illuminent d'un bout à l'autre de leurs méandres, et produisent un spectacle fantasmagorique, d'un
effet indicible; les feux follets des marais peuvent seuls
en donner une idée.

Une légende russe raconte qu'il se trouvait, sous le
règne d'Ivan II, à peu de distance de Moscou, un précipice
fort dangereux. En faisant un petit détour, et au prix tout
au plus d'une verste de marche, on pouvait éviter ce précipice. Mais la force de l'habitude et la manie récalcitrante
des routiniers à résister à toute espèce de conseil faisaient

que plutôt que de subir un retard de dix minutes, on s'obstinait à franchir le précipice et qu'il engouffrait chaque année des milliers de victimes.

Le tzar s'émut d'un pareil état de choses, et fit rédiger par les savants de Moscou une instruction sur la manière d'escalader les rochers glissants qui hérissaient les bords de l'abîme, sur la façon de s'y cramponner et sur la nature de l'élan qu'il fallait prendre pour arriver sain et sauf à l'autre bord.

On afficha ladite instruction sur toutes les murailles de Moscou ; on la grava sur les rochers du lieu maudit pour que personne n'en pût ignorer, et on préposa même des crieurs publics pour réciter à haute voix lesdites instructions à ceux qui se préparaient à franchir le fatal passage.

Malgré ces belles précautions, le nombre des victimes ne diminua que peu ou prou.

On prétendit même qu'elles ne servaient qu'à embrouiller les idées des voyageurs et à leur ôter leur présence d'esprit au moment de prendre leur élan.

Le tzar finit par consulter un pope en odeur de sainteté, et lui demanda de faire un miracle pour remédier à un si triste état de choses.

— Le miracle est facile et Votre Majesté peut l'opérer encore mieux que moi, répondit le prêtre ; faites tout bonnement bâtir un pont sur le précipice.

Quand on connut la réponse du pope, ce fut un mouvement unanime de réprobation, un *tolle* général dans tout Moscou. « Un pont! disaient les savants du lieu. Quelle malice cousue de fil blanc ! Un pont! Autant vaudrait combler l'abîme. Un pont!... A bas le pont! Nous nous ne voulons point de pont! Mort au pont! »

On eut beau faire et beau dire, le tzar persista à vouloir que le pont fût bâti ; il n'y eut plus dès lors un seul accident là où naguère il en survenait par milliers.

Cette histoire n'est-elle point un peu celle qui met en cause et en présence, depuis un mois, le conseil de santé et les docteurs Poggiale et Bertillon? Dieu sait, et les journaux aussi, hélas! les lettres échangées, les ironies lancées, les reproches décochés !

Voici de quoi il s'agit :

En 1859, six officiers du 2ᵉ bataillon du 28ᵉ de ligne mangèrent des champignons cueillis par un de leurs camarades. Cinq moururent empoisonnés.

Le *conseil de santé de l'armée*, justement ému, rédigea et publia une *instruction relative aux champignons comestibles et vénéneux*, et contenant « l'exposé des caractères *faciles* propres à faire distinguer les bonnes espèces des espèces dangereuses. »

Le mot *faciles*, employé par l'*instruction*, a mis en grand émoi le docteur Bertillon, qui a protesté, et a établi « qu'il n'y avait pas et qu'il ne peut y avoir de caractères généraux capables de faire distinguer les champignons vénéneux de ceux qui ne le sont pas, et que l'*instruction* ne peut donc mener qu'à l'erreur. »

M. Poggiale, professeur au Val-de-Grâce, a défendu l'*instruction*, et

Voici la guerre allumée.

Jusqu'à présent, vous le voyez, c'est littéralement l'histoire de mon précipice russe.

Heureusement il n'y a qu'à jeter un pont; le pont existe même, mais on n'en a point voulu.

Toujours l'histoire de mon précipice russe.

Ce pont, le voici :

Il y a quelques années, M. le docteur Flandin, membre du conseil d'hygiène et de salubrité, après avoir établi péremptoirement *qu'il n'est pas un seul caractère constant et absolu dont on puisse se prévaloir pour affirmer la bonne ou la mauvaise qualité d'un champignon*, ajoute ce qui suit :

Une seule épreuve doit décider à faire usage d'un champignon douteux, c'est le lavage *plusieurs fois répété* à l'eau chaude, ou la macération dans une eau salée, dans une eau alcaline ou acide. Ce 'fait' avait été déjà plusieurs fois signalé par divers auteurs, mais il était passé presque inaperçu; il avait du moins été oublié, lorsqu'en 1851 M. Frédéric Gérard le reproduisit sous les yeux d'une commission nommée par le préfet de police, et le mit hors de toute contestation.

Plein de résolution, ce savant, après un grand nombre d'expériences, qu'on aurait pu croire périlleuses, adressa au conseil d'hygiène publique et de salubrité un Mémoire dans lequel il annonçait qu'il avait mangé, qu'il mangeait tous les jours, *lui et sa famille*, composée de douze personnes, *toute espèce de champignons vénéneux*.

Une commission fut nommée pour s'assurer de la vérité de cette assertion; M. Flandin en faisait partie. « Les champignons qu'on nous présenta crus, dit-il, nouvellement cueillis, étaient l'agaric *fausse oronge*, et l'agaric *bulbeux*, c'est-à-dire les plus meurtriers. Nous les vîmes passer à plusieurs eaux, *accommoder à la manière ordinaire* et servir à l'expérimentateur; ils avaient une odeur agréable, mais étaient durs, presque coriaces. M. Gérard en mangea une forte proportion, au moins de 250 grammes, et l'un de ses enfants 50 grammes environ. Nous hésitions à laisser faire l'expérience; mais la confiance de M. Gérard nous gagna, et nous-mêmes en prîmes assez pour nous rendre malades, si l'aliment avait été un poison. »

De son côté, M. Cadet Gassicourt dit, dans un rapport au conseil de salubrité (26 novembre 1851) :

Pour chaque 500 grammes de champignons coupés de médiocre grandeur, il faut un litre d'eau acidulée par deux ou trois cuillerées de vinaigre, ou deux cuillerées de sel gris, si l'on n'a pas autre chose. Dans le cas où l'on n'aurait que de l'eau à sa disposition, il faut la renouveler deux ou trois fois. On laisse les champignons *macérer pendant deux heures entières*. Puis on les lave à grande eau.

Ils sont alors mis dans l'eau froide, qu'on porte à l'ébullition, et après une demi-heure on les retire, on les lave encore, on les essuie et on les apprête comme mets spécial. Inutile de dire que toutes les eaux qui ont servi à laver les champignons doivent être jetées.

Les champignons recueillis par M. Gérard appartenaient à une espèce très-connue, l'agaric *fausse oronge*, la plus dangereuse peut-être après l'agaric bulbeux, et si remarquable par la beauté de son chapeau rouge écarlate moucheté de tache; blanches, sortes de verrues formées par les débris du valva. Nettoyées et coupées en gros morceaux, les fausses oronges ont été d'abord lavées, puis mises, à trois heures de l'après-midi, dans un litre de nouvelle eau froide, avec addition de deux cuillerées de vinaigre, pour macérer en cet état pendant deux heures. Au bout de ce temps, on les a retirées de l'eau de macération, lavées à grande eau, mises à bouillir dans une nouvelle eau pendant une demi-heure; après cette coction, elles ont été lavées une dernière fois dans l'eau froide et essuyées.

« L'administration et le conseil d'hygiène et de salubrité, ajoute le rapporteur, *virent le mal à côté du bien* (quel mal?), et, tout en adressant des éloges à M. Gérard, on ne crut pas devoir donner une publicité officielle à des faits qui, sans doute, se propageront d'eux-mêmes. »

C'est toujours comme à Moscou : Pas de pont! A bas le pont!

La *Patrie* n'hésite pas à jeter ce pont et à donner sa publicité à des faits qui ne se sont pas du tout *propagés d'eux-mêmes*, puisque, faute de les connaître, cinq officiers ont péri empoisonnés.

Rendons toutefois cette justice à l'*instruction* du conseil de salubrité de l'armée, qu'elle avait signalé un peu vaguement et un peu accessoirement, il est vrai, le procédé de M. Gérard.

———

La *Psychologie morbide* et M. Moreau de Tours. — Le *Délire tremblant des ivrognes*, par M. Calmeil. — Les *Hallucinations*, par M. Brière de Boismont. — La *Carotte sauvage*.

28 août.

— Cher maître, demandai-je au docteur Esquirol, un soir que nous dinions ensemble, quels sont les caractères pathologiques de l'aliénation mentale?

Le célèbre médecin de fous tressaillit.

— Diable! mon enfant, répliqua-t-il, vous me faites là, à brûle-pourpoint, une rude question!

Il toucha du bout du doigt son front dégarni de cheveux, et se prit à rire de ce rire fin et méridional que je n'ai jamais vu qu'à lui.

— Allons, dit-il, il faut que je m'exécute! Je ne le ferai, toutefois, qu'après-demain, et encore est-ce à la condition que vous viendrez déjeuner avec moi, chez le directeur de la maison de santé de Charenton. J'irai vous prendre.

Je n'ai pas besoin d'ajouter avec quel empressement j'acceptai une pareille invitation.

Cela se passait en 1829.

Le surlendemain, à neuf heures du matin, la voiture d'Esquirol s'arrêtait à ma porte. J'y pris place à côté de lui, et nous ne tardâmes point à arriver dans le célèbre et lugubre hospice qui dut plus tard sa restauration et sa réorganisation à l'initiative de l'un de ses directeurs, M. Maurice Palluy.

Ajoutons, en passant, que le seul nom qui ne figure point sur la table de marbre placée dans l'établissement en souvenir de cette restauration est précisément celui de M. Palluy.

Nous fûmes reçus par M. de Maupas, alors directeur, et on nous introduisit dans un salon où déjà se trouvaient deux autres convives.

Le premier était un jeune homme, petit, replet, à l'œil noir et ardent, à la bouche large et démeublée. Il accourut affectueusement et bruyamment au-devant d'Esquirol. Le second personnage, d'un âge mûr et d'une extrême distinction, rendit froidement au médecin le salut que lui adressa celui-ci.

M. de Maupas présenta ses convives les uns aux autres. Le grand monsieur s'appelait M. de Saunières; le second, M. Honoré... Je ne pus entendre le nom, que le directeur prononçait d'une voix assez basse et que couvrit en outre le bruit avec lequel un domestique ouvrit la porte et annonça qu'on était servi.

On se mit à table. M. Honoré ne cessa point, pendant le déjeuner, de parler et de parler de lui-même. — Je n'ai encore fait que de mauvais romans, disait-il. Les cent volumes qui portent mes divers pseudonymes sont des essais informes, je l'avoue. La célébrité, l'Institut, et surtout la fortune m'attendent cependant, et me prodigueront leurs faveurs le jour où je me sentirai assez fort pour daigner signer mes œuvres de mon véritable nom. Or, ce jour est bien prochain!

Une fois cette thèse établie, il se jeta dans les rêves les plus éblouissants et les plus impossibles, bâtit des châteaux en Espagne d'or et de diamants, et se livra à des utopies aussi amusantes qu'absurdes.

Au rebours, M. de Saunières ne prononça, durant le repas, que peu de paroles; toutefois il le fit toujours avec autant de réserve que d'esprit.

Tandis qu'on servait le café, Esquirol se pencha vers moi et me dit à l'oreille :

— Mon enfant, vous venez de déjeuner avec un fou et avec un homme de génie : lequel est le fou?

— Pardieu! il n'y a point à hésiter, c'est ce M. Honoré...

Esquirol pinça ses lèvres minces et railleuses et réprima un sourire.

— Et M. de Saunières?

— Je l'estime un gentilhomme accompli, et, autant que j'en puis juger d'après le peu qu'il a dit, un esprit lucide et sérieux.

— M. Honoré de Balzac est un jeune écrivain d'un immense avenir, témoin les *Scènes de la vie privée*, qu'il

publiera sous quelques jours dans la *Revue des Deux
Mondes*. Quant à M. de Saunières, voici quinze ans qu'il
habite comme pensionnaire — c'est-à-dire comme aliéné
— la maison de Charenton ; il se croit Dieu le Père !...
Dites-moi donc maintenant quelle nuance sépare du génie
l'aliénation mentale et quels sont les signes pathologiques
de la folie?

Ces souvenirs de ma jeunesse me sont revenus hier,
en achevant de lire un livre de M. Moreau de Tours, intitulé : la *Psychologie morbide*.

L'auteur prétend que le talent, le génie et les hautes
qualités par lesquelles se distinguent les hommes supérieurs ne sont que les résultats d'un état morbide. En
d'autres termes, il ne veut y voir que des symptômes
d'aliénation mentale.

En développant ce thème, il ne fait, du reste, que reprendre en sous-œuvre un paradoxe spirituel de son
maître le docteur Lelut. M. Lelut, dans sa jeunesse, a publié un livre intitulé le *Démon de Socrate*, où il cherchait
à établir que le philosophe grec était un halluciné.

M. Moreau de Tours a placé une foule de zéros derrière la singulière unité de M. Lelut, et triplé ainsi la valeur de cette unité. Il range sans hésitation parmi les fous
ou — suivant l'expression qu'il a adoptée — parmi les né-
vropathes, non-seulement Socrate — cela va sans dire, —
mais encore Jeanne d'Arc, Pausanias, Brutus, Aristote, le
poète Lucrèce, Charlemagne, Charles Quint, Pierre le
Grand, Frédéric de Prusse, Cromwell, Sixte-Quint, le car-
dinal de Richelieu, Bernadotte, O'Connell, Malebranche,
Descartes, Gœthe, J. J. Rousseau, Lavater, Koller, Hegel,

saint Dominique, saint François de Sales, l'astronome
Képler, Watt, Bernardin de Saint-Pierre, Chateaubriand,
Milton, Raphaël, Michel-Ange, Walter Scott, Silvio Pel-
lico, Beethoven, Haendel, Santeuil, Lamennais, Ésope,
Tacite, Quintilien, Pascal, saint Thomas d'Aquin, Condé,
Pope, lord Byron, Washington, Mozart, de Talleyrand,
Mirabeau, Cuvier, Leibnitz, Pétrarque, Métastase, Molière,
Louis XI, Louis XIV, Napoléon Ier, Voltaire, Condillac,
Bossuet, Montesquieu, Boerhaave, Linné, Spalanzani, Co-
pernic, Cabanis, Corvisart, Monge, d'Aubenton, Euler,
Dupuytren, Bichat, la Bruyère, madame de Staël, Augus-
tin Thierry et cent autres.

Tout ce qui est, à juste titre, l'objet de la vénération
ou de l'admiration des hommes, se trouve, d'après
M. Moreau, atteint de névrose.

Les raisons sur lesquelles il s'appuie pour démontrer
la réalité de cet état *névropathique* ne sont heureusement
ni des plus péremptoires, ni des plus concluantes. Les
uns, tels qu'Augustin Thierry et Milton, sont morts aveugles; les autres, comme Cuvier, ont succombé à une affection des centres nerveux; ceux-ci, comme Charlemagne, ont cru à l'astrologie; ceux-là, comme saint
François de Sales, comptaient dans leur parenté éloignée
un halluciné! Voilà pourquoi on doit les croire des fous !

On ne saurait, du reste, une fois cette donnée si fausse
acceptée, la soutenir avec plus de savoir, d'adresse et de
vraisemblance que ne le fait M. Moreau de Tours. Il
groupe avec une extrême habileté des légions de faits favorables à son idée fixe, — j'allais dire à son idée névropathique; — il traite des conditions spéciales de l'orga-

nisme, il parle de l'influence des états pathologiques de façon à ébranler les convictions les plus saines; il fait chatoyer enfin son fatal système de manière à donner le vertige aux intelligences les plus calmes et à les entraîner dans les abîmes d'une doctrine qui n'aboutirait à rien moins qu'à mettre la vertu et le vice sur le même niveau.

Nous sommes de l'avis de M. Moreau en ceci, que Dieu a donné à chaque homme des instincts et des aptitudes, des qualités, des défauts, des vertus et des vices qui résultent évidemment d'une organisation physique plus ou moins complète. Il y a des myopes et des presbytes d'intelligence et de bons sens; il y a des géants et des nains d'imagination.

Mais, en faisant à chacun de nous cette part mystérieuse et diverse, Dieu nous a donné la volonté et le libre arbitre. Il ne tient qu'à l'homme de dompter ses défauts et de développer ses qualités : le corps est inégal, mais l'âme ne l'est point!

L'éducation et l'habitude, que Montaigne disait être « une seconde nature si elle n'était la nature elle-même, » ne modifient-elles, point, ne détournent-elles point ces sentiments innés et produits par la bête unie à l'ange?

L'homme est un dieu tombé qui se souvient du ciel.

Il peut, quand il veut, tourner ses regards vers le ciel, sa première patrie, et y aspirer la force nécessaire, soit pour remporter la victoire sur lui même, soit pour vaincre ses instincts pervers. « Les mauvaises passions ressemblent à ces faibles étincelles qu'à leur naissance on étouffe sous le pied, et qui deviennent d'effroyables in-

13.

cendies, si on les laisse s'étendre et se développer sans obstacle. » C'est Diderot qui l'a dit. L'âme a sa gymnastique comme le corps; un exercice persévérant et bien entendu la développe, la fortifie et la rectifie.

Citons un exemple entre mille. La colonie de Mettray ne prend ses élèves que parmi les enfants qu'a condamnés la police correctionnelle. Certes, on n'accusera point cette population composée de rebuts sociaux d'appartenir à une race d'élite. La misère, les privations, les mauvais exemples, les traitements brutaux ont largement contribué de toutes façons à rendre plus chétives et plus malsaines encore des créatures étiolées et issues d'un sang abâtardi. Eh bien ! ces êtres dégradés se relèvent et se régénèrent grâce à une bonne éducation et à des enseignements chrétiens.

Demandez-le à M. de Metz, fondateur de Mettray ; il vous dira quels laboureurs vaillants, quels intelligents ouvriers, quels braves soldats, quels honnêtes hommes surtout il sait faire de tous ces petits vauriens. A peine un sur cent résiste-t-il aux soins paternels qu'on leur prodigue.

Cependant si une main secourable ne s'était pas étendue sur eux, leurs vices se seraient accrus, leurs instincts pervertis se seraient pervertis encore davantage, et vous diriez : Ce sont des prédestinés à la fatalité; leur organisation les a perdus !

Non, grâce à Dieu, l'aliénation mentale — la *névrose*, comme vous la nommez — n'est qu'une rare et très-rare exception. Qu'un romancier, en écrivant une œuvre de fantaisie, s'amuse à soutenir le contraire, je le comprends;

le parado::e est brillant et spécieux ; mais il ne faut point
que la science, et surtout la physiologie, destinées à rendre tant de services à la philosophie et à la médecine,
donnent dans un pareil travers ! Il ne faut pas qu'elles
faussent les idées et les doctrines ! En dépit de M. Lelut
et de son livre charmant, personne n'a cru, lors de la
publication de cet ouvrage, et ne croit aujourd'hui à la
névrose de Socrate et aux hallucinations de Jeanne d Arc.
Personne n'admet que pour sauver sa patrie ou pour produire des œuvres sublimes, il faille être aliéné.

Les esprits les plus sceptiques préfèrent et préféreront
toujours accepter la puissance surnaturelle et inexplicable
de certains faits, que de se rallier au système dégradant
que nous combattons. Parmi les coupables que le crime
amène sur les bancs de la cour d'assises, peut-être se
rencontre-t-il çà et là un monomane ; mais franchement
on ne saurait plaider l'irresponsabilité d'un assassin
parce qu'il a eu dans sa famille un halluciné. Enfin, je
le demande, qui de nos lecteurs pense avec M. Moreau de
Tours que :

En résumé, il semble suffisamment établi que la prééminence
des facultés intellectuelles a pour condition organique un état
maladif spécial du centre nerveux.

Cet état morbide, qui, du reste, ne compromet qu'assez rarement, au moins d'une manière très-sensible, les autres fonctions
(les cas d'idiotie exceptés), n'est autre qu'une excitabilité ou
irritabilité nerveuse dont le caractère essentiel est de pousser
incessamment à tous les extrêmes dans l'exercice des facultés
mentales, et constitue par là même une prédisposition certaine
aux désordres cérébraux de toute espèce, au délire chronique
qui les résume tous, et en est l'expression la plus complète.

. . . .

Toutes les fois que l'on verra les facultés intellectuelles s'élever au-dessus du niveau commun, dans les cas surtout où elles atteindront un degré d'énergie tout à fait exceptionnel, on peut être certain que l'état névropathique, sous une forme quelconque, aura influencé l'organe de la pensée, soit idiopathiquement, soit par voie d'hérédité, c'est-à-dire tantôt en vertu de la loi d'innéité, tantôt en vertu de la loi d'imitation. Ce qui revient à dire que les hommes exceptionnels reconnaîtront les mêmes conditions d'origine ou de tempérament que les aliénés ou les idiots.

Pour nous résumer, disons que l'intelligence humaine éprouve des vertiges et des éblouissements quand elle veut approfondir certaines questions qui dépassent la mesure de ses forces et de ses facultés.

Nous sommes entourés de problèmes vulgaires et restés jusqu'à présent insolubles. Nous ignorons la composition de l'atmosphère dans laquelle nous vivons; nous nous servons de l'électricité, dont la nature reste un mystère pour nous; nous ne savons point le plus petit mot sur les ferments, cette force mystérieuse par laquelle la nature végétale sort de son inertie, s'éveille, s'agite, se transforme, devient vivante... Et nous voulons comprendre l'intelligence humaine, dont nous ne connaissons ni le mécanisme, ni peut-être même le siége! Nous voulons sonder des abîmes insondables, et nous nous étonnons de n'en point rencontrer le fond!

Un jour, un de ces théologiens du quatorzième siècle, dont les études audacieuses et imprudentes ont tenté d'aborder la nature de Dieu et qui n'ont fait que préparer l'hérésie et la Réforme, vint trouver Gerson, l'auteur probable de l'*Imitation*, et lui présenta un traité sur l'essence divine.

Gerson, qui a écrit dans son livre : « Il vaut mieux être charitable que de définir la charité! — A quoi sert de disputer sur la Trinité? — Les grands mots ne font ni le savant, ni le saint, ni le juste. » Gerson prit par la main le théologien et le conduisit devant la fenêtre.

— Regardez en face le soleil, lui dit-il.

Le moine porta ses yeux vers l'astre et se hâta de détourner la tête.

— Regardez-le encore! regardez-le plus longtemps! Fixez vos yeux sur lui! J'ai besoin de vos conseils et de vos avis, car je compte écrire un traité sur la nature du soleil.

— Vous voulez donc que je devienne aveugle? Pour avoir seulement entrevu le soleil, j'éprouve des éblouissements; je n'y vois plus : je me sens devenir fou. Votre projet est insensé! Qui saurait comprendre la nature du soleil, qu'on ne peut même regarder?

— Vous voulez bien, vous, comprendre Dieu et l'âme! s'écria Gerson. L'œuvre vous écrase, et vous croyez possible de comprendre l'ouvrier!

Cette anecdote, racontée par Étienne Vernay, servira de morale et de conclusion à notre chronique.

Toutefois disons encore que l'école à laquelle appartient M. Moreau de Tours, école qui date d'Esquirol lui-même, malgré le talent et le savoir que chacun reconnait à ceux qui la desservent, compte peu d'adeptes et beaucoup d'adversaires. Selon nous, ces derniers seuls sont dans le vrai, en s'en tenant au vieux centon de l'école de Salerne : *Mens sana in corpore sano* (la saine raison se trouve dans un corps sain).

Les travaux de M. Calmeil reposent sur une base plus solide.

. Ce médecin de la maison de Charenton vient de publier un travail aussi affligeant que remarquable sur l'abus des liqueurs alcooliques. Cet abus mène presque toujours à la démence. Le trouble de la raison qu'il cause, de passager ne tarde point à devenir chronique. Sur *cent soixante-seize* aliénés à Charenton entrés pendant l'année 1858, *soixante* doivent à l'ivrognerie leur maladie mentale, qu'elle se nomme *délire tremblant, manie ébrieuse, épilepsie, lypémanie* ou *paralysie*.

Le breuvage bleu des barrières, grossier mélange d'alcool, de teinture et d'un peu de vin commun, l'absinthe et l'eau-de-vie, produisent un véritable *empoisonnement alcoolique*. Des hallucinations en sont le symptôme dominant. Le trouble des organes amène à sa suite le délire de la pensée; puis arrive la perversion des sentiments affectifs et des instincts; enfin les hallucinations acquièrent un degré d'importance extrême.

On découvre en elles des caractères propres et pour ainsi dire pathognomoniques. Au premier abord peut-être, elles paraissent différer : l'un voit des hommes qui veulent l'assassiner; l'autre, à une table d'hôte, entend des individus qui se moquent de lui; celui-ci sent des vipères et des crapauds qui le *pincent;* mais, en résumé, on peut dire d'une manière générale que chez ces malades les hallucinations ont pour effet constant de déterminer une impression morale pénible et presque toujours une terreur profonde. Jamais on n'a rencontré un malade de nature gaie; le délire, dans cette affection, conserve toujours son caractère sombre et mélancolique. Enfin, chez la plupart, le sommeil s'affaiblit et même se perd tout à fait. Le soir, pour un certain nombre, amène les visions les plus effrayantes et les rêves les plus hideux. On le comprend facilement : la dépression des forces par l'intoxication donne aux idées un caractère de tristesse qu'exagèrent encore le silence et surtout l'obscurité.

Voici une des observations faites M. Calmeil :

D'abord pharmacien, G... avait depuis dix ans renoncé à sa profession pour exploiter un débit de liqueurs dans une petite ville de province.

En février 1858, à la suite d'une orgie, il se plaignit de pesanteur dans la tête et d'affaiblissement dans la vue. Des bourdonnements assourdirent ses oreilles ; il ressentit une faiblesse extrême dans les bras et dans les jambes. Puis l'appétit cessa. Une soif inextinguible survint, le sommeil disparut, enfin le malheureux commença à voir des soldats, des rats, des souris, et des fils électriques qui le faisaient *parler*; il maniait l'or à pleines mains et cependant il se trouvait, disait-il, en faillite ; on le condamnait pour vol, pour ivrognerie et pour avoir tué le roi.

Cette première attaque de folie dura dix-huit jours ; G... guérit, mais il resta triste jusqu'au mois d'août.

Le 15 août, sans avoir fait plus d'excès que d'habitude (il buvait la valeur de quatre ou cinq verres d'eau-de-vie avec ses clients), il se sentit pris d'une deuxième attaque qui présenta les mêmes symptômes que la première, mais qui se compliqua de tremblements nerveux.

On l'amena à Charenton. Là, après un mois de traitement, et quand les symptômes de l'empoisonnement

alcoolique eurent disparut, il finit par recouvrer complète-
ment la raison ; il la conservera s'il continue à ne plus
boire de liqueurs fortes.

On le voit, l'ivresse peut se prolonger, devenir permanente, et durer pendant un mois, pendant des années
même !... Et dans les quartiers populeux de Paris, dans
les faubourgs particulièrement, sur vingt maisons on
compte neuf cabarets où se débite le poison qui produit
ce délire !

De son côté, dans un livre intitulé : *Du suicide et de
la folie du suicide*, M. Brierre de Boismont professe que
l'ivrognerie est une des causes les plus fréquentes qui
mènent l'homme à s'ôter la vie.

Ce vice, dit-il, porte avec lui son châtiment. Misère, maladie,
abrutissement, crime, folie, suicide, voilà les conséquences fatales de l'ivresse. On compte en Allemagne, tous les ans, quarante mille personnes mortes à la suite d'excès de boisson. Dans
le Zollwerein seulement, on vend et on consomme neuf cents
millions de quarts d'eau-de-vie, et dans la Hesse, on fait servir à
la distillation la moitié des grains que produit le sol.

Diminuer le nombre des cabarets, former des sociétés de tem-
pérance, sont sans doute de bonnes mesures ; mais la loi doit
restreindre le plus possible une passion basse et honteuse ; il y a
pour le législateur une lacune à combler. Les impôts que l'on retire
de l'immoralité se soldent par des comptes courants trop connus.

M. le baron de Watteville, dans un *rapport au ministre
de l'intérieur sur l'administration des bureaux de bienfaisance et la situation du paupérisme en France*, ne s'exprime point avec moins de vérité sur les fatales conséquences de l'ivrognerie :

Des peines rigoureuses et pécuniaires devraient être appliquées, suivant la gravité des délits, à ceux qui laissent un homme

s'enivrer chez eux ou qui vendent des boissons à un homme
ivre. Non-seulement le cabaret réduit l'ouvrier à la plus profonde
misère, mais il le démoralise et détruit sa santé à tout jamais.
Sans une législation spéciale contre les hommes qui fréquentent
les carabets, *il n'y a rien à f.ire* pour améliorer le soit des
classes pauvres.

Non-seulement l'alcool abrutit, démoralise, rend fou,
mais il fait pis encore ; il peut brûler vivant l'ivrogne qui
s'en sature à l'excès : c'est ce que l'on nomme la combustion humaine spontanée.

L'année dernière, au mois de juin, un vieille femme occupait une mansarde dans un de ces h'deux bouges qu'on
rencontre partout à Paris, que les pauvres qui les louent
payent six fois leur valeur et que la loi sur les logements
insalubres devrait faire disparaître impitoyablement.

Dieu sait de quoi vivait cette malheureuse créature. A
peine descendait-elle trois ou quatre fois par semaine
chez le boulanger, pour y acheter un peu de pain. En revanche, elle faisait chaque jour de fréquentes stations
chez le cabaretier, et elle y buvait huit ou dix de ces
grands verres d'eau-de-vie que le peuple a si énergiquement nommés : *casse-poitrine.*

Cependant jamais la mère Larbois ne donnait le moindre
signe d'ivresse. On l'a vu vider une bouteille entière d'eau-
de-vie sans que sa raison en fût même légèrement
troublée. Un tremblement convulsif agitait constamment
sa tête et ses mains ; elle parlait rarement, et sa face jau-
nie et desséchée, ses yeux noirs et enfoncés sous leur
orbite, prenaient une étrange animation à mesure qu'elle
s'abreuvait d'alcool.

On se rappelle quelles chaleurs accablantes signalèrent,

l'année dernière, les premiers jours du mois de juin. Sous prétexte de se rafraîchir, la mère Larbois ne quittait pas le cabaret; elle n'en sortait que le soir, après avoir allumé une petite lanterne, dont elle s'éclairait pour gravir les marches escarpées de l'escalier qui la menait à son sixième étage.

Le 9, vers dix heures, elle ramassa un morceau de papier, l'enflamma à un bec de gaz, et après en avoir allumé sa lanterne, elle l'approcha de la bouche pour le souffler et l'éteindre. A l'instant même un jet de feu bleuâtre jaillit de cette bouche, et l'on vit avec effroi ses lèvres et son visage se carboniser. Elle tomba en jetant des cris, et se roula convulsivement à terre. On jeta de l'eau sur elle, on parvint à étouffer la flamme, mais la malheureuse ne cessa point de crier qu'elle *brûlait en dedans*. On la transporta à l'hôpital, et deux heures après elle y mourut littéralement consumée.

Ces cas de combustion humaine spontanée se rencontrent rarement, mais plus souvent toutefois qu'on ne serait disposé à le croire. Lecot, Vigné, Clair citent plusieurs exemples d'un si terrible phénomène. M. Julia-Fontenelle s'est livré à des recherches nombreuses sur un point aussi obscur de la science. Jusqu'à présent, selon lui, on en a constaté une vingtaine d'exemples.

Écartons bien vite ces pénibles idées, et laissez-moi plutôt vous raconter de charmantes expériences tentées et exécutées par M. Vilmorin père sur les carottes.

Sur les carottes, oui, ma foi! car si M. Jourdain faisait de la prose sans le savoir, nous mangeons, nous, des légumes sans nous douter d'où ils proviennent.

La plupart de ces légumes, enfants véritables de l'industrie horticole, ne conservent plus aujourd'hui qu'un air voisin de famille avec les plantes sauvages desquelles ils tirent leur origine. Un Celte ou un Gaulois ne nous ressemble guère plus, aujourd'hui, qu'un chou pommé ne ressemble aux choux sauvages, *brassica silvestris*, dont on ne retrouve plus facilement, même sur les côtes maritimes de la Bretagne, leur patrie, quelques pieds ligneux et branchus.

Or, M. Vilmorin se posa le problème de savoir combien de temps et de modifications successives il fallait à un légumineux pour passer de l'état sauvage à la forme et au goût qu'une longue culture donne aux espèces domestiques.

En mars 1833 il fit donc, aux Barres (Loiret), dans une terre un peu forte, un premier semis de graines de carottes sauvages. Ces plantes montèrent, devinrent très-fortes ; elles ne produisirent que des racines immangeables.

Ce ne fut qu'à la quatrième génération, en 1839, que M. Vilmorin vit l'espèce commencer à s'améliorer.

Aujourd'hui, on distingue encore facilement la carotte en voie de domestication de la carotte tout à fait domestiquée. La racine de la première, quoique d'excellente qualité, conserve un aspect grossier et semble *chagrinée* à sa surface ; la tige est d'un vert plus dur et plus foncé que le vert des variétés anciennes. Ainsi la nature ne se rend point du premier coup aux tentatives de la science horticole. C'est pas à pas, lentement, malgré elle, et avec une résistance prolongée, qu'elle consent à céder. Même parmi les végétaux, l'esclave, si soumis qu'il sôit, garde toujours quelque chose de son origine sauvage, et il lui faudrait peu de temps pour reprendre ses habitudes premières.

Vingt ans de culture rendent à peine une carotte sauvage semblable en tous points à une carotte domestiquée.

En moins de deux ans cette même carotte, transformée si difficilement, aura repris presque toutes ses allures et tous ses caractères sauvages, si on l'abandonne à elle-même et sans culture.

———

Encore le livre de M. Brierre de Boismont. —Apparition de spectres. Des apparitions.

30 août.

Rabelais a emprunté aux Orientaux et raconté dans son *Pantagruel* l'histoire d'un aliéné présenté à des savants comme le plus sublime docteur du monde. Le pauvre diable, pour intimider ces gens qui l'intimidaient lui-même et attachaient leurs regards sur lui, leva le doigt en l'air en signe de menace. — Il nous montre que Dieu régit l'univers! s'écrièrent avec admiration les savants. Et ils expliquèrent ainsi tous les gestes baroques, toutes les grimaces saugrenues, toutes les billevesées du pauvre malade d'esprit.

Quand on lit le livre de M. Brierre de Boismont, dont je vous parlais l'autre jour, on éprouve ce qu'éprouvait Montaigne; on ne sait plus où réside la vérité et où git l'erreur. On se demande avec épouvante quelle imperceptible nuance sépare le génie de la folie. Involontairement on songe à Pascal, au grand Pascal, qui, tandis qu'il écrivait ses admirables livres de philosophie, voyait sans cesse un abîme ouvert à ses côtés !

Que penser, par exemple, de cette aventure du baron de Géramb?

Le baron de Géramb revenait du Port à Cadix, en compagnie de quelques dames espagnoles ; il entendit une voix qui lui disait en français : — Sauvez-moi ! secourez-moi ! secourez-moi ! — Il y fit peu d'attention sur le moment.

Le lendemain, il aperçut au bord du rivage un corps mort sur une planche noire, éclairé par des torches placées à ses côtés. Il fit ensevelir dans le sable le cadavre et son singulier sarcophage. Une tempête ayant éclaté dans la soirée, une secrète impulsion conduisit de nouveau le baron vers le rivage. A sa grande surprise, il vit s'élever du lieu où gisait le corps un fantôme sans forme, enveloppé dans un large drap noir.

Le spectre se mit à faire des enjambées prodigieuses, prit la forme globulaire, décrivit des spirales, bondit et se transforma en géant. Le bruit qu'il faisait en traversant les rues de Cadix imitait le frémissement des feuilles d'automne. Tout à coup il s'arrêta. Une porte s'ouvrit avec force : le fantôme se précipita comme un éclair dans la maison et s'engouffra au fond de la cave, d'où partaient de sourds gémissements. Le baron suivit ce spectre, et vit un cadavre nu et livide, sur lequel était étendu un homme âgé, poussant des soupirs arrachés par la misère et le désespoir. Dans un coin obscur de cette cave, le fantôme tourbillonnait encore comme pendant la course qu'il venait de faire. Il finit par se métamorphoser en un nuage lumineux, et fut remplacé par les traits pâles d'un jeune homme, imitant le mouvement d'ondulation d'une vague. Le baron de Géramb entendit ensuite le chant des antiennes et les prières pour les morts, et une jeune fille brillante, vêtue de blanc, entra dans la cave et vint s'agenouiller auprès du mort. Puis tout disparut, et M. de Géramb se trouva seul au milieu d'une obscurité profonde.

Cette aventure étrange, cette vision qui égale en fantastique les légendes du moyen âge et les plus bizarres contes d'Hoffmann, est arrivée à un ambassadeur, esprit froid et diplomate émérite.

De son côté, Turner, célèbre médecin anglais, raconte ce qu'on va lire :

Pendant mon séjour à l'école, je m'étais lié intimement avec un enfant que j'appellerai D... La folle conduite de son père amena la ruine de sa famille, qui tomba dans le dernier degré de la misère.

Depuis un grand nombre d'années, j'avais perdu de vue cet infortuné, qu'on avait embarqué pour s'en débarrasser, lorsque j'appris qu'il était de retour, et malade d'une phthisie trèsavancée, dont il mourut trois mois après.

Appelé pour faire l'inspection du corps, on conçoit facilement combien furent tristes les réflexions qu'un pareil spectacle m'inspira.

Voici dans quelles circonstances cet événement se représenta à mon esprit : un soir, je lisais la *Vie de Crichton*, par Tittler; ma famille s'était retirée depuis longtemps; je venais de fermer mon livre et j'allais me coucher, quand j'aperçus sur ma table un billet de faire part.

Cette lettre mortuaire donna naturellement une couleur sombre à mes pensées; je me couchai après avoir éteint la chandelle. Au même moment je sentis qu'on me prenait le bras et qu'on me le pressait avec force contre le côté. Je luttai en criant :

Laissez mon bras ! et j'entendis distinctement ces paroles, prononcées à voix basse : *Ne soyez pas effrayé.*

Je répliquai : — Permettez-moi d'allumer la chandelle.

On me lâcha le bras. J'étais mal à mon aise; il me semblait que j'allais perdre connaissance. Je parvins cependant à me procurer de la lumière, et, me tournant vers la porte, je reconnus l'infortuné D... Ses traits n'étaient pas parfaitement distincts : on aurait dit qu'une gaze se trouvait interposée entre nous deux.

Par une impulsion dont je ne puis me rendre compte, je m'avançai vers l'apparition; elle reculait à mesure, et descendit les degrés jusqu'à ce que nous fussions arrivés à la porte, où elle s'arrêta. Je passai près d'elle pour ouvrir la porte de la rue; mais en ce moment j'eus un tel étourdissement, que je tombai sur une chaise. Je ne puis dire combien dura cet état; en reprenant mes sens, je sentis une violente douleur au-dessus des sourcils; je distinguais difficilement les objets. J'eus de la fièvre et de l'insomnie toute la nuit.

Assurément ces deux visions ne sont point le résultat d'un état maladif; M. de Géramb et le docteur Turner jouissaient de toute leur raison.

Voici, au contraire, un cas où la maladie agit incontestablement. Celui qui le raconte est un savant, un membre de l'Académie de Berlin, un philosophe correspondant de Voltaire, et, si je ne me trompe, un des éditeurs de ses œuvres :

Pendant les derniers six mois de l'année 1750, j'avais éprouvé de grands chagrins. J'étais profondément affecté. Le docteur Selle, qui a l'habitude de me tirer deux fois du sang par année, avait jugé convenable de ne pratiquer cette fois qu'une seule émission sanguine.

Le 24 février 1791, à la suite d'une vive altercation, j'aperçus tout à coup, à la distance de dix pas, une figure de mort; je demandai à ma femme si elle ne la voyait pas : ma question l'alarma beaucoup, et elle s'empressa d'envoyer chercher un médecin.

L'apparition dura huit minutes. A quatre heures de l'après-midi, la même vision se reproduisit; j'étais seul alors.

Tourmenté de cet accident, je me rendis à l'appartement de ma femme; la vision m'y suit. A six heures, je distinguai plusieurs figures qui n'avaient point de rapport avec l'autre.

Lorsque la première émotion fut passée, je contemplai les fantômes, les prenant pour ce qu'ils étaient réellement, c'est-à-dire les conséquences d'une indisposition. Pénétré de cette idée, je les observai avec le plus grand soin, et cherchai par quelle association d'idées ces formes se présentaient à mon imagination; je ne pus cependant leur trouver de liaison avec mes occupations, mes pensées et mes travaux.

Le lendemain, la figure de mort disparut, mais elle fut remplacée par un grand nombre d'autres figures représentant quelquefois des amis, le plus ordinairement des étrangers. Les personnes de ma société intime ne faisaient point partie de ces apparitions, qui étaient presque exclusivement composées d'individus habitant des lieux plus ou moins éloignés. J'essayai de reproduire à volonté les personnes de ma connaissance par une objectivité intense de leur image; mais quoique je visse distinctement dans mon esprit deux ou trois d'entre elles, je ne pus réussir à rendre extérieure l'image intérieure, quoique auparavant je les eusse vues involontairement de cette manière, et que je les aperçusse de nouveau quelque temps après, lorsque je n'y pensais plus. Ma disposition d'esprit me permettait de ne pas confondre ces fausses perceptions avec la réalité.

Les visions étaient aussi claires et aussi distinctes dans la solitude qu'en compagnie, le jour que la nuit, dans la rue que dans ma maison; seulement elles devenaient moins fréquentes chez les autres. Quand je fermais les yeux, elles disparaissaient quelquefois, quoiqu'il y eût des cas où elles fussent visibles; mais dès que je les ouvrais, elles reparaissaient aussitôt.

En général, ces figures, qui appartenaient aux deux sexes, semblaient faire fort peu d'attention les unes aux autres et mar-

chaient d'un air affairé comme dans un marché; par moments,
cependant, on aurait dit qu'elles faisaient des affaires ensemble.
A différentes reprises je vis des gens à cheval, des chiens, des
oiseaux. Il n'y avait rien de particulier dans leurs regards, leurs
tailles, leurs habillements ; ces figures paraissaient seulement un
peu plus pâles que dans l'état naturel.

Environ quatre semaines après, le nombre de ces apparitions
augmenta ; je commençai à les entendre parler, quelquefois elles
conversaient entre elles, le plus ordinairement elles m'adressaient la parole : leurs discours étaient courts et généralement
agréables. A différentes époques, je les pris pour des amis tendres et sensibles qui cherchaient à adoucir mes chagrins.

Quoique mon esprit et mon corps fussent, à cette époque, en
assez bon état, et que ces spectres me fussent devenus si familiers
qu'ils ne me causaient plus la moindre inquiétude, je cherchais
cependant à m'en débarrasser par des remèdes convenables.
Il fut décidé qu'une application de sangsues me serait faite, ce
qui eut effectivement lieu le 20 avril 1791, à onze heures du
matin.

Le chirurgien était seul avec moi.

Durant l'opération, ma chambre se remplit de figures humaines de toute espèce; cette hallucination continua sans interruption jusqu'à quatre heures et demie, moment où ma digestion
commençait. Je m'aperçus que les mouvements de ces fantômes
devenaient plus lents. Bientôt après ils commencèrent à pâlir,
et à sept heures ils avaient pris une teinte blanche; leurs mouvements étaient très-peu rapides, quoique leurs formes fussent
aussi distinctes qu'auparavant.

Peu à peu ils devinrent plus vaporeux, parurent se confondre
avec l'air, tandis que quelques parties restèrent encore visibles
pendant un temps considérable. Vers huit heures, la chambre fut
entièrement débarrassée de ces visiteurs fantastiques.

Depuis cette époque, j'ai cru deux ou trois fois que ces visions
allaient se montrer, mais rien de semblable n'a eu lieu.

Ceci, on le voit, et nous le répétons, est le résultat évident de la maladie, et une sorte de délire, comme en produit la fièvre.

Un autre fait dont j'ai été témoin rentre dans la catégorie des singuliers cas rapportés par M. Brierre de Boismont dans son remarquable volume des *Hallucinations*.

C'était en 1854; j'habitais alors la rue Saint-Georges, et ce quartier de Paris, qui comptait à peine une vingtaine de maisons, ressemblait à une sorte de désert peu rassurant. On construisait l'église de Notre-Dame de Lorette : la place Bréda n'existait qu'à l'état de terrain vague et inculte; enfin, les rues qui l'avoisinent aujourd'hui n'étaient même pas tracées.

Je devisais sur le seuil de ma maison avec le peintre Gavarni, quand tout à coup nous vimes un homme qui descendait en courant des hauteurs de Montmartre, la tête nue, les cheveux épars, les vêtements en désordre; il semblait en proie à une extrême terreur; il vint à nous, se jeta sous la porte, essuya son visage baigné de sueur, et resta quelques instants muet et haletant.

C'était Frédéric Soulié.

Cependant nous nous empressions autour de lui, et nous cherchions à le calmer. Il but avidement un verre d'eau que la femme du concierge lui apporta, passa sa main sur son grand front, et, frémissant de tous ses membres, il chercha à rassembler ses idées.

Après quoi il partit d'un grand éclat de rire.

Nous crûmes qu'il avait perdu la raison.

— Mes bons amis, nous dit-il, donnez-moi le bras pour que j'aille reprendre mon chapeau à Montmartre, où je l'ai laissé. D'ailleurs, je dois des excuses à un ami que j'ai quitté d'une façon aussi brusque que ridicule.

Figurez-vous qu'il y a une heure je rencontre cet excellent docteur Blanche, qui, vous le savez, dirige à Montmartre une maison de santé pour les aliénés. Il m'arrête; nous causons; il me parle de mon roman des *Mémoires du diable*, et comme un des personnages de ce livre perd la raison, le docteur me propose de venir dîner avec ses malades et d'étudier la folie d'après nature. J'accepte; bref, une demi-heure après, je me trouvais à la droite de M. Blanche, au milieu de fous qui buvaient, mangeaient, se tenaient à table et causaient avec autant de raison apparente que mon amphitryon et moi.

Ce spectacle agit fortement sur mon imagination. Je commençai à éprouver une sorte de malaise.

« — Vous voyez que mes pensionnaires ne se trouvent pas mal de leur régime, me dit le docteur.

« — Je comprends qu'ils en prennent leur parti, répondis-je; mais quels moyens emploie-t-on pour les amener ici?

« — Le moyen le plus simple. Je les invite à dîner, comme je l'ai fait avec vous. Seulement je ne les laisse pas s'en aller.

Que vous dirai-je? continua Frédéric Soulié. Une sorte de vertige s'empara de moi; les idées les plus folles me passèrent par la tête; je m'élançai brusquement vers la porte, et, sans réfléchir, sans savoir ce que je faisais, je m'enfuis en courant. Si je ne vous avais point rencontrés, Dieu sait jusqu'où je serais allé ainsi!

Nous remontâmes tous les trois chez le docteur Blanche, près duquel Frédéric Soulié s'excusa en avouant franchement ce qu'il avait éprouvé.

Le docteur Blanche sourit, mais d'un sourire triste.

— Pauvre raison humaine ! me dit-il tout bas, tandis que Soulié allait reprendre son chapeau dans le salon. Pauvre raison humaine ! Vous voyez ce qu'il peut advenir aux meilleures têtes et aux intelligences les plus élevées. Voici un homme de génie qui s'est cru fou un instant et qui, peut-être, l'a été pendant cet instant.

Je sais une légende du nord de la France qui me donne le frisson rien que d'y penser.

Il s'agit d'un alchimiste qui a poignardé son propre père pour s'approprier le secret du grand œuvre découvert par le vieillard et révélé dans un livre magique.

Ce forfait a été commis au fond d une de ces mystérieuses cryptes si communes dans le Cambrésis, et sur l'une desquelles, soit dit en passant, se trouve bâtie la ville qui eut Clodion pour roi, que conquit Louis XIV et dont Fénelon fut l'archevêque.

Son crime accompli, l'assassin ramasse le livre qui contient les secrets de son père, et s'approche d'une lampe pour lire les formules fatidiques. A l'instant même la lampe, saisie par une main invisible, est transportée à l'extrémité du souterrain, où elle apparaît comme une lueur phosphorescente. L'alchimiste, son livre à la main, court vers elle ; la lampe recule devant lui ; et depuis des siècles et des siècles le misérable poursuit cette clarté qu'il ne peut jamais atteindre ! Depuis des siècles et des siècles, plongé dans l'obscurité, haletant, baigné d'une sueur glacée, accablé de fatigue, mourant de soif et de faim, en proie au désespoir et toujours son livre à la main, il court, sans pouvoir mettre un terme à sa marche épouvantable, sans pouvoir approcher de la lampe les pages magiques!

Certaines questions scientifiques, quand je me penche sur leur abîme, me font éprouver quelque chose du vertige du damné dont la légende flamande raconte l'histoire.

De ce nombre, plus que toute autre, est la question de l'aliénation mentale. Où commence-t-elle? où s'arrête-t-elle? Qu'est-ce qui est folie et qu'est-ce qui est raison? Quelle nuance imperceptible sépare le génie de la démence, la vision céleste de l'hallucination? Pas une voix humaine ne répond à ces questions fatales. Et cependant que de savants ont écrit sur la folie! Aristote, Zénon, Chrysippe, Érasme, Arnold, Chricton, Ferriar, Hibbert, Esquirol, Fabret, Darwin, Leuret, Paterson, Abercrombie, Bonnet, Foville, Lelut, Bland, Calmeil, Aubanel, Baillarger, Michéa, Szafkowski, Dendy, Parchappe et Brierre de Boismont.

Ce dernier surtout dans son livre intitulé *des Hallucinations*, il professe qu'un homme peut, tout à la fois, être fou et raisonnable, c'est-à-dire voir des êtres surnaturels, subir des visions, entendre des voix mystérieuses, et cependant rester en possession de son intelligence, de sa volonté, et même de son imagination.

Son volume renferme des milliers d'observations médicales.

14.

Ces observations sont, la plupart, de petits drames, tantôt sinistres, tantôt bouffons.

« J'ai connu, dit Wigan, cité par M. Brierre de Boismont, j'ai connu un homme fort intelligent et très-aimable, qui avait le pouvoir de placer son image devant lui ; il riait souvent de bon cœur à la vue de son sosie, qui paraissait aussi lui-même toujours rire. Cette illusion fut pendant longtemps un sujet de divertissement et de plaisanterie ; mais elle eut une fin déplorable. Le pauvre homme se persuada peu à peu qu'il était hanté par son double. Cet autre lui-même discutait opiniâtrément avec lui, et, à sa grande mortification, le réfutait quelquefois, ce qui ne laissait pas que de l'humilier beaucoup, à cause de la bonne opinion qu'il avait de son raisonnement.

« Quoique le singulier malade ne fût jamais soumis à la plus légère contrainte, il finit toutefois par prendre en dégoût la vie, et résolut de ne pas recommencer une nouvelle année. Il paya toutes ses dettes, enveloppa dans des papiers séparés le montant des dépenses de la semaine, attendit, un pistolet dans la main, la nuit du 31 décembre, et au moment où la pendule sonnait minuit, il se fit sauter la cervelle. »

Il y a environ quarante ans, l'aventure suivante arriva au marquis de Londonderry, depuis lord Castlereagh. Il était allé visiter un gentilhomme de ses amis, qui habitait au nord de l'Irlande un de ces vieux châteaux que les romanciers choisissent de préférence pour théâtre des apparitions. L'aspect de l'appartement du marquis était en harmonie parfaite avec l'édifice. En effet, les boiseries, richement sculptées et noircies par le temps, l'immense cintre de la cheminée semblable à l'entrée d'une tombe, les draperies poudreuses et lourdes qui masquaient les croisées et entouraient le lit, étaient de nature à donner un tour mélancolique aux pensées.

Lord Londonderry examina sa chambre et fit connaissance avec les anciens maîtres du château, qui, debout dans leurs cadres, semblaient attendre son salut. Après avoir congédié son valet, il se coucha. Il venait d'éteindre sa bougie, lorsqu'il aperçut un rayon de lumière qui éclairait le ciel de son lit. Convaincu qu'il n'y avait point de feu dans la grille, que les rideaux étaient fermés et que la chambre se trouvait quelques minutes avant plongée dans une obscurité complète, il supposa qu'un intrus s'était glissé dans la pièce. Se tournant alors rapidement du côté d'où venait la lumière, il vit, à son grand étonnement, la figure d'un bel enfant entourée d'un limbe.

Persuadé de l'intégrité de ses facultés, mais soupçonnant une mystification d'un des nombreux hôtes du château, lord Londonderry s'avança vers l'apparition, qui se retira devant lui. A mesure qu'il approchait, elle reculait, jusqu'à ce qu'enfin, parvenue sous le sombre cintre de l'immense cheminée, elle s'abima dans la terre.

Lord Londonderry ne dormit point de la nuit.

Il se détermina à ne faire aucune allusion à ce qui lui était arrivé jusqu'à ce qu'il eût examiné avec soin les figures de toutes les personnes de la maison. Au déjeuner, il chercha en vain à saisir quelques-uns des sourires cachés, des regards de connivence, des clignements d'yeux par lesquels se trahissent généralement les auteurs de ces conspirations domestiques.

La conversation suivit son tour ordinaire ; elle était animée, et rien ne révélait une mystification. A la fin, le marquis ne put résister au désir de raconter ce qu'il avait vu. Le maître du château fit observer que la relation de lord Londonderry devait paraître fort extraordinaire à ceux qui n'habitaient pas depuis longtemps le manoir et qui ne connaissaient pas les légendes de la famille. Alors se tournant vers lord Londonderry : — Vous avez vu l'*enfant brillant*, lui dit-il ; soyez satisfait, c'est le présage d'une grande fortune ; mais j'aurais préféré qu'il n'eût point été question de cette apparition.

Dans une autre circonstance, lord Castlereagh vit l'enfant brillant à la Chambre des communes. Le jour de son suicide, il eut une semblable apparition [1]. On sait que ce lord, un des principaux membres du ministère Harrowby, et le plus acharné persécuteur de Napoléon durant ses revers, se coupa l'artère carotide le 22 août 1823, et mourut à l'instant même.

L'étonnante fortune de Bernadotte lui avait, dit-on, été prédite par une fameuse nécromancienne, qui avait aussi annoncé celle de Napoléon Ier, et qui possédait la confiance de l'impératrice Joséphine.

Bernadotte éta't convaincu qu'une sorte de divinité tutélaire s'attachait à lui pour le protéger. Peut-être les traditions merveilleuses qui entourèrent son berceau n'étaient-elles pas étrangères à cette pensée qui ne l'abandonna jamais. On racontait en effet, dans sa famille, une

---

[1] *Forbes Winslow. Anatomy of suicide*, 2 vol. in-8, p. 242. London, 1850.

ancienne chronique qui prétendait qu'une fée, femme d'un de ses ancêtres, avait prédit qu'un roi illustrerait sa postérité.

Voici un fait qui prouve combien le merveilleux avait conservé d'empire sur l'esprit du roi de Suède. Il voulait trancher par le sabre les difficultés que la Norvége lui opposait et envoyer son fils Oscar à la tête d'une armée pour réduire les rebelles. Le conseil d'État fit une vive opposition à ce projet. Un jour que Bernadotte venait d'avoir une discussion animée sur ce sujet, il monta à cheval et s'éloigna de la capitale au grand galop. Après avoir franchi un long espace, il arriva sur les limites d'une sombre forêt. Tout à coup il se présente à ses yeux une vieille femme bizarrement vêtue et les cheveux en désordre :

— Que voulez-vous? demanda brusquement le roi.

La sorcière répondit sans se déconcerter :

— Si Oscar combat en cette guerre que tu médites, il ne donnera pas les premiers coups, mais il les recevra.

Bernadotte, frappé de cette apparition et de ces paroles, régagna son palais. Le lendemain, portant encore sur son visage les traces d'une longue veille remplie d'agitation, il se présente au conseil : — J'ai changé d'avis, dit-il; nous négocierons la paix, mais je la veux à des conditions honorables.

M. de Chateaubriand raconte, dans sa *Vie de M. de Rancé*, fondateur de la Trappe, qu'un jour, cet homme célèbre se promenant dans l'avenue du château de Veretz, crut voir un grand feu qui avait pris aux bâtiments de la basse-cour. Il y vola : le feu diminuait à mesure qu'il en approchait. A une certaine distance, l'embrasement se changea en un lac de feu, au milieu duquel s'élevait à demi-corps une femme dévorée par les flammes.

La frayeur le saisit, et il reprit en courant le chemin de la maison. En arrivant, les forces lui manquèrent, et il se jeta mourant sur un lit.

Ce ne fut que bien longtemps après qu'il raconta cette vision, dont le souvenir seul le faisait pâlir.

Ces mystères appartiennent-ils à la folie? M. Brierre de Boismont semble les attribuer à un ordre de choses plus élevé, et je suis de son avis. N'en déplaise au docteur Lelut, j'aime mieux croire au génie familier de Socrate et aux voix de Jeanne d'Arc qu'à la démence du philosophe et de la vierge de Domremy.

Il y a des phénomènes qui dépassent l'intelligence, qui déconcertent les idées reçues, mais devant l'évidence desquels il faut que la logique humaine s'incline humblement. Rien n'est brutal et surtout irrécusable comme un fait. Telle est notre opinion, et surtout celle de M. Guizot :

Quelle est la grande question, la question suprême qui préoccupe aujourd'hui les esprits? C'est la question posée entre ceux qui reconnaissent et ceux qui ne reconnaissent pas un ordre surnaturel, certain et souverain, quoique impénétrable à la raison humaine; la question posée, pour appeler les choses par leur nom, entre le *supernaturalisme* et le *rationalisme*. D'un côté, les incrédules, les panthéistes, les sceptiques de toute sort e les purs rationalistes; de l'autre, les chrétiens.

Il faut, pour notre salut présent et futur, que la foi dans l'ordre surnaturel, que le respect et la soumission à l'ordre surnaturel rentrent dans le monde et dans l'âme humaine, dans les grands esprits comme dans les esprits simples, dans les régions les plus élevées comme dans les plus humbles. L'influence réelle vraiment efficace et régénératrice des croyances religieuses, est à cette condition; hors de là, elles sont superficielles et bien près d'être vaines.

Non, la mort ne sépare point pour toujours, même en ce monde, les élus que Dieu a reçus dans son sein et les exilés restés sur cette vallée de larmes, *in hac lacryma-rum valle*, pour employer les mélancoliques paroles du *Salve Regina*. Il y a des heures mystérieuses et bénies où les morts bien-aimés se penchent vers ceux qui les pleu-rent et murmurent à leurs oreilles des paroles de con-solation et d'espérance. M. Guizot, cet esprit sévère et méthodique, a raison de le professer : « *Hors de là, les croyances religieuses sont superficielles et bien près d'être vaines.* »

SEPTEMBRE

—

Les plantes savoisiennes. — Un roman botanique.
Instinct des plantes.

1er septembre.

L'annexion de la Savoie ne nous a pas rendu seule-ment de beaux départements, elle a restitué à la flore française des plantes que celle-ci ne comptait plus parmi ses trésors botaniques.

C'est surtout, dans les lieux pierreux de Saint-Pierre-d'Albigny, le *Pigamon fameux* (*thalictrum exaltatum*), qui fait partie des renoncules, la *Saponaire des boues*, le *Saxifrage varié*, l'*Oxipitris lapon* et le *Polygala alpestre*. On rencontre en France des espèces voisines de cette dernière dans les pâturages, et nos paysans la nomment *herbe au lait*.

Je ne vous citerai pas toutes les plantes savoisiennes affublées de noms barbares par les botanistes ; je me contenterai de vous dire qu'elles sont au nombre d'environ quarante, et que la plupart ont leurs historiens et même leurs romanciers ; romanciers inconnus, bien entendu, puisque jamais leurs légendes n'ont été écrites et qu'elles se sont transmises, comme elles se transmettent encore, de génération en génération et de bouche en bouche.

Par exemple, dans la vallée de Maurienne et dans la Tarentaise, foisonnent le crocus-safran et diverses espèces de tulipes sauvages.

Une croyance fort accréditée parmi les paysans des vallées veut que ces plantes aient été apportées par les Sarrasins, dont l'armée, défaite en 732, près de Poitiers, par l'armée de Charles Martel, se débanda et se réfugia en grande partie dans la Maurienne.

Or, de conquérants qu'ils étaient, les pauvres vaincus se seraient faits cultivateurs, et, en souvenir de leur pays, ils auraient semé sur la terre d'exil qu'ils ne devaien plus quitter les graines des plantes favorites de leur patrie perdue.

N'est-il point singulier de voir ces hordes de Sarrasins, que les historiens nous représentent comme d'impitoyables dévastateurs , apportant avec eux jusqu'à des graines de fleurs, pour en doter les pays sur lesquels ils voulaient établir leur domination? Lesquels étaient les barbares de leurs chefs ou de Charles Martel? des Sarrasins ou des Francs?

Ces plantes se sont perpétuées jusqu'à nos jours, et quelle que soit leur origine, on ne les trouve à l'état sauvage que dans les plaines de la Maurienne, en Orient, ou bien dans nos jardins, qui les doivent à la culture artificielle.

Tous les auteurs grecs font mention du safran; les teinturiers de Tyr et de Sidon l'employaient pour teindre en jaune les voiles des jeunes mariées, et il jouait un grand rôle dans la pharmacopée des anciens.

Non-seulement on lui attribuait des vertus merveilleuses pour combattre un grand nombre de maladies, mais encore on en buvait des infusions, avant de se mettre à table, pour s'ouvrir l'appétit et se préserver des mauvaises digestions. Plus tard, les Romains le mélangèrent à leur pain, afin de lui donner une belle couleur d'or ; rien n'égalait sous Héliogabale la somptuosité d'un vêtement complet teint au crocus. L'empereur ne se montrait jamais en public qu'avec un manteau, une tunique, un bonnet et des sandales coloriées au crocus. Enfin il portait toujours à la main un bouquet des fleurs odorantes de cette plante.

De nos jours, le safran est bien déchu de sa splendeur d'autrefois.

Il coûte cher, donne une teinture difficile à fixer, et qui ne peut entrer en lutte, pour le prix et la qualité, avec les produits chimiques que la science prodigue aujourd'hui à l'industrie.

La médecine seule se sert encore parfois d'une huile essentielle qu'on extrait du safran, pour calmer l'exaltation nerveuse et procurer du sommeil. Enfin, quelques praticiens s'accordent à dire que l'opium n'a pas de contre-poison plus efficace que le safran. Singulier antagonisme d'un narcotique qui annihile la puissance d'un autre narcotique !

La culture du safran diminue de jour en jour. C'est dommage pour les voyageurs et pour les poëtes, car rien n'est splendide comme l'aspect d'un champ de cette plante. Sa masse de fleurs d'un gris violet sur lequel tranchent des étamines d'abord d'un blanc éclatant, puis d'un jaune d'or, la pourpre de ses stigmates qui se détachent sur le vert foncé des feuilles et ses hautes tiges, forment un tableau qui tient de la magie.

Le safran a un ennemi mortel qui trop souvent en détruit des récoltes entières. On lui a donné le nom terrible de *rhizoctonia crocorum*, que la langue populaire traduit par le nom plus terrible encore peut-être de *mort au safran*.

C'est un parasite végétal, irrégulièrement globuleux, roux et dur ; ses racines rameuses vont chercher souvent à de grandes distances dans la terre le bulbe du safran, l'enveloppent, l'étreignent et s'y enfoncent.

Bientôt on voit la victime épuisée par le vampire, se dessécher et mourir : quand on extrait de terre l'espèce

d'oignon, le bulbe qui forme sa racine, on le trouve vio-
lacé et comme hérissé.

Une fois que la *mort au safran* a infecté un champ, rien
ne peut l'en chasser ; elle résiste parfois quinze ans aux
tranchées profondes, aux aspersions de chaux et au feu
lui-même.

Dans l'Asie Mineure, où on le cultive encore, on vous
racontera, quand vous le voudrez, l'origine de ce terrible
parasite, que les Grecs appellent le *don du brigand*.

Il y avait, dans les environs d'Athènes, une jeune fille
d'une rare beauté et qui aimait un jeune Clephte aussi
beau qu'elle. Pour Cléanthis, Choropoulos avait renoncé
aux courses dans la montagne et s'était fait cultivateur de
safran, car le père de Cléanthis ne voulait donner sa fille
qu'à un garçon paisible qui ne ravageât pas les villages
de l'autre côté de la montagne, et qui ne détroussât pas
les voyageurs.

Mais la charrue l'ennuyait, et quoiqu'il dût épouser
Cléanthis à un mois de là, un beau soir il ne put résister
à la tentation d'aller attaquer un convoi de riches marchands qui revenaient de vendre à Athènes leurs récoltes
de crocus.

— Mon futur beau-père est absent, il ne revient que
dans une semaine, se dit Choropoulos, je puis donc partir
avec mes amis, et me trouver de retour avant le père de
Cléanthis, qui ne saura rien de ma petite promenade.
Quant à ma parole, je n'y manque en aucune façon : je
lui ai juré; il est vrai, de vivre honnêtement du produit
de la culture du safran; or, puisque je ne débarrasserai
les voyageurs que de l'argent qu'ils ont gagné à vendre

leur safran, je resterai rigoureusement dans le programme de mon serment. '

Il partit en effet, attaqua les voyageurs, qui se tenaient sur leurs gardes et résistèrent, poignarda le plus récalcitrant d'entre eux et reconnut son futur beau-père dans le cadavre qui tomba à ses pieds.

Il eût bien voulu cacher la chose à Cléanthis, mais celle-ci avait tout appris par un jeune homme, à la fois le rival de Choropoulos et son complice dans l'affaire de la montagne.

Cléanthis déclara à Choropoulos qu'elle n'aimait plus l'assassin de son père, et que, pour le lui prouver, elle épouserait sous peu l'ami officieux qui l'avait prévenue des torts de Choropoulos.

Elle le fit comme elle l'avait dit. Depuis six mois, elle et son mari vivaient d'autant plus paisiblement qu'ils n'avaient plus entendu parler de Choropoulos, lorsqu'un beau jour, ils virent les immenses champs de safran qui composaient leur unique fortune ravagés par une maladie mystérieuse.

Comme des voisins avaient vu Choropoulos errer plusieurs fois la nuit dans ces champs, ils prétendirent que, par ses maléfices, il avait répandu dans le champ un poison qui l'avait infecté.

La mort au safran était-elle venue là, amenée par les mystérieux moyens que la nature emploie pour propager ses végétaux ? Choropoulos avait-il été la recueillir dans d'autres contrées pour ruiner Cléanthis, qu'il traitait d'infidèle, et son mari qu'il regardait comme un Judas Iscariote ? Je ne puis vous en dire là-dessus plus que la

belle Smyrniote, qui racontait hier cette légende dans le
salon de son mari, un grand personnage diplomatique.

Les fleurs et les plantes ont leurs romans et leurs histoires, et voici un de ces romans.

Je ne sais point de ville où l'on se passionne plus qu'à
Paris pour les petits romans qui s'y passent et où l'on
oublie plus vite, le lendemain, ce qui préoccupait tant la
veille les imaginations.

Qui se souvient par exemple, à l'heure présente, qu'il
y a peu d'années, l'héritier d'une des plus grandes familles de France se prit de passion pour une jeune boulangère, nommée Marguerite, douée d'une beauté merveilleuse. Charmant, spirituel, éperdument épris, il ne tarda
pas à se faire aimer lui-même, et un matin il déclara à
son père sa résolution d'épouser la ravissante Fornarina.

— Mon ami, lui répondit le comte de..., vous attein-
drez dans huit jours votre majorité, et vous n'êtes point
venu me communiquer vos intentions sans vous être
adressé à vous-même toutes les objections que je pourrais vous faire. La jeune fille que vous aimez est d'ailleurs
digne de votre affection; je m'en suis assuré, comme
l'exigeaient mes devoirs paternels et ma tendresse pour
vous. Si la fortune de notre famille était ce qu'elle paraît
être et ce qu'on la croit, c'est-à-dire considérable, je
n'hésiterais point une minute à consentir à votre mariage.
On en glosorait un mois, et les plus méticuleux l'accepte-
raient ensuite. Par malheur, vous savez qu'un procès qui
se plaide en Amérique, et ne peut tarder de toucher à
son terme, met cette fortune en question. Or, ce que

personne ne blâmerait chez le jeune homme riche et héritier d'un grand nom, deviendrait la perte du présent et de l'avenir de ce jeune homme, s'il ne possédait qu'un patrimoine mesquin. Je vous demande donc d'attendre l'issue d'un procés que notre bon droit ne peut rendre douteuse. Partez dès demain pour New-York, et surveillez-y les intérêts desquels dépendent votre mariage et votre bonheur. Vous serez, je l'espère, de retour avant un an.

Quant à moi, dès ce soir, j'irai avec vous chez le père de celle que vous aimez ; je lui ferai part de votre amour, de vos projets d'union et de mon consentement ; je le prierai seulement de ne plus laisser paraître sa fille dans son comptoir ; les convenances et votre tendresse y trouveront chacune leur compte.

En effet, le soir même les choses se passèrent comme l'avait promis le grand seigneur. La belle boulangère disparut de la boutique où sa beauté produisait tant de sensation et amenait tant de curieux; de son côté, le vicomte partit pour l'Amérique.

Les procès ne marchent vite nulle part, et surtout dans le nouveau monde. Au lieu d'une année, le fiancé de Marguerite en passa trois à lutter contre des plaideurs redoutables et que favorisait un arsenal de lois, moitié anglaises, moitié américaines, et d'une complication des plus favorables à la chicane.

Le dénoûment de cette longue attente fut encore pire.

Le bon droit de la famille française échoua contre la mauvaise foi et la friponnerie d'un vieux Yankee et le vicomte revint en France après avoir perdu son procès.

Hélas! s'il rapportait une fatale nouvelle à Paris, son père eut à lui en révéler une plus fatale encore :

Marguerite, après une année d'attente et malgré les visites du père de son fiancé, s'était lassée de la vie du couvent où on l'avait conduite après le départ du vicomte. Un beau matin, pâle, presque mourante, vaincue par la nostalgie du comptoir, elle était venue reprendre sa place dans la boutique paternelle, et non-seulement elle y avait retrouvé bientôt l'éclat de son teint, mais encore elle y avait écouté les paroles d'un riche épicier du voisinage. Elle devait l'épouser à quelques jours de là ; les bans étaient publiés.

Le vicomte sentit son cœur se briser en écoutant ces paroles, mais il se montra courageux et fort. Il partit dès le jour même pour une propriété de son père, située à l'extrémité de la France. Il ne revint à Paris qu'il y a deux ou trois mois. Il avait, pendant son absence, demandé au travail et à la science des consolations que ceux-ci ne refusent jamais. De son amour déçu il ne lui reste aujourd'hui qu'un goût passionné pour la botanique et une tournure d'esprit originale un peu fiévreuse, qui révèle non plus une blessure, mais une profonde cicatrice de l'âme.

Je suis allé le voir hier dans la jolie villa qu'il habite tout l'été, à quelques kilomètres de Paris. Il me montra les cultures de son parc, les fleurs de son jardin et les trésors de son herbier.

Tandis que je feuilletais cette riche collection :

— Mon cher Sam, me dit-il, avec son rire un peu amer sous lequel se déguise une grande mélancolie, mon ami,

qu'on vienne dire encore qu'en 1861 on ne meurt pas
d'amour. On y meurt même d'amitié! Depuis trois mois,
j'assiste à un drame qui fait pâlir ce que l'antiquité
raconte de Pythias et de Damon. Je l'avoue à ma honte,
j'y ai joué le rôle du tyran de Syracuse Denys. Tenez,
voici le cadavre de Damon.

Et il me montra la tige à demie desséchée d'une plante
dans laquelle je reconnus le *mouron délicat*, nommé,
botaniquement parlant, *anagallis tenella*.

— Vous savez, continua-t-il, que certains végétaux se
recherchent et se complaisent à se réunir dans un même
terrain : témoin le chêne, le hêtre, le bouleau, le pin
sylvestre et le sapin, qu'on rencontre si souvent ensemble;
témoin le saule et le tremble, qu'on voit s'associer;
témoin le coquelicot, le bluet et la campanule, dans les
champs; les renoncules et les bruyères, dans les sables;
témoin le myrte et le genévrier, sur les berges.

Mais tout cela n'est rien à côté de l'association de la
campanule à feuilles de lierre et du mouron délicat,
anagallis tenella, qu'il ne faut pas confondre, vous le
savez, avec la plante qu'on donne aux petits oiseaux,
qu'on vend dans les rues de Paris en l'annonçant à cris
discords, et dont le nom véritable est *mors gelinæ*.

Quelques graines du mouron délicat suffiraient pour
donner la mort à l'oiseau qui les mangerait.

Regardez bien le pied du *mouron délicat* que voici :
sa tige forme une sorte de gros fil sur lequel se développent des feuilles arrondies et opposées l'une à l'autre; sa
petite fleur, qui s'épanouit à l'extrémité d'un pédoncule
assez long, est d'un rose tendre et pâle.

Vous pouvez constater encore qu'immédiatement à côté du *mouron délicat* pousse une *campanule à feuilles de lierre*.

— Oui, je reconnais cette jolie fleur bleue, à clochettes mignonnes, baptisée du doux nom de *violette de mariée* par les amoureux, et de *carillon* par les enfants. Cette espèce, si je ne me trompe, est celle qu'on désigne sous le nom barbare de *vahlenbergia hederefolia*.

— Parfaitement ! Eh bien ! mon ami, parcourons tout mon parc, nous rencontrerons d'autres individus du *mouron délicat*; ils seront toujours côte à côte d'une *campanule à fleur de lierre*.

— En effet, votre observation est de la plus grande exactitude.

— Vous savez, mon ami, que la science est cruelle et qu'elle ne recule pas devant les barbaries et même devant la mort d'un être innocent. Rien ne l'arrête quand il s'agit de soulever un coin du voile mystérieux qui cache à l'œil de l'homme les secrets de la nature.

— Hélas ! parfois je me suis rendu coupable moi-même de pareils forfaits, répondis-je en soupirant et en souriant à la fois.

— Eh bien ! surpris de la persistance du *mouron délicat* à vivre près de la *campanule à feuille de lierre*, j'ai, il y a deux mois, isolé une plante du *mouron délicat* de toute espèce de *campanule à feuille de lierre*, et j'ai arraché impitoyablement chacune de celles-ci qui poussaient à vingt mètres de distance.

Le mouron était près de s'épanouir. Du jour où les campanules eurent disparu, les jolies fleurs couleur de chair

de la pauvre abandonnée avortèrent, le vert de ses feuilles pâlit, toute la plante devint languissante, et hier je
l'ai trouvée morte et complétement desséchée.

— Voilà qui tient du prodige.

— J'ai voulu faire la contre-partie de l'expérience, et
j'ai isolé des campanules à *feuilles de lierre* tous les individus de *mouron délicat*, mais les campanules ne s'en
sont que mieux portées, et n'ont point paru s'apercevoir
de l'absence de leur compagne.

— Je vois, interrompis-je, que la *campanule à feuille
de lierre* ne vaut pas mieux que la *campanule gantelée*
(*trachelium*.) Aux douzième et treizième siècles, un bouquet des tiges de cette dernière, garnies de leurs fleurs
axillaires, variant du bleu au violet et au blanc, portées
au bout d'un long bâton, servait aux seigneurs féodaux à
se déclarer entre eux la guerre. Il fallait que les tiges de
la campanule fussent tressées et mêlées à quelques rameaux feuillus. On élevait en l'air ce singulier drapeau,
et on attaquait sans autre manifeste un voisin souvent
surpris au dépourvu.

Cette barbare coutume et les sinistres souvenirs que
réveillait la vue de la campanule gantelée, la firent longtemps proscrire. On la repoussait des jardins, on la détrui-
sait dans les prés, le long des vallées et au fond des lieux
ombragés où elle aime à croitre. Aujourd'hui, cet ana-
thème, disparu peu à peu, se trouve complétement
oublié.

— Comme on oublie toutes choses ! répondit le botaniste, amour ou haine !... Oui, mais nous voici bien loin
de l'amitié dévouée et si mal partagée du *mouron délicat*

pour la *campanule à feuille de lierre!* Comment l'expliquer?

— Sans doute par quelqu'une de ces affinités physiques qui échappent à notre science à courte vue. Probablement le mouron est une sorte d'*épiphite;* comme la famille des *orobanches* et des *orchidées* terrestres, il a besoin, pour se substanter, d'un terrain élaboré par les racines de .la *campanule* et peut-être du contact de ces mêmes racines. Que savons-nous de la nourriture que les plantes puisent dans le sol? On discute encore aujourd'hui à l'Institut pour savoir de quels corps chimiques se compose la terre végétale.

Ainsi, homme de peu de foi, réaliste impitoyable, vous attribuez le dévouement du mouron, ce dévouement qui va jusqu'à la mort, à un besoin vulgaire et matériel. De Pylade — Pylade seul aimait, car en amitié et en amour il n'y a jamais qu'un seul qui aime, — vous faites un parasite! Quelle explication terre à terre d'un phénomène charmant et presque attendrissant!

— Je n'explique rien et ne cherche à rien expliquer, répliquai-je. Je lisais encore hier dans les Épîtres de saint Paul que nul ne saurait comprendre, ici-bas, quelle est la *largeur,* la *longueur,* la *hauteur* et la *profondeur* de l'édifice mystérieux de la création.

— Toujours le désolant *que sais-je?* de Montaigne, conclut le botaniste.

— Et la boulangère? me demanderez-vous, cher lecteur.

La boulangère a des écus, qui coûtent beaucoup aux clients de son mari l'épicier.

Tous les deux comptent se retirer, cette année, du commerce. Ils sont en marché pour acheter une magnifique et immense propriété qui se trouve à côté de la modeste villa du botaniste.

Les botanistes anglais et allemands se gardent bien de ne chercher, comme les nôtres, dans l'œuvre de Dieu, que la classification et la nomenclature. Ils étudient patiemment quelques-uns des phénomènes innombrables que présente la nature; lettres mystérieuses, alphabet inconnu qui permettront peut-être un jour aux générations futures de lire à livre ouvert certaines pages de la création.

En ce moment, plusieurs de ces savants étrangers cherchent à connaître si les végétaux ne possèdent point une âme. Ils accumulent les faits à l'appui de cette idée, exagérée sans doute, mais, en résumé, moins absurde qu'elle ne le paraît au premier coup d'œil.

Assurément, les plantes n'ont point d'âme; mais, douées de sensations véritables, elles souffrent, elles agissent, et elles semblent susceptibles de raisonnements et de calculs, comme les animaux.

Murray rapporte qu'un fort beau groseillier de son jardin devint tout à coup languissant. Un mur abattu, en le privant d'abri, et certaines infiltrations d'eau minérale survenues par accident avaient modifié la nature du sol et détruit les conditions favorables dans lesquelles l'arbuste s'était trouvé jusque là.

Le groseillier, dont les feuilles jaunissantes prenaient un aspect caractéristiquement maladif, dirigea une de ses branches vers une partie du sol qu'abritait un gros arbre et où l'eau minérale n'arrivait point.

Pour cela, il fallait passer au-dessus d'un petit contre-fort en briques et atteindre à une distance de près d'un mètre. La branche y parvint en croissant avec une vigueur fiévreuse et en s'allongeant de près de quatre centimètres par jour.

Le contre-fort franchi, elle s'abaissa sur le sol, contre la surface duquel elle appuya avec force son extrémité, et y pénétra lentement mais profondément.

Deux jours après, des racines se développèrent à cette extrémité enfouie de la branche.

A quinze jours de là, un véritable arbuste, un groseillier complet, s'élevait autour de cette branche, tandis que la tige primitive, celle qui était restée dans le terrain malsain de l'autre côté du contre-fort, se desséchait et finissait par disparaître complétement.

D'autre part, lord Kainer rapporte qu'au milieu des ruines de New-Abbey, dans le comté de Galloway, un érable poussait sur un mur resté debout.

Un jour, pour des motifs inconnus, il se dégoûta de cette demeure, où pourtant il était né et avait vécu quarante ans au moins, et afin de changer de domicile, il commença par faire descendre le long de la muraille maternelle une racine forte et charnue, un véritable câble, et la fixa fortement dans la terre.

Une fois cette racine solidement établie, il détacha peu à peu les autres et procéda pour celles-ci comme il avait procédé pour la première.

Quand son voyage de transplantation se trouva terminé, après cinq ou six mois de travail, l'érable avait descendu un mur de plus de huit pieds anglais et était installé à cinq ou six pas de ce mur.

On trouve dans les bois de Boulogne et de Vincennes, le long des chemins, une jolie plante, baptisée, à cause de l'odeur qu'elle exhale quand on la broie, du nom plus énergique que poétique d'*ortie puante*. C'est la *stachide des bois (stachis sylvatica)*.

Hâtons-nous d'ajouter qu'on l'appelle encore : *épi fleuri*, et *panacée du labour*.

Vous la reconnaîtrez à des fleurs purpurines réunies, six par six, autour de la partie supérieure d'une tige carrée et haute de quinze à vingt centimètres, à des feuilles opposées et à l'élégance de son port. Elle donne au teinturier une belle couleur jaune, et ses fibres corticales fournissent d'excellents cordages; enfin les fermiers aiment à la mélanger à la litière de leurs bestiaux, qu'elle assainit, disent-ils.

Clocker, en herborisant, remarqua un jour une pauvre petite stachide, née près de la lisière d'une forêt, au milieu d'une haie fort épaisse. A peine sortie de terre et parvenue à quelques centimètres de hauteur, elle souffrait évidemment du manque d'air et de lumière.

A huit jours de là, il repassa près du buisson et se rappela la stachide. Elle s'était arrêtée dans son accroissement vertical pour incliner sa tige et la faire avancer, dans une direction horizontale, vers une petite ouverture qui laissait pénétrer la lumière dans la haie.

A quinze jours de là, elle avait relevé sa tige et repris sa direction normale en croissant verticalement.

Un botaniste de nos amis, en voulant cueillir au haut
d'un vieux mur une giroflée sauvage, a fait récemment
une chute si malheureuse qu'il s'est brisé la jambe et
qu'il se trouve condamné à passer une partie de la belle
saison dans son lit.

Or, ce botaniste demeure au sixième étage, et plus
riche de science que d'écus, il ne peut même pas s'entourer des fleurs dont la passion lui coûte si cher.

Il y a quinze jours, la vieille servante qui, après avoir
été élevée dans la famille de son jeune maître, se consacre avec un dévouement maternel au service de l'excellent garçon, entra dans la chambre du convalescent, hale-
tante de joie et de fatigue.

Après avoir repris un instant haleine, elle déposa sur
une petite table, près du lit, un magnifique pot de jasmin,
qu'elle était allée acheter elle-même le long du pont
Saint-Michel au marché aux fleurs. C'était, pour la sévère
économe, toute une grosse affaire que de prélever le prix
de la fleur sur la modique somme consacrée aux dépenses
du ménage, et une plus grosse encore pour la sexagé-
naire que de trouver la force d'apporter la plante et le
pôt, des bords de la Seine à l'extrémité de la rue de
l'Ouest, en gravissant cent douze marches d'un escalier
roide plus que de raison. Mais il s'agissait de procurer
un peu de distraction et de plaisir à son cher enfant, et
elle n'avait reculé ni devant la dépense, ni devant la
fatigue.

Elle se trouva bien payée, Dieu merci! de sa peine, car
à l'aspect du jasmin, le visage pâle du jeune homme se
couvrit d'une légère rougeur causée par la joie; son œil

languissant prit de l'animation, et ses mains amaigries
s'étendirent en tremblant vers l'arbuste cent fois le bienvenu. Le convalescent respira longuement et voluptueusement les parfums, il en compta pour ainsi dire les
fleurs et les feuilles; il n'était plus seul, il avait un compagnon.

Hélas! qui a compagnon a maître, dit le proverbe, et
quelquefois aussi tyran, ajouterions-nous.

Le pauvre jasmin ne tarda pas à l'éprouver.

Dès le lendemain, l'arbuste, avec ses jolis rameaux tour-
mentés, ses feuilles, ses fleurs, ses parfums pénétrants et
doux, ne suffisait plus à son possesseur.

Celui-ci voulut renouveler sur le pauvre végétal les
expériences faites autrefois par Musteli, et racontées dans
le *Traité de végétation*.

Il prit un carton, et à l'aide d'un canif, il y pratiqua
plusieurs trous de quatre à cinq centimètres de diamètre, et distants les uns des autres de huit à dix centimètres.

Il plaça ensuite ce carton devant le pot de jasmin.

Dès le lendemain, celui-ci avait changé la direction de
sa tige et s'acheminait vers la lumière en traversant l'ouverture la plus rapprochée.

Le botaniste donna le surlendemain au carton et au
jasmin une position tout opposée, de sorte que la tige
passée par le premier trou se trouvait dans l'ombre.

La plante, amoureuse de clarté, vint de nouveau s'offrir
au jour en traversant la seconde ouverture.

A quinze jours de là, l'expérimentateur eut la satisfaction de constater et de montrer à ses visiteurs, que la tige

du jasmin avait traversé chacune des ouvertures et courait en zig-zag des deux côtés du carton.

N'y a-t-il point dans ce que je viens de vous raconter
plus de preuves qu'il n'en faut pour démontrer que les
plantes apprécient leurs besoins, calculent les moyens de
les satisfaire, et savent mettre ces moyens à exécution
avec une ingénieuse adresse, et par des combinaisons que
l'imagination d'un homme ne trouverait peut-être point
du premier coup.

Oui, les plantes ont des sensations et savent agir. N'a-
vez-vous point vu dans vos caves une pomme terre oubliée
qui germait et qui faisait grimper le long d'un mur, jusqu'à l'ouverture d'un soupirail, une tige pâle, étiolée,
mais qui parfois atteignait une dimension de deux mètres?

Chercherez-vous à expliquer ce phénomène par de la
chimie ou de la physique? Non. Le besoin, la réflexion et
la volonté, en voilà le secret.

La dernière éclipse de soleil était visible en partie à
Madrid.

M. Colmeiro l'observa à l'Escurial, dans un jardin où
se trouvait une *lychnis vespertina*, plante dont la fleur ne
s'ouvre qu'entre six et sept heures du soir pour ne se
fermer que vers neuf heures du matin.

On rencontre différentes espèces de *lychnis* dans les
environs de Paris, où on leur donne le nom de *compagnons blancs*, de *compagnons rouges* et de *nielle des blés*.

Or, la lychnis espagnole, en voyant le soleil s'éclipser,
pâlir, s'obscurcir et disparaître en partie, crut, sans
doute, que l'astre allait se coucher réellement, et par

conséquent que le moment était venu pour elle de s'éveiller : elle épanouit donc ses corolles et se para de toute sa beauté crépusculaire.

Quand le soleil reprit son éclat et qu'elle eut reconnu qu'elle s'était trompée, elle se hâta de refermer aussitôt sa corolle pour ne la rouvrir qu'à six heures du soir, suivant son habitude.

Savez-vous rien de plus charmant que ce petit épisode?

Curieuses industries. — Le crapaud. — Le venin de la vipère.
Petites recettes industrielles.

5 septembre.

Je ne connais point de ville qui renferme plus que Paris d'industries étranges et presque inconnues.

Par exemple, il se fait en ce moment, dans les quartiers qui avoisinent le Muséum, un commerce considérable de crapauds.

Les crapauds, depuis quelques années, sont devenus les auxiliaires presque indispensables de nos maraîchers. Beaucoup de ceux-ci en peuplent leurs jardins pour débarrasser d'une foule d'insectes nuisibles les légumes qu'ils récoltent si laborieusement et à l'aide d'une culture toute factice.

Les crapauds font une guerre acharnée aux limaces et aux limaçons, qui, en une seule nuit, peuvent ôter toute valeur commerciale aux laitues, aux carottes, aux asperges et même aux fruits de primeur.

En recourant à ce singulier moyen, les maraîchers français suivent l'exemple des horticulteurs anglais.

Une grande partie des légumes dont s'approvisionne Londres se cultive dans les potagers qui entourent cette ville immense, sur une superficie de quatre mille huit cents hectares, qu'exploitent trente-cinq mille personnes.

On ne saurait voir rien de plus merveilleusement soigné que ces jardins. Aussi fournissent-ils jusqu'à cinq récoltes par an.

Non-seulement on n'y laisse point une seule mauvaise herbe, mais encore on examine à la loupe tous les légumes pour en enlever la nielle et les fongosités. Outre les crapauds qu'on achète à raison de six schellings la douzaine, on a recours, pour détruire les cloportes, à des poules chaussées d'espèces de bas, qui les empêchent de gratter la terre et les obligent à ne picorer que du bec.

Le cours des crapauds se tient moins élevé à Paris qu'à Londres; on ne les vend encore, dans cette première ville, que 2 fr. 50 c. la douzaine, et ce qu'il y a de plus curieux, c'est qu'on en expédie beaucoup en Angleterre.

Les marchands qui trafiquent de cette bizarre denrée la renferment au fond de grands tonneaux, dans lesquels ils puisent à chaque instant, sans redouter le moins du monde pour leurs mains et pour leurs bras nus la liqueur que secrètent les crapauds; liqueur, disons-le en passant, déclarée tour à tour par la science inoffensive et vénéneuse.

Ces négociants manient avec la même insouciance les vipères, dont la plupart tiennent également assortiment.

Regardée longtemps comme un médicament efficace,

et rejetée aujourd'hui par le *Codex*, la vipère n'est plus guère achetée que par des savants, curieux d'étudier les effets de son venin.

Qu'est-ce que le venin des vipères exotiques ou indigènes? De quelle nature est-il? Comment agit-il? Quels remèdes doit-on lui opposer?

La science répond :

« C'est un venin! — Je n'en sais guère autre chose. On le boit impunément, et néanmoins, il tue presque toujours quand il s'introduit, par une lésion si petite qu'elle soit, dans l'économie animale. »

Substance visqueuse, transparente, de couleur jaunâtre, presque sans saveur et sans odeur, il ne présente de réaction ni alcaline ni acide; il se dissout dans l'eau, dont il trouble légèrement la transparence, ne brûle pas avec la flamme quand on l'expose à l'action d'un corps en ignition, et ne dégage aucun gaz si on le traite par les acides. Le microscope n'a pu démontrer encore d'une manière satisfaisante sa cristallisation; enfin le chimiste le plus habile et le plus expérimenté, avec toutes les ressources de son laboratoire, ne saurait le distinguer de cent autres matières analogues et aussi peu redoutables qu'il est funeste.

Cependant le venin de la vipère ne perd sa fatale propriété ni par la dessiccation, ni par l'action du temps. Conservé vingt ans dans une bouteille, il tue encore les animaux auxquels on l'inocule. L'intelligent gardien des reptiles du Muséum, Valée, a failli, l'année dernière, mourir, ou du moins perdre le bras, pour s'être à peine égratigné avec un crochet de crotale, qui gisait depuis plusieurs mois au fond de la cage où il était tombé, lors de la mue du reptile. Les serpents venimeux perdent, à peu près tous les mois, leurs crochets, qui constituent un admirable instrument d'inoculation.

Faite en forme de corne, mobile, couchée en arrière quand elle ne doit point servir, érectile quand la vipère veut mordre, cette dent singulière est traversée dans toute sa longueur par un conduit quasi-microscopique, que termine une petite rigole. Elle repose sur une glande qui contient le venin, s'emplit par la pression que cause la morsure, et ne peut manquer ainsi d'empoisonner sa victime, si peu atteinte que soit celle-ci.

Quelles altérations produit le venin? Comment agit-il? Les physiologistes, en dépit d'une foule d'expériences, n'en savent pas grand'chose. Les uns veulent y voir une action *septique*, c'est-à-dire qui détermine la corruption des chairs et la décomposition des tissus organiques. Les autres, et c'est notre opinion, croient avec Fontana qu'il opère une coagulation du sang. Mais comment une quantité à peine appréciable d'une substance qui ne présente rien de particulier à l'analyse chimique, peut-elle rapidement décomposer les chairs ou coaguler le sang? Nul ne le sait.

En Europe, l'ammoniaque et les cautérisations atténuent les effets d'un si terrible agent, mais ne parviennent point à les neutraliser complétement.

Les indigènes des pays hantés par les reptiles venimeux sont plus habiles que les médecins européens : ils arrêtent immédiatement, à l'aide de certaines plantes, les symptômes que cause la morsure des vipères si dangereuses de leur pays. Enfin, M. de Castelnau rapporte un procédé singulier, appliqué avec succès en Amérique, pour obtenir la guérison des animaux que pique le serpent à sonnettes. Il dit même avoir vu un jeune homme sauvé par ce moyen. Comme les convulsions violentes, se succédant rapidement, se manifestent dès que la blessure est faite, et produisent en peu d'instants la mort, on pratique le plus vite possible une forte ligature au-dessus de la partie mordue. Une convulsion survient aussitôt, indiquant que le venin a pénétré dans l'économie, mais cette convulsion est faible, parce que la ligature n'a permis l'absorption que d'une très-petite quantité de venin.

Quand la première convulsion a cessé, on relâche un peu le lien et on laisse de nouveau passer une petite portion de la substance redoutable. Nouvelle convulsion. On procède ainsi jusqu'à ce qu'il ne se manifeste plus d'accidents, et le malade, qui aurait succombé à l'invasion immédiate et brusque du poison, est sauvé par un fractionnement qui en atténue la puissance délétère.

Chose bizarre! ce venin mortel pour tous les mammifères, reste sans action sur le hérisson, qui est cependant un mammifère. Je voudrais bien qu'un savant m'expliquât comment cela se fait, et pourtant on ne peut nier ni contester la réalité du phénomène.

Voici ce qu'en raconte un naturaliste de Gotha, Lenz (*Schlangenkunde*) :

Le 30 août, j'introduisis une grosse vipère dans la caisse où le hérisson allaitait tranquillement ses petits; je m'étais assuré que cette vipère ne manquait pas de venin, car elle avait, deux jours avant, tué un serin en peu de minutes. Le hérisson la sentit bientôt (il se dirige par l'odorat plutôt que par la vue), se leva de sa litière, s'approcha sans précautions, flaira la vipère de la queue jusqu'à la tête, et surtout à la gueule, sans doute parce qu'il y sentait la chair. La vipère commença à siffler et mordit le hérisson plusieurs fois aux lèvres et au museau : celui-ci, sans s'éloigner, se lécha et reçut une forte morsure à la langue ; sans s'en inquiéter, il continua à flairer la vipère et la toucha même avec ses dents, mais sans mordre. Enfin il lui saisit la tête la broya avec les crochets et la glande à venin, malgré les contorsions du serpent, qu'il dévora jusqu'à la moitié. Après quoi, il retourna allaiter ses petits ; le soir, il acheva de manger la vipère commencée et en dévora une autre petite. Le jour suivant, il consomma trois jeunes vipères et demeura, ainsi que ses petits, en parfaite santé ; on ne remarquait ni enflure, ni rien de particulier à l'endroit où il avait été mordu.

Le 1er septembre, le combat recommença. Le hérisson s'approcha comme la première fois de la nouvelle vipère, la flaira, et reçut pas mal de coups de dents au museau et dans ses épines. Pendant qu'il la flairait, la vipère, qui s'était fortement blessée aux épines, chercha à echapper. Elle rampait dans la caisse, le hérisson la suivait, toujours flairant ; chaque fois qu'il approchait de la tête, il recevait une morsure. Enfin il la retient dans un coin de la caisse, la vipère ouvre une large gueule en montrant ses crochets ; le hérisson ne recule pas. Elle s'élance et le mord à la lèvre si fortement, qu'elle y reste attachée ; il la secoue, elle décampe ; il la poursuit et reçoit encore plusieurs coups de dents.

Cette bataille avait duré douze minutes ; j'avais compté dix morsures qui avaient frappé le museau du hérisson, vingt qui s'étaient perdues en l'air ou sur ses épines. La vipère avait la gueule ensanglantée par suite des blessures qu'elle s'était faites aux épines. Le hérisson saisit la tête entre ses dents, mais la vipère se dégagea. L'ayant alors prise par sa queue, puis derrière la tête, je vis que ses crochets étaient encore en bonne condition.

Lorsque je la rejetai dans la caisse, le hérisson la saisit de nouveau par la tête, qu'il broya ; il la mangea lentement sans s'inquiéter de ses contorsions, retourna ensuite à ses petits et les allaita sans ressentir d'inconvénients.

Dès lors ce hérisson a souvent dévoré des vipères, et toujours en commençant par leur broyer la tête, ce qu'il ne faisait point pour les serpents non venimeux. Il transportait souvent dans son nid le surplus de ses repas, pour le consommer à son aise.

Le hérisson habite volontiers, comme la buse, des localités où les vipères et d'autres serpents abondent, et sans doute il en détruit bon nombre.

Je parlais tout à l'heure de la persistance avec laquelle le crochet de la vipère conserve ses propriétés vénéneuses; je disais que parfois le gardien des serpents du Muséum souffrait de l'égratignure qu'il s'était faite au bras avec un de ces crochets; citons encore un fait analogue, raconté par un voyageur espagnol, Don Pedro Espartero, compagnon de Vespucci, et l'un des conquérants du nouveau monde.

« Un soir, dit-il, un de mes soldats trouva, sur la lisière d'un bois, le cadavre d'un de ses camarades. Comme le défunt portait aux jambes des grandes bottes de cuir, fort commodes en ces pays infestés de serpents, le vivant ne se fit point faute de s'instituer l'héritier du défunt. Il prit les bottes de ce dernier et les chaussa immédiatement. Le lendemain, il était décédé lui-même. Douze hommes de sa compagnie s'approprièrent successivement les bottes en question, et périrent également, sans qu'aucun d'eux soupçonnât la cause de cette contagion. Un treizième se montra plus intelligent. Il examina attentivement les bottes diaboliques, et remarqua, vers la hauteur du mollet, un crochet de serpent à demi-brisé, difficile à apercevoir en dehors, mais dont la pointe saillait, comme une épine, en dedans, de la longueur d'une ligne : il fit l'extraction de ce morceau de dent, et, dès lors, il put porter sans danger les bottes qui avaient été si fatales à ses compagnons moins avisés que lui. »

Le commerce de crapauds est curieux; mais chaque industrie parisienne n'a-t-elle point sa physionomie originale ?

L'autre jour, le hasard ou plutôt la flânerie, cette providence des chroniqueurs, me conduisit devant la boutique d'un boucher nouvellement établi. A ma grande surprise, pas une mouche ne volait autour de la viande placée sur l'étal. Cependant, en face, le mur de la rue, fort étroite, se trouvait littéralement couvert de ces insectes, et à deux cents pas de là, chez un autre boucher, deux personnes s'occupaient constamment, et sans succès, à chasser des tourbillons de mouches avides de souiller de leurs larves la viande exposée.

Tandis que j'examinais ces faits singuliers, le maître de la boutique préservée des déprédations des mouches prononça quelques phrases entremêlées de *savez-vous* et psalmodiées avec l'accent si caractéristique de nos voisins les Belges. Je lui adressai la parole en flamand. Aussitôt la figure ronde et colorée de ce brave homme s'épanouit et prit une véritable expression de bonheur. Il vint à moi et me tendit la main :

— Ah! que ça fait bon, me dit-il, d'entendre parler le langage de Gand comme vous le faites, monsieur! Touchez-là une fois, savez! et vous me ferez honneur et satisfaction (*Groote cere en vele satisfactie*).

— Pourquoi, lui demandai-je quand je le vis si bien disposé, pourquoi les mouches qui assiégent les étaux voisins semblent-elles fuir votre boutique ?

— A Gand, me répondit-il, depuis des années et des années, tous les bouchers, jusqu'aux plus petits, se débarrassent des mouches à viande. Voici ce qu'ils font. Ils frottent, ainsi que je le fais, leurs portes, leurs fenêtres, leurs tables avec de l'huile de laurier. Ça n'est pas plus difficile que ça. Il suffit d'une fois pour toute l'année. Le moyen n'est pas seulement bon pour la viande ; il débarrasse de la vermine volante et autre les bêtes vivantes, telles que chevaux, bœufs, vaches, ânes, poulains et chiens.

Je serrai de nouveau la main à mon Gantois ; il me salua du traditionnel : *Gœde wolvert, tol wedrziens, mynheer !* (Bonne navigation, au revoir ! monsieur). Et je pris congé de lui.

A peine avais-je tourné le coin de la rue, que j'entendis des cris perçants poussés par une jolie petite fille blonde, qui se roulait à terre. Je courus à elle et je la relevai. Rien ne put la calmer, ni mes paroles affectueuses ni même l'offre d'un gâteau. De grosses larmes ruisselaient sur son visage ; la douleur lui donnait presque des convulsions ; elle portait avec angoisse la main à sa joue. Elle finit par m'apprendre en sanglotant qu'une grande méchante guêpe l'avait piquée au visage.

J'allais la conduire chez un pharmacien, pour essayer de neutraliser le venin de l'insecte avec de l'ammoniaque, quand une vieille marchande des quatre saisons, qui poussait devant elle sa charrette à bras, s'arrêta, s'enquit de ce qui se passait, s'assit sur les marches d'une maison, prit l'enfant sur ses genoux et lui dit :

— Attends, mon ange, je vais te guérir à l'instant !

A l'aide d'une aiguille et avec cette adresse que les femmes seules possèdent, elle fit l'extraction du petit dard dentelé de l'insecte et pria un des curieux qu'avait rassemblés le petit événement, de lui apporter un peu d'huile d'olive. Vingt personnes en apportèrent aussitôt. La vieille femme versa quelques gouttes de cette huile sur la blessure, après avoir, au préalable, frotté vivement la joue avec la paume de la main et avec quelques brins d'herbe pris dans sa charrette.

A mesure qu'elle opérait, la souffrance se calmait, la figure de l'enfant se rassérénait, et ses larmes cessaient de couler. Cinq minutes après, il n'y paraissait plus ; l'espiègle s'échappait des mains de la bonne femme et se remettait à jouer, sans que l'on remarquât sur sa joue le gonflement presque instantané que produit d'ordinaire une piqûre de guêpe.

— Voici deux bonnes recettes populaires dont ne se doutent pas nos savants ! me dis-je en m'éloignant.

Grâce à Dieu, je n'étais pas encore au bout de ma récolte.

En continuant ma route, j'entrai chez un jeune marchand verrier de ma connaissance pour faire l'achat de quelques flacons dont j'avais besoin.

— Monsieur Sam, me dit-il, après m'avoir procuré ce que je désirais et en me montrant de grandes bouteilles, voici un échantillon curieux qui, je le tiens pour certain, vous intéressera. Ce sont des bouteilles coulées dans un moule en bois. Elles arrivent d'Angleterre, et je crois qu'en France on ne tardera point à en fabriquer de semblables, par le même moyen. L'inventeur, M. Breffit, pour rendre le bois moins inflammable, l'imprègne d'une solution d'alun ou de silicate de soude; mais il affirme que, dans la pratique, les bois durs saturés complétement d'eau et mouillés avec une éponge, après le soufflage de chaque bouteille, résistent fort bien.

— Cette théorie me paraît ingénieuse et d'une application facile et économique.

— Ah! ces diables d'Anglais! Ils ont parfois de bonnes idées! continua le marchand. Vous savez, ou du moins beaucoup de personnes savent combien il est difficile de laver les bouteilles qui ont renfermé des liquides résineux et de les rendre propres à recevoir des vins ou d'autres liqueurs. M. Ed. Harms indique un moyen qui repose sur la propriété que possède le charbon d'absorber les liquides résineux mélangés d'alcool. A cet effet, on verse une goutte d'alcool dans la bouteille pour en humecter les parois internes, puis on y introduit un peu de charbon animal et d'eau, et on secoue fortement; après quoi on vide la bouteille et on la rince avec de l'eau. Vous avez ensuite des bouteilles propres et saines comme l'œil. Regardez! en voici une qui contenait de l'huile à brûler et que j'ai épurée par ce procédé.

Tandis qu'il parlait, une jeune fille en deuil entra dans le magasin, tira de sa poche une statuette en porcelaine, et la montra au marchand.

— Je viens de faire tomber maladroitement cette vierge, le seul héritage de ma pauvre mère! soupira-t-elle. Ce précieux souvenir se trouve brisé en trois morceaux. Je donnerais bien le prix d'une de mes semaines de travail pour qu'on pût réparer ce malheur.

— Il ne vous en coûtera pas si cher, répliqua le marchand. Faites une dissolution de colle de poisson dans un peu d'eau, ajoutez-y de l'alcool et de la gomme ammoniaque, ou de la résine-mastic, de manière à former de tout une pâte très-liquide ; vous l'appliquerez avec un petit morceau de bois, une allumette par exemple, sur les parties de la statuette que vous voulez recoller; vous presserez les morceaux fortement les uns contre les autres et vous les laisserez sécher. Non-seulement la statuette sera aussi solide que par le passé, mais encore on n'apercevra point les traces de la brisure. Vos petits doigts fluets me semblent plus propres que les miens à faire cette besogne, sans cela votre statuette se trouverait raccommodée sur l'heure.

L'ouvrière remercia vivement le brave homme, et sortit heureuse de pouvoir restaurer sa chère relique.

— En fait de *colles*, reprit le jeune marchand en se tournant vers moi — et il rit de cette très-médiocre plaisanterie, — j'en connais de plus solides encore ! — et il rit de nouveau.

Sa femme trouva ce jeu de mots de mauvais goût, comme il l'était en effet, et le déclara attentatoire à la dignité du comptoir que — soit dit en passant — elle occupait avec une gravité de reine.

— Bah ! bah ! n'y entends donc pas malice ! continuat-il plus gaiement que jamais. Je le dis et je le répète, on prépare une excellente colle-forte toujours liquide, en

faisant dissoudre au bain-marie de la gélatine transparente
avec un poids égal de vinaigre très-fort, un quart d'alcool
et une petite quantité d'alun. Mon voisin le fabricant de
perles fausses fait une très-grande consommation de cette
colle, qui sert admirablement encore à réunir des fragments séparés d'os, de corne, d'écaille et de nacre.

Elle haussa les épaules.

— Tu as toujours le nez fourré dans les livres et dans
les journaux, dit-elle, en allongeant, en forme de moue,
moitié rieuse, moitié sérieuse, ses lèvres roses et charmantes.

— Oh! si tu me fais de ces jolies mines-là, s'écria-t-il,
il faudra que je t'embrasse !

Et il l'embrassa en effet, bon gré mal gré, en présence
de votre serviteur.

Elle rougit bien un peu ; elle le repoussa bien un peu,
mais ce fut d'une façon si engageante, qu'il recommença.
Ils sont jeunes, ils s'aiment depuis six ans, ils sont mariés
depuis quatre mois, voilà leur excuse !.... L'histoire de ce
jeune couple est d'ailleurs un adorable roman, chaste,
tendre, et qui, pour se passer dans l'enceinte étroite et
bourgeoise d'une boutique, ne manque ni de poésie ni
de drame. Peut-être vous la raconterai-je un de ces jours.

— Allons, fit-il, maintenant que tu as payé les frais de
la guerre, je vais te dire une belle et bonne recette de lessive économique et rapide : on fait dissoudre un kilogramme de savon dans cinquante litres d'eau de rivière.
Lorsque, à l'aide de la chaleur, la dissolution est complète, on retire la chose du feu; on y ajoute quinze
grammes d'essence de térébenthine rectifiée et trente

grammes d'ammoniaque liquide à quatre-vingt-deux degrés. On remue le mélange avec une baguette pendant
quelques minutes et on le verse encore chaud sur le linge
qu'on veut lessiver. Au bout de quatre heures, on frotte ce
linge, on le passe à l'eau; il est dès lors d'un blanc parfait.

— Bavard! tais-toi donc! fit-elle en fermant de sa main
fine et potelée la bouche de son heureux mari.

— Si tu me donnes ta main à baiser, répliqua-t-il, ce
n'est pas le moyen de m'imposer silence; le bonheur me
rend jaseur comme un oiseau!

En ce moment un des garçons de magasin rentra un
peu chancelant et la figure bouleversée. Jamais ivresse ne
donna des allures plus bouffonnes et ne prit un masque
plus grotesque.

— C'est vous, Jean! demanda d'un ton sévère la souveraine du comptoir; c'est vous, un vieux serviteur de
mon père, qui rentrez dans un pareil état?

Le pauvre diable voulut balbutier quelques paroles d'excuses; ses lèvres alourdies et à demi paralysées par l'i-
vresse purent à peine proférer les mots de « rencontre
d'un pays. »

— Allons, c'est la première fois depuis trente ans que
pareille chose lui arrive, objecta le jeune marchand, in-
dulgent comme tous les cœurs heureux; je te réponds
qu'il n'y reviendra plus. Jean, buvez ce verre d'eau sucrée
dans lequel j'ai versé une ou deux gouttes d'ammoniaque,
et allez ensuite faire d'amples ablutions; vous reviendrez
frais et dispos.

Jean obéit humblement à ce que lui prescrivait son
maître. Un quart d'heure après, il reparut en effet calme

guéri, de son ivresse et seulement un peu plus pâle
que d'habitude.

— J'ai préféré le désenivrer que de lui faire de la morale, dit le marchand à sa femme. Et cependant quelle
belle morale j'aurais pu lui faire, une morale orientale
encore ! écoute :

Quand Dieu planta la vigne, Satan l'arrosa avec le sang
d'un paon ; lorsque les premières feuilles poussèrent,
Satan l'arrosa avec le sang d'un singe ; lorsque le raisin
parut, il l'arrosa avec le sang d'un lion, enfin, lorsque le
raisin fut tout à fait mûr, Allah répandit dessus le sang
d'un cochon.

La vigne abreuvée du sang de ces quatre animaux, en
a pris les différentes qualités. Ainsi, au premier verre de
vin, le sang du buveur s'anime, et, dans cet état, on a
l'éclat d'un paon ; lorsque l'ivresse commence à se faire
sentir, on saute, on gambade comme le singe ; l'ivresse
nous saisit-elle, on devient un lion furieux ? Est-elle à son
comble ? semblable au quatrième animal, on tombe, on
s'étend, on se vautre et on s'endort. Hein, qu'en dis-tu ?

Des clients entrèrent dans le magasin. La jeune femme
fit gaiement à son mari un petit geste taquin qui ne fut
aperçu que de lui et de moi, et elle dit d'une voix grave
que démentait un mouvement railleur de ses beaux sourcils noirs :

— Mon ami, prends les ordres de ces messieurs.

Cette journée, farcie de recettes, devait finir pour moi
comme elle avait commencé.

En rentrant je trouvai sur mon bureau de dernier numéro du *Blackwood's Édinbury Magazine*. Je l'ouvris au hasard, et je tombai sur le passage suivant :

Les Chinois cuisent des glaces au gingembre ou à la vanille. Ils les enveloppent dans une croûte de pâtisserie légère et les mettent au four; la pâte cuit avant que les glaces fondent; leur enveloppe empêche la chaleur d'arriver jusqu'à elles. Les gastronomes du Céleste-Empire peuvent ainsi se procurer la double friandise de mordre dans une croûte brûlante et de se rafraichir le palais au contact parfumé des glaces. Ce petit phénomène s'explique par certaines lois de l'inconductibilité de la chaleur.

Espérons que nos pâtissiers et nos cafetiers en vogue profiteront de la révélation d'une recette venant si à propos par les chaleurs tropicales que nous subissons.

Il faudrait désespérer de l'industrie parisienne, si, dès demain, elle n'offrait point à sa clientèle altérée des *petits pâtés chauds à la glace*, et si nous n'entendions pas les garçons de café s'écrier : « Une glace !... servez chaud! »

Voici, pour terminer, un fait dont le hasard a rendu témoin un de nos amis, qu'ignorent les botanistes, et qui peut-être créera une industrie nouvelle.

La semaine dernière, dans une courte excursion à la campagne, cet ami a vu une jeune et jolie fermière qui, ses beaux bras blancs nus jusqu'à l'épaule, savonnait en chantant, dans une grande cuve de bois montée sur un trépied, le linge de deux charmants enfants.

Hissés sur une chaise, ces derniers la regardaient faire : ils poussaient de joyeux éclats de rire chaque fois qu'ils pouvaient plonger à la dérobée leurs petites mains dans la belle mousse blanche qui recouvrait l'eau du lessivage et formait des milliers de bulles brillantes, irisées de tous les tons de l'arc-en-ciel, et renaissant et éclatant sans cesse.

Or, savez-vous ce qui produisait cette mousse et ces bulles ? ce qui rendait le linge d'une blancheur éblouissante ?

C'étaient de simples racines de luzerne bouillies pendant une demi-heure dans de l'eau de fontaine, et ensuite écrasées et pétries.

— C'est une recette de ma mère, dit la jeune femme ; elle produit non-seulement une grande économie de savon dans mon petit ménage, mais encore elle me fournit une excellente matière pour faire de la lessive ; elle remplace avec avantage les cendres de bois dont on se sert pour ce dernier usage.

Qui se doutait de cette propriété de la racine de la luzerne ? Ce n'est pas vous, ô mes chers botanistes, ô mes grands savants, qui la nommez *medicago sativa*, et qui nous apprenez qu'elle appartient à la famille des légumineuses et à la diadelphie décandrie !

Les panoramas. — Les omnibus. — Les vidanges de Paris.

10 septembre.

Le mécanisme des panoramas n'est plus aujourd'hui un secret pour personne ; on s'en sert même pour faire des jouets d'enfant. Lors de leur apparition, ils n'en produisirent pas moins une impression profonde et parurent un

des spectacles les plus merveilleux et les plus inexplica-
bles qu'on eût encore vus.

Inventés en Allemagne par le professeur Bresseg de
Dantzig, importés dès 1793 à Edimbourg par Joseph
Barker, on ne les connut en France qu'en 1803; il y a
juste, aujourd'hui même, cinquante-sept ans. Ce fut, en
effet, le 25 avril de cette année qu'on ouvrit le premier
panorama sur le boulevard Montmartre. Le boulevard
Montmartre formait, à cette époque, une des parties les
plus reculées des limites du Paris habité.

Ce genre de spectacle obtint dès l'abord un succès im-.
mense à Paris, fut adopté par la vogue et excita la curiosité
des savants autant que celle des gens du monde. L'entrepreneur cachait avec un grand mystère la simplicité des
moyens qu'il employait pour produire ses illusions
d'optique; par un charlatanisme fort innocent, il laissait
croire à une grande complication de machines. Chacun,
ignorant ou instruit, se livrait donc aux plus extravagantes
suppositions à cet égard. La vérité était trop facile à deviner pour qu'on la devinât, et on se jetait dans mille conjectures absurdes et éloignées.

Partout on ne parlait que des panoramas.

Les membres de l'Institut ne restaient point indifférents
au milieu de l'effervescence générale des imaginations.
Trois d'entre eux résolurent de juger par leurs propres
yeux, et de réunir leurs lumières pour deviner le mot de
l'énigme que cherchait la France entière. Ils se rendirent
donc aux panoramas. C'étaient Volney, Monge et Laplace.
Quand ils eurent bien vu, bien cherché et disserté, sans
arriver à rien comprendre, ils résolurent de demander au

directeur de les initier au mécanisme de son spectacle, en
faisant la promesse de garder religieusement son secret et
de jurer, sur l'honneur, de ne le révéler à personne.
L'employé du Panorama auquel, après s'être nommés, ils
demandèrent à voir le directeur, les introduisit dans un
petit cabinet où ils trouvèrent un homme jeune encore,
d'une rare beauté de physionomie et d'une grande distinction de manières.

Assis devant un bureau, la tête cachée entre ses mains,
il n'entendit point ouvrir sa porte, et il ne fallut rien
moins que les trois noms illustres qu'on lui annonçait
pour le faire lever en sursaut et s'empresser de recevoir,
comme il le devait, les plus célèbres savants que la France
comptât à cette époque.

Sans hésiter, et avec une bonne grâce charmante, dès
qu'ils lui eurent communiqué leur désir, il leur dévoila les
secrets du panorama, leur en montra la disposition circulaire et expliqua de quelle façon la lumière, jetée d'en
haut, produisait des illusions d'optique prestigieuses.

Tandis qu'il marchait devant eux et qu'il parlait, les
trois membres de l'Institut s'étonnaient de trouver chez
un cornac de spectacle public tant de facilité d'élocution,
un savoir si grand et des idées d'une portée vaste et
hardie. Volney, quand ils furent rentrés dans le cabinet
de l'étranger, ne put s'empêcher de lui en témoigner sa
surprise. Celui-ci répondit à l'observation de l'auteur des
Ruines par un sourire mélancolique :

— Monsieur, lui dit-il, je vous l'avouerai, ce n'est point
sans de longues hésitations que je me suis décidé à
prendre le parti de mettre en exhibition cette sorte de

lanterne magique, dont je n'ai même pas l'excuse d'être
l'inventeur; mais la nécessité m'y obligeait.

Né en Amérique, peintre de portraits assez médiocres,
venu en Angleterre pour tirer parti de ce faible talent et y
acquérir plus de perfection, je n'ai jamais cessé, tout en
tenant les pinceaux, de rêver à quelque invention mécanique. Mon maître de peinture, le célèbre West, m'encou-
ragea à suivre mon penchant pour ce genre d'études.
Grâce à lui, je parvins en 1793 à faire recevoir et examiner
par le ministère anglais un projet d'amélioration pour les
canaux. Je remplaçais les écluses par des plans inclinés,
sur lesquels devaient monter et descendre des bateaux à
roulettes. Sans mettre à exécution ces plans, on les ré-
compensa généreusement. Il n'en fallut pas davantage
pour emplir ma tête de projets de constructions de routes,
d'aqueducs, de ponts en fer fondu et de cent autres choses
de même nature. J'écrivis en outre à M. François de
Neufchâteau, votre ministre de l'intérieur, pour lui démontrer qu'en appelant en France aux travaux de canali-
sation cent mille soldats, à raison de deux cents francs par
an, outre leur solde, le gouvernement, pour cinquante
millions, ferait exécuter sept cents lieues de canaux par
année, et qu'en vingt-cinq ans il ne resterait pas, dans
tout le pays qu'il administrait, un arpent de terre éloigné
d'un canal de plus de deux lieues. Le revenu annuel du
péage devait produire quatre cent soixante-trois millions.
Je joignis à ces projets des dessins d'une foule de machines qui en facilitaient l'exécution : des charrues pour
creuser la terre avec une grande facilité, des chariots
qui se mouvaient par leur propre force et qui transpor-

taient la terre au loin. Le ministre ne me répondit même pas.

L'Angleterre ne me prêtait pas une meilleure attention, malgré les moulins à scier le marbre, les machines pour filer le chanvre, et les machines pour fabriquer les cordages dont je l'avais dotée... Je quittai l'Angleterre, et, pauvre et découragé, je vins m'établir à Paris, chez mon compatriote, M. Joel Barlow, ministre plénipotentiaire des États-Unis en France. Ce grand poëte m'offrit dans sa propre maison une généreuse et fraternelle hospitalité que je n'hésitai point à accepter. Durant sept années, je ne m'occupai que de compléter mon éducation et d'étudier le français, l'italien, l'allemand, les mathématiques, la physique, la chimie et la perspective.

M. Carnot me prit en amitié, et voulait me seconder dans l'exécution de quelques-uns de mes projets; mais le 18-fructidor l'obligea de s'expatrier. Le découragement s'empara de mon cœur, et je résolus de renoncer à des rêves impossibles et de songer à ma fortune. L'idée de construire un panorama me vint; elle sourit à mon ami Barlow; il me prêta les fonds nécessaires pour fonder mon établissement : grâce à Dieu, la chose a prospéré, j'ai pu rendre à mon ami les fonds qu'il m'avait généreusement fournis, et je ne tarderai pas à devoir à une combinaison insignifiante et mercantile la fortune que je n'aurais désiré conquérir que par mon intelligence. Dieu ne l'a point voulu ainsi : que sa volonté soit faite !

Si je n'avais point juré de renoncer à tous mes vains projets d'invention, je construirais des bateaux sous-marins. Ils permettraient d'aller attacher, sous les bâtiments,

de guerre sans défiance, des pétards qui les feraient éclater. La nation à qui je donnerais mon secret deviendrait
sans partage la reine absolue des mers!... Mais laissons
là de pareilles pensées, ajouta-t-il en serrant avec une
expression douloureuse ses deux mains sur son front. J'ai
besoin de repos, et, si je tentais de faire réussir la pensée
qui me dévore depuis huit jours, il faudrait renoncer encore une fois, à la tranquillité, à la fortune, au bonheur.
J'aime mieux mourir obscur et paisible ! Je continuerai à
montrer ma lanterne magique.

— Monsieur, lui dirent les académiciens, nous sommes
tous les trois membres de l'Institut; soumettez à ce
corps savant vos projets, il saura les apprécier et vous
aider à les réaliser s'ils le méritent. Veuillez nous apprendre votre nom.

— Robert Fulton, répondit l'étranger.

On sait comment l'Institut accueillit le Mémoire de Fulton sur la navigation à vapeur. Elle le déclara inexécutable.

Les panoramas étaient une idée ingénieuse. Les omnibus
ont été une idée féconde.

Rien n'est curieux comme l'histoire d'une idée. Sa
naissance, ses développements, les obstacles qu'elle rencontre, les frottements imprévus qui arrêtent son mécanisme et l'empêchent de marcher, les hasards qui
l'éclairent tout à coup, la mettent sur sa véritable voie, et
d'une ruine imminente la poussent à la fortune, sont
autant de drames qui laissent bien loin derrière eux les
combinaisons les plus savantes des romans à péripéties
ou des pièces les mieux charpentées.

Prenons pour exemple les omnibus.

En 1828, un entrepreneur de Nantes, nommé Baudry, en importa et en mit à exécution l'idée à Paris. Ce fut d'abord et seulement sur la ligne du boulevard de la Madeleine à la Porte-Saint-Martin que ces voitures étranges apparurent, à la grande stupéfaction d'une population si disposée à saisir le côté faible d'une invention nouvelle et à en retourner l'étoffe pour n'en voir que l'envers. Chacun se récria donc sur l'impossibilité du succès. On se demanda comment on arriverait à faire asseoir chacun sur une même banquette, côte à côte des premiers venus; les cochers de fiacres et de cabriolets surtout inventèrent toutes sortes de plaisanteries contre ces voitures rivales ; ils ne les rencontraient jamais sans crier à leurs collègues en omnibus : *Bonjour à tes indigents!*

Les omnibus se remplirent bientôt néanmoins et se virent adoptés par le public, mais sans faire la fortune de leur inventeur. Loin de là ! Une tradition vraie ou fausse — nous espérons qu'elle est fausse—veut que le créateur de cette industrie, désespéré et ruiné, se soit brûlé la cervelle.

Il attelait trois chevaux à ses voitures et avait fixé le prix des places à *vingt-cinq* centimes; s'il les eût tarifées à trente centimes et s'il eût mis un cheval de moins, il eût gagné deux cent mille francs par an.

L'inventeur mort ou ruiné, un autre entrepreneur se fit acquéreur des omnibus, en éleva le prix des places de cinq centimes, supprima un des trois chevaux, prolongea le parcours jusqu'à la Bastille, et donna au bout de l'année dix pour cent à ses actionnaires.

Le dividende des omnibus connu, il surgit, pour ainsi dire, de chaque pavé de Paris, une voiture en commun. Les unes attiraient l'attention des passants par une sorte de trompette que le cocher faisait sonner, à l'aide d'un mécanisme placé sous ses pieds; les autres peignaient leurs voitures de couleurs criardes, et affublaient les conducteurs de costumes de carnaval; il y en avait même qui ne mettaient que trois roues à leurs voitures. Toutes ces entreprises portaient des noms étranges et de nature à ne plus sortir de la mémoire dès qu'ils y étaient une fois entrés : *Tricycles, Dames-Blanches, Écossaises, Hirondelles*; que sais-je, moi!

Les voyageurs ne tardèrent point à encombrer les voitures à trente centimes. Ceux qui en avaient ri le plus fort ne se montrèrent pas les moins prompts à s'en servir. Des communications faciles et fréquentes s'établirent ainsi entre des quartiers presque inconnus les uns aux autres.

Pour bien comprendre une pareille révolution dans les habitudes parisiennes, il faut se rappeler quels étaient alors les moyens de transport : des fiacres hideux de malpropreté et d'un prix élevé, des cabriolets dans lesquels on devait s'asseoir à côté du cocher, des chevaux rebut des rebuts, lents, boiteux, mourants de faim et de fatigue.

L'amélioration des voitures de place, si fort qu'elles laissent à désirer aujourd'hui, est elle-même le résultat de la concurrence faite par les omnibus.

Peu à peu, les lignes de parcours des omnibus s'étendirent. On comprit que plus elles étaient longues, plus elles procuraient de voyageurs ; on inventa les *correspon-dances*, et, ce qui était plus difficile encore, on trouva les moyens de rendre réalisable une idée dont l'exécution, à première vue, semblait impossible.

Dès lors, la fortune des voitures à transport commun devint éclatante ; si quelques lignes de parcours restèrent stériles, en revanche d'autres virent décupler la valeur de leurs actions.

La fusion de toutes ces voitures avec un privilége de trente ans, qui eut lieu en 1855, acheva de faire des omnibus une des entreprises les plus florissantes et les plus indispensables de Paris. Les omnibus ont, en effet, métamorphosé les relations de toute nature de la capitale, comme les chemins de fer et les bateaux à vapeur l'ont fait pour le monde entier.

Le nombre des voyageurs qui montent dans les omnibus va vous paraître incroyable, et pourtant je ne citerai que des chiffres officiels.

En 1860, les omnibus de Paris et de la banlieue ont transporté *soixante et onze millions* de personnes ; c'est, soit dit en passant, cinq millions de plus qu'en 1859.

En ajoutant à ce chiffre les voyageurs du chemin de fer américain, ce nombre atteint le chiffre de *soixante-treize millions*.

Les dépenses de l'entreprise s'élèvent par an à près de douze millions et les recettes en atteignent à peu près quatorze. Elle met en œuvre un personnel de trois mille employés, possède cinq cents voitures et six mille chevaux, et paye par an, à la ville et au trésor, un million ou peu s'en faut. En résumé, chaque voiture du service de Paris coûté en moyenne, par jour, soixante-dix francs, et en rapporte quatre-vingt-quatre.

Chaque omnibus parcourt environ 93 kilomètres 90 mètres; les 412 voitures qui font le service de Paris forment donc, par jour, un total de 38,371 kilomètres, et, par an, 14,005,630 kilomètres, presque le tiers du tour du monde.

J'ai réservé *pour la bonne bouche*, comme dit Montaigne à propos d'une charmante citation d'Horace, le dernier perfectionnement apporté aux omnibus. Je veux parler des places d'impériale. Elles permettent aux besoigneux d'aller d'un bout de Paris à l'autre, sans perte de temps et pour quinze centimes. C'est là, certes, un avantage positif dont se félicitent beaucoup d'honnêtes gens dont la bourse est petite et le temps précieux. Sans compter que ceux qui aiment à contempler la grande ville à leur aise et d'une façon amusante y trouvent peut-être encore plus leur avantage. Certains de nos poëtes et de nos artistes goûtent fort cette manière d'étudier la physionomie si curieuse et si mobile des différents quartiers de Paris. Les gens du monde les plus riches et les plus élégants ne s'en font pas faute non plus.

Il y a peu de jours, une jeune étrangère qui occupe à Paris une grande position, la comtesse de'**, à force d'entendre raconter par son mari les curieux incidents de ses promenades pittoresques sur l'impériale de l'omnibus, lui demanda de l'accompagner dans une de ces promenades aériennes, d'autant plus désirables pour une femme qu'elles sont interdites à son sexe. Le mari allégua tout ce qu'il y avait d'impossible dans la réalisation d'un pareil désir, et refusa. Pour une femme jeune, riche, belle, entre vouloir et pouvoir, il n'y a guère de distance. Aussi, le soir même, vers huit heures, la comtesse, en costume de lycéen, et accompagnée de son père, le duc de***, qui riait et pestait tout à fois de sa faiblesse, escaladait vaillamment les marches roides et incommodes de l'impériale.

Rouge et le cœur palpitant de joie, elle s'assit en triomphe sur la dure banquette de bois. Là, fière et heureuse de son déguisement, pour compléter l'illusion, elle alluma une cigarette. Son père lui donna du feu avec le plus grand sérieux du monde.

Alors un jeune ouvrier placé près du faux écolier tira sa pipe de sa poche et demanda à son voisin la permission d'allumer cette pipe à la cigarette parfumée. La comtesse était au comble de la joie. Décidément on la prenait pour un véritable garçon ; l'illusion de son costume était complète ! Elle entama alors conversation avec l'apprenti, qui répondit avec une bonhomie parfaite et lui conta, sur les habitudes et les mœurs d'atelier, mille détails complétement inconnus de son interlocutrice. Il y eut bien parfois, sur les lèvres du gamin, un sourire malicieux, surtout quand la comtesse, en échange de ces confidences, se mit à parler des ennuis du collége, des tours joués aux pions et des parties de balle gagnées triomphalement ; mais elle remarqua d'autant moins ce sourire, qu'entraînée par la poésie de son récit et quelque peu grisée par sa cigarette, elle se prenait à ses propres mensonges et commençait, je pense, à se croire elle-même un vrai écolier.

Quand l'omnibus, arrivé au terme de sa course, s'arrêta et qu'il fallut descendre, l'apprenti mit pied à terre le premier, puis il tendit galamment la main à sa voisine hissée sur les marches aériennes :

—Prenez bien garde de tomber, madame, lui dit-il avec cette expression à la fois polie et narquoise qui caractérise le gamin de Paris.

Et il disparut, en riant et en gambadant.

Le duc murmura en riant à l'oreille de la comtesse, toute déconcertée :

—Les plus habiles et les plus fins ne sauraient tromper un Beni-Mouffetard, mon enfant; à plus forte raison, des étrangers comme nous.

Il me reste maintenant à vous parler d'un sujet repoussant, mais d'un immense intérêt.

Non malè olet! se complaisait à répéter Vespasien en flairant l'or d'un impôt qu'il venait d'établir sur les *sterquilinia.*

La science peut, sans fausse honte, répéter les paroles de l'empereur romain, mais avec une légère variante toutefois, et dire : *Non malè oleant!*

En effet, la science, mère et conseillère de l'industrie, ne tardera point à délivrer tout à fait Paris d'un fléau, le plus redoutable de tous ceux qu'enfante une agglomération considérable d'individus et d'habitations.

Or ce fléau n'est point irrémédiable, bien loin de là; non-seulement on peut le combattre et même le vaincre, mais encore le transformer en bienfait pour l'agriculture.

Cette conviction a fait nommer par M. le ministre de l'intérieur une commission chargée d'étudier la première

17.

partie d'une question de si grave nature, et de lui adresser un rapport *sur la construction et l'assainissement des fosses d'aisances.*

La commission, après avoir exposé les fâcheuses conséquences de ce qui existe encore aujourd'hui à Paris, termine son travail par les conclusions suivantes :

1° Les trous à la turque doivent être remplacés par des siéges en bois de chêne, munis de cuvettes en faïence, et sur lesquels il sera impossible de monter, par suite de la présence d'un arc de fer dont ils seront surmontés. Le sol sera parqueté et ciré.

2° Chaque cabinet sera précédé d'une pièce munie de cuvettes spéciales destinées à recevoir les urines au moment de leur émission, les liquides des vases de nuit, et à les porter directement à l'égout.

Un robinet donnera un courant d'eau dans ces cuvettes ; le sol de cette pièce sera bitumé.

3° La porte d'entrée de cabinet présentera à sa partie inférieure une ouverture à claire-voie destinée à l'entrée de l'air, qui s'échappera par une ouverture placée diagonalement sur la partie opposée du cabinet.

4° Le tuyau de chute sera ventilé en le mettant en communication avec les appareils d'appel qui doivent être établis pour assurer l'assainissement des chambrées.

5° A la fosse actuelle on substituera l'appareil séparateur de M. Dugléré, ou tout autre analogue.

6° Les liquides urineux qui descendront des cuvettes spéciales ou qui viendront de l'appareil diviseur seront versés à l'égout qui longe chaque-corps de bâtiment ; seulement, comme cet égout, dans certains points, reçoit très-peu d'eau, nous proposons, par surcroît de précaution, de recevoir les liquides dans un tube en poterie, de 10 centimètres de diamètre, placé dans l'égout et destiné à les porter au point du conduit souterrain où se déversent les eaux abondantes qui ont servi aux bains et à la buanderie.

Ces mesures, on le comprend, ne sauraient s'appliquer qu'aux grands établissements publics.

De son côté, le Congrès d'hygiène, qui s'est tenu à Bruxelles en 1852, avait publié le programme suivant :

Le système à suivre dans la construction des latrines doit réunir, autant que faire se peut, les conditions suivantes :

Absence de miasmes ou d'odeurs nuisibles ou désagréables ;

Solidité, simplicité et économie des appareils ;

Conservation des matières à l'état naturel et enlèvement aussi prompt que facile de ces mêmes matières, à l'aide de procédés propres à écarter tout danger et tout inconvénient.

Avant le seizième siècle, les maisons de Paris n'avaient point de fosses d'aisances. Comme dans la plupart des villes d'Orient, les vidanges se jetaient dans les rues, qui, par parenthèse, n'étaient point pavées. Un premier édit du Parlement, sous la date du 13 septembre 1533, et un second édit de François Ier de 1539, ordonnèrent sous des peines sévères la construction de fosses d'aisances dans les maisons.

On cria à l'injustice et à l'arbitraire, ainsi qu'on le fait toujours à Paris, et la routine, en dépit des amendes et de la détention infligées aux récalcitrants, persista près d'un siècle encore.

En 1668, on avait à peu près obéi, mais il n'existait que des fosses immondes, presque toutes sans revêtement intérieur de maçonnerie, et qui laissaient un libre passage aux infiltrations ; celles-ci allaient infecter les couches d'eau souterraines qui alimentaient les puits.

Or, à Paris, ces infiltrations présentent plus de danger que partout ailleurs, car les eaux souterraines s'y trouvent la plupart saturées de sulfate de chaux, qui se transforme facilement, par le contact de matières putréfiées, en sulfure de calcium et en hydrogène sulfuré.

De là, des émanations aussi funestes qu'incommodes, comme l'atteste le passage suivant du rapport de la commission :

Le méphitisme des fosses d'aisances destinées aux grandes réunions d'hommes valides ne se borne pas toujours à produire de simples inconvénients; les observations des chirurgiens militaires tendent à faire penser que la dyssenterie épidémique, dont on a trop souvent à déplorer les ravages dans les camps, prend naissance ou se propage par l'usage des fosses mal installées et mal entretenues.

Les hôpitaux destinés au traitement des pauvres malades présentent de plus grandes difficultés, car à la considération du nombre s'ajoute ici celle de l'état des habitants. Dans ces établissements, il faut éviter avec soin toutes les causes d'infection. Là, en effet, les organismes malades, affaiblis par la souffrance, la diète, et privés le plus souvent d'excitation morale, réagissent moins contre l'atteinte des miasmes délétères et subissent presque sans résistance les effets de ce genre d'intoxication.

Il est certains établissements spéciaux pour lesquels ces dernières considérations deviennent plus importantes encore. Il n'est pas d'hôpitaux, par exemple, où l'air pur soit aussi nécessaire que dans ceux de l'enfance, et où par conséquent on doive avoir soin d'éviter toutes les causes d'infection. Chez les enfants, en effet, la respiration est plus active, plus fréquente; les excrétions abondantes et fétides au milieu desquelles ils sont plongés vicient rapidement l'atmosphère, et, comme ils absorbent avec rapidité, ils s'imprègnent de leur propre méphitisme; leur constitution s'altère et les expose davantage aux maladies contagieuses. Aussi les grandes réunions d'enfants sont trop souvent moissonnées par une grande mortalité.

Les femmes en couches se rangent à côté des enfants, quant à leur puissance de viciation de l'air et à la gravité des conséquences qui en résultent pour elles; aux causes inévitables d'in-

salubrité qu'elles présentent, il faut éviter d'ajouter le méphitisme provenant des latrines défectueuses.

Pour les prisons, les prisons cellulaires surtout, où le détenu
passe sa vie en présence du siége qui doit emporter ses déjections, il n'est pas besoin de grands raisonnements pour prouver
la nécessité des appareils qui ne puissent pas contribuer à la
viciation de l'air. Il n'est pas besoin de faire remarquer que la
débilité et l'épuisement constituent le caractère fondamental de
la plupart des maladies qui atteignent les prisonniers.

En 1805, on songea de nouveau à remédier autant que
possible à un état de choses déplorable et alarmant; l'administration imposa des règles aux propriétaires pour la
construction des fosses. Voici comment s'exprime le décret qui fixe cette réglementation :

1° Toutes les fosses auront sous clef une hauteur suffisante
pour qu'un homme puisse s'y tenir debout ;

2° On n'emploiera plus que des pierres silicéuses, réunies au
mortier hydraulique, pour la construction du sol inférieur, des
murs latéraux et de la voûte ;

5° Les angles seront partout arrondis ;

4° L'ouverture pour l'extraction des matières aura une dimension triple de celle qui est nécessaire pour le passage d'un
homme ;

5° Enfin deux ouvertures seront ménagées, l'une pour la chute
des matières, et l'autre pour donner issue aux gaz qui seront
conduits par un tuyau au-dessus de la toiture des maisons.

Pour obtenir une amélioration plus grande encore, on
réalisa une idée émise par Giroud en 1786, par Gourlier
en 1788, et dont, en 1834, le conseil de salubrité démontra les avantages dans un rapport de Parent-Duchâtelet. Une ordonnance du 29 novembre 1854 prescrivit
l'installation des séparateurs, c'est-à-dire d'appareils qui,

placés dans la fosse même, produiraient la séparation des
déjections solides et liquides.

En 1850 et 1851, des ordonnances de police exigèrent
la désinfection préalable de toutes les fosses, et autori-
sèrent, moyennant un droit de 1 fr. 25 par mètre cube de
matières, l'écoulement dans les ruisseaux de liquides
soi-disant désinfectés.

Ces liquides laissent dans les rues, surtout l'été, une
odeur nauséabonde qui persiste souvent plusieurs jours.

Les eaux des vidanges se jettent dans la Seine, et
on peut se demander si leur quantité énorme qui va toujours s'accroissant ne finira point par corrompre et par
empoisonner l'eau de ce fleuve, du moins durant son parcours dans Paris?

Sous l'administration de Turgot, la question fut soumise à Hallé, à Fourcroy, et à une commission de l'Académie des sciences. Les deux savants et leurs collègues
n'hésitèrent pas à répondre que, « eu égard au volume
d'eau de la Seine, cette immixtion ne pouvait présenter
aucun inconvénient pour la salubrité publique, et que
cette proposition devait être seulement repoussée dans
l'intérêt agricole. Dans les plus basses eaux, la Seine débite soixante-quinze mètres cubes par seconde. Si l'on
tient compte du débit ordinaire et de la production
quotidienne des liquides à Paris, on trouve que ceux-ci
sont noyés dans trois mille fois leur volume d'eau environ. »

A la fin du dix-huitième siècle, Mercier a tracé une
peinture effrayante du tableau que Paris présentait la
nuit; il n'est point, du reste, besoin de recourir aux ro-

manciers pour connaitre ce tableau. Voici comment s'exprimait en 1857, le comité de salubrité :

Jusqu'en 1854, les fosses étanches devaient être vidées partiellement à la pompe, et les résidus pâteux enlevés au moyen de seaux, dont on versait le contenu dans des tinettes placées sur le bord de la fosse ; on vidait entièrement, par ce dernier moyen, les fosses, alors nombreuses, qui laissaient souvent les liquides s'infiltrer dans le sol et infectaient les puits voisins.

Les produits solides et liquides étaient versés dans des voitures stationnant aux portes, encombrant les rues, et, pendant toute la durée de ces dégoûtantes opérations, l'infection se répandait partout au dehors comme à l'intérieur des habitations.

Qui ne se souvient de Paris, la nuit, à cette époque? les rues étaient sillonnées par de nombreuses et lourdes voitures; cet ensemble d'émanations nauséabondes, d'encombrement de la voie publique, de bruit, de trépidation du sol, affectait péniblement les sens au sortir des théâtres, des bals et des soirées.

Des inconvénients plus graves encore venaient à la suite de cette déplorable organisation.

Les matières, péniblement charriées sur les hauteurs de Montfaucon, qui dominent Paris, s'y accumulaient en de vastes étangs, où les vidanges journalières restaient abandonnées, pendant cinq années environ, aux fermentations putrides. Leurs émanations gazeuses ramenaient dans Paris, sous les vents nord-est, des courants d'air infect; d'un autre côté, les liquides putréfiés, durant leur très-long parcours à la superficie d'immenses bassins étagés, s'écoulaient par un égout spécial dans la Seine, au pont d'Austerlitz, c'est-à-dire au-dessus de Paris.

Ces eaux vannes, plus infectes encore qu'au moment de la vidange, parcouraient la rivière dans toute la traversée de la ville.

En 1800, avec des fosses qui laissaient perdre les liquides, on a enlevé, à Paris, 38,000 mètres cubes de matières.

En 1834, cette quantité s'élevait déjà à 102,800 mètres cubes; ainsi, en trente-quatre ans, la masse de ces matières avait triplé, tandis que le chiffre de la population n'a pas augmenté de moitié. Parent-Duchâtelet a donné des raisons de cet accroissement. Ce sont d'abord les fosses rendues étanches, l'établissement des lieux dits à l'anglaise, qui demandent beaucoup d'eau, et, enfin, l'habitude croissante de prendre des bains à domicile. Ces causes devaient persister et s'accroître.

En 1851, avec une population de 1,053,262 habitants, la masse des matières extraites était de 287,642 mètres cubes. En 1857, elle atteignait le chiffre énorme de 473,278 mètres cubes : ainsi, depuis 1851, avec une augmentation peu notable de la population, le chiffre de la vidange a presque doublé à Paris.

Telle est l'histoire du passé. Il reste à parler du présent et de l'avenir de questions peu attrayantes, nous l'avouons, mais de la solution desquelles dépendent peut-être la santé publique, et le moyen de bannir de la capitale ces épidémies mystérieuses de dyssenteries, de fièvres typhoïdes, de cholérines, de fièvres puerpérales, de rougeoles, dont on ignore la cause, mais qui tiennent assurément à des viciations de l'air, restées jusqu'à présent inappréciables pour la science.

M. le ministre de l'intérieur, en chargeant une commission d'élucider d'aussi graves questions, a fait preuve d'une sollicitude éclairée pour la salubrité publique; la commission et son rapporteur, M. le docteur Grassi, dont cet article résume les travaux, ont su remplir, de la façon la plus honorable, la mission qui leur était confiée.

Maintenant le devoir de la presse consiste à apporter, de son côté, tous les matériaux qu'elle a pu recueillir pour compléter un travail de cette importance.

Comme le disait Dupuytren : « En face d'une étude qui peut soulager ou prévenir une souffrance humaine, il n'y a rien de repoussant. »

Nouvelles du Muséum. — Les abeilles sans aiguillon.
La manne du désert.

15 septembre.

Il y a dans les villages du Cambresis une légende qui raconte la mésaventure d'un pauvre hère enguignonné par les maléfices d'un jeteur de sorts. On lui sert une excellente soupe aux choux, et, dès qu'il y enfonce sa cuiller de bois, la soupe se transforme en une masse de cendres; on lui paye, au marché, pour des bestiaux vendus, une somme assez ronde en louis d'or, et les louis deviennent, en touchant sa bourse de cuir, des feuilles sèches. C'est l'envers de l'histoire du roi Midas : tout devenait or sous les doigts de celui-ci; tout devenait fumier sous les doigts de celui-là.

Franchement, entre nous, sans passion, le Muséum de Paris ne ressemble-t-il point quelquefois à l'ensorcelé

Cambresien? Plus d'un trésor précieux de la science ne s'est-il pas transformé chez lui en poussière?

Telles étaient les réflexions qui me venaient hier en découvrant, par hasard, dans un coin des serres chaudes, une méchante caisse en bois, reléguée sur un escalier, désassemblée par le soleil, et près de laquelle gisait une tasse vide d'eau et un godet veuf de miel.

Or, en examinant avec plus d'attention cette caisse, je finis par remarquer, au milieu, un trou de peu de dimension et entouré de terre sèche, soigneusement pétrie. A l'entrée de ce trou se tenait une tête noire, grosse comme un grain de millet, et couronnée de deux antennes.

Une abeille, accourue d'une des extrémités de la serre, se présenta à l'entrée de ce trou. La petite tête noire sortit à moitié de sa loge, remua ses antennes et laissa passer l'abeille.

Deux ou trois autres hyménoptères de la même espèce subirent un pareil examen et reçurent également la permission d'entrer. Mais il n'en fut pas ainsi d'une fourmi rouge de Cayenne qui cherchait à pénétrer insidieusement à travers les fortifications du burg en miniature. Un brusque coup de tête de la portière-consigne la rejeta brutalement sur la dalle de pierre de l'escalier.

A quelques minutes de là, une dizaine d'abeilles sortirent du coffre en ruine qui leur servait de demeure, et, attirées et trompées par la lumière, s'élancèrent contre les vitres transparentes de la serre avec tant de confiance et de force, que l'une d'elles retomba étourdie à mes pieds. Je la ramassai à l'aide d'une petite pince — une

érigne, — que je tirai à la hâte d'une trousse que je porte
d'habitude dans ma poche, et j'examinai avec attention la
bestiole. A ma grande surprise, je reconnus l'abeille sans
aiguillon du Brésil.

Je me hâtai de déposer ma prisonnière dans le calice
d'une fleur, où elle ne tarda pas à sortir de son évanouis-
sement, et je reportai toute mon attention sur la caisse.

Elle contenait en effet un essaim ou plutôt le reste d'un
essaim des précieux insectes que l'industrie agricole
aurait tant d'intérêt à acclimater en France.

Les abeilles brésiliennes produisent aussi abondamment que nos abeilles d'Europe un miel délicat, blanc et
d'une fermeté remarquable. On les domestiquerait sans
obstacle en France.

Il suffirait de déposer leurs ruches dans une pièce
abritée contre le froid et contre le vent. Elles iraient picorer
au dehors sur les plantes et rentreraient quand la température extérieure leur paraîtrait trop rigoureuse. A la cinquième ou sixième génération, on pourrait, sans inconvénient, les traiter comme leurs congénères à aiguillon.

Loin de là, leurs cadavres gisent autour de la caisse
malsaine qui les contient et dans laquelle on les a rap-
portées du Brésil! On leur a laissé, à Paris, toutes les
incommodités auxquelles il avait fallu les astreindre pendant leur long voyage d'outre-mer.

Sans compter que, dans ces serres où on les oublie,
les fourmis rouges de Cayenne n'en laisseront bientôt
plus une seule vivante.

Ces fourmis, importées d'abord en très-petit nombre
dans les racines d'un arbuste exotique, se sont multipliées

d'une façon vraiment effrayante ; elles ont détruit toutes les autres espèces d'insectes qui pullulaient dans les serres et n'y ont épargné que les pucerons, qui leur servent, vous le savez, de bétail de somme.

. Je vous laisse à penser si les abeilles brésiliennes imprégnées de miel excitent la convoitise de ces sacripantes. Les pillardes attaquent de tout côté la caisse mal close laissée à leur portée, se réunissent vingt, cinquante s'il le faut, pour assassiner une des étrangères, s'accrochent à leur corselet, se fourrent sous leurs ailes, les suivent dans les airs et finissent par les faire tomber mortes sur le sol. Alors elles forment un véritable convoi commandé par un capitaine,. et elles emportent ce mets délicat au fond d'un de leurs repaires souterrains.

Dans l'intérêt de l'agriculture et de la science, par considération pour la personne dévouée qui a recueilli cet essaim au Brésil, qui l'a transporté avec mille précautions à bord d'un navire, qui l'a paternellement soigné durant une longue traversée, que l'on sauve, s'il est temps encore, les débris des précieuses abeilles ! Si l'on n'en veut rien faire, qu'on les donne au Jardin d'acclimatation, où peut-être ne florissent point les errements du Muséum.

M. Duméril a communiqué à l'Académie des sciences un fait tellement bizarre, qu'il faut le témoignage sérieux du savant professeur pour y ajouter foi :

« Un *boa constrictor*, originaire de l'île de la Trinidad, et que le Musée d'histoire naturelle possède depuis cinq ans, pressé sans doute par la faim qu'il n'avait pas assouvie en mangeant un lapin, avala, dans la soirée du 21ᵉ août, une couverture de laine de 2 mètres 20 centimètres de longueur, de 1 mètre 50 centimètres de largeur; l'augmentation de volume de son corps mettait en évidence la présence dans son œsophage de cette énorme masse de laine roulée sur elle-même. Un mois après, le 20 septembre, voyant qu'il faisait de grands efforts pour vomir, on le mit dans une position convenable, on lui ménagea des appuis, et il réussit enfin à rejeter la couverture, qui s'était moulée sur les parois du tube digestif. Le serpent fut très-fatigué et très-souffrant les deux jours suivants, mais il fut bientôt entièrement rétabli. »

Le gardien des reptiles a conservé la couverture avec la forme qu'elle avait prise dans l'estomac du boa, et l'a placée dans un cadre, au-dessous de la cage de ce boa *couverturiphage*. Après tout, ce mot de mon invention n'est pas plus barbare et plus grotesque que les noms gréco-latins et latino-grecs, dont les entomologistes, les erpétologistes, les pisceptologistes, voir les ornithologistes baptisent de pauvres bêtes du bon Dieu.

Voici bien des années qu'on discute sur la manne hébraïque, et qu'on veut s'expliquer sa présence dans ce désert par des productions végétales.

M. Berthelot a communiqué à l'Académie des sciences un Mémoire sur la manne du Sinaï; elle y tombe, dit-il, du sommet d'un arbrisseau nommé *tamarix manifera*, où elle naît par l'action des piqûres du *coccus manniparus*. Il a analysé cette substance.

Elle présente l'aspect d'un sirop jaunâtre, épais et contenant des débris de végétaux. Elle renferme du sucre de canne, du sucre interverti, de la dextrine, enfin de l'eau. Le poids de l'eau s'élève à un cinquième environ du poids de la masse. La composition de celle-ci, abstraction faite des débris végétaux et de l'eau, est la suivante :

Sucre de canne.	55
Sucre interverti (lévulose et glucose)	25
Dextrines et produits analogues..	20
	100

A propos de manne, l'exposition permanente des colonies, qui, dirigée avec activité et intelligence par M. Aubry-Lecomte, s'enrichit chaque jour de produits nouveaux, vient d'offrir à la curiosité de ses nombreux visiteurs une foule d'objets gastronomiques fort recherchés par les gourmets siamois. Les nids d'hirondelles, les nageoires de requins, les crevettes desséchées, les conserves de pieds d'éléphants, les trompes fumées, et je ne sais combien d'autres friandises exotiques, forment un véritable cours de science culinaire siamoise ; on se croirait chez le Chevet du Cambodge ou de Laos.

Ces objets éveillent et tentent au dernier point la curiosité, voire la gourmandise des visiteurs : sept ou huit nids d'hirondelles ont disparu, et, pas plus tard que la semaine dernière, on a dû faire restituer à un honnête bourgeois à cheveux blancs une petite collection de trompe d'éléphant, de nageoires de requin et de diverses autres conserves qu'il avait fourrées dans sa poche. Ce ne fut pas sans peine qu'on put lui faire comprendre que ces échantillons

se trouvaient là pour être vus et non pour être dégustés. En
sê retirant avec la dignité offensée qui sied si bien à
M. Joseph Prudhomme, il a exprimé son mécontentement
et l'intention formelle d'en écrire au gouvernement.

Terminons par un fait curieux, qu'une personne de nos
amies a observé au château de Maijières, dans la Haute-
Saône.

« Hier je passais près d'un noyer, sous lequel tourbillonnait une foule d'insectes; je ne leur disais rien,—j'aime
toutes les petites créatures de Dieu, — lorsqu'une grosse
guêpe est venue sournoisement me piquer le cou. J'ai crié
d'abord, puis j'ai couru à la maison demander de l'alcali.
M. A... s'est mis à rire et m'a ramenée au jardin, en me
racontant que son chien Perdreau avait été, comme moi,
un jour, piqué, mais au nez. Aussitôt son maître le vit
courir à une planche de poireaux, fouiller le carré avec
sa gueule, avec ses pattes, jusqu'à ce que le jus des plantes coulât assez abondamment pour qu'il pût y tremper
son nez enflé, et que ce remède l'avait guéri au bout de
quelques minutes. On m'a traitée comme Perdreau l'avait
indiqué, mon cher Sam, comme tout le village fait à son
exemple, et ma blessure n'a rien été. Si mon histoire ne
vous fait pas accueillir ma lettre, c'est que je n'ai pas su
vous la raconter. »

Remède contre l'empoisonnement par les moules. — Étienne Geoffroy Saint-Hilaire. — La pluie. — La lune est-elle ronde? — La
grêle.

20 septembre.

Les moules abondent en ce moment, à Paris; les restaurants à bon marché les prodiguent à leurs habitués, et
tout à l'heure j'ai rencontré, de la rue de la Chaussée-
d'Antin aux bureaux de la *Patrie*, douze charrettes à bras
chargées de ces coquillages, trainées par de pauvres femmes qui s'arrêtaient tous les dix pas pour essuyer leur
front baigné de sueur et crier d'une voix éraillée : *Moules fraîches! moules fraîches!*

Les moules fournissent un aliment nourrissant et
d'une excellente qualité. Seulément, parfois, elles provo-
quent des cas d'empoisonnement dont jusqu'ici la science
n'a pu expliquer la cause. Les uns veulent que les moules, en s'attachant à des bâtiments doublés de cuivre, s'y
soient peu à peu pénétrées de vert-de-gris, c'est-à-dire
d'oxyde de cuivre. Mais ils se trompent, car la plus petite dose d'oxyde de cuivre introduite entre les deux val-
ves d'une moule ne tarde pas à tuer celle-ci. On voit
l'animal ouvrir sa coquille, se tordre comme s'il était en
proie à des convulsions, et bientôt mourir et se décomposer.

On accuse encore de ces empoisonnements de petits
crabes contenus parfois dans la double coquille des mou-

les; mais ces mêmes crabes, donnés à des chiens, qui les mangent avidement, ne leur causent même pas de légères coliques.

Et cependant les personnes empoisonnées par des moules deviennent gonflées et éprouvent de cruelles douleurs d'entrailles et d'estomac ; elles succombent même quelquefois, si l'on ne leur a point promptement administré un vomitif énergique.

Ces accidents ne surviennent jamais lorsqu'on a la précaution, avant de faire cuire les moules, de les laver avec soin dans de l'eau vinaigrée.

On sait que cette préparation suffit également pour enlever aux champignons les plus vénéneux leurs propriétés toxiques.

Je ne sais pourquoi l'opinion vulgaire traite avec dédain les mollusques et en fait le type de la bêtise.

Les mollusques ont reçu de Dieu une part d'intelligence moins restreinte qu'on ne le croit, et leur étude a rendu de grands services à la science.

Cette étude des mollusques et de leur anatomie a servi de point de départ au système d'Étienne Geoffroy Saint-Hilaire, qui établit dans les animaux une unité d'organisation modifiée seulement par des temps d'arrêt dans le développement des organes.

Un jour, en observant certains mollusques à coquille univalve, il reconnut que chez eux les deux ouvertures du canal alimentaire, la bouche et l'organe d'expulsion, se trouvaient très-voisines l'une de l'autre, tandis qu'elles sont situées aux deux extrémités du corps chez les vertébrés et les articulés. Par une déduction logique, il supposa que ces mollusques sont des animaux repliés sur eux-mêmes et soudés dans les parties en contact, de telle sorte pourtant que cette disposition n'intervertit pas la dépendance des organes.

Parti de ce point, Étienne Geoffroy démontra ensuite que si dans une espèce animale un organe prend un développement extraordinaire, c'est toujours aux dépens d'un autre organe situé dans le voisinage, lequel se réduit et devient plus ou moins atrophié.

Gœthe, de son côté, a formulé cette loi d'une manière originale et saisissante : « Le budget de la nature est fixe, dit-il ; quand il y a dépense excessive sur un point, il y a économie équivalente sur un autre point. »

Ainsi, dans les ruminants, il y a deux doigts énormes, et, par compensation, deux doigts tout à fait rudimentaires. Chez certains singes, dont les membres sont d'une longueur démesurée, le pouce avorte ; on en trouve à peine des traces sous la peau. La tête de la baleine est énorme ; mais le cou manque, ou plutôt il ne se compose que d'une seule pièce osseuse. Chez le fœtus on constate que cette pièce unique se compose, comme le cou des autres mammifères, de sept vertèbres qui se soudent et se réduisent à mesure que la tête prend du développement.

Geoffroy Saint-Hilaire s'est, en outre, beaucoup occupé des monstruosités : il est le fondateur de cette science que depuis lui on a appelée la *tératologie*. Avant ses travaux, les naturalistes considéraient les monstres comme des jeux de la nature, comme des êtres créés en dehors de toute règle. Geoffroy établit que les monstres sont, au contraire, primitivement formés selon les lois communes : leurs difformités ne sont que les effets d'une entrave survenue pendant le cours de leur développement dans le sein de leur mère ou dans l'œuf.

Étienne Geoffroy professait un profond attachement et une foi sincère pour les idées religieuses. Comme tous les hommes supérieurs, en étudiant l'œuvre de la nature, il comprenait la faiblesse et l'insuffisance de l'intelligence humaine devant la hauteur de la puissance divine.

Il devait ces sentiments à la solide éducation qu'il avait reçue de Haüy, de Lhomond et des professeurs ecclésiastiques des collèges de Navarre et du Cardinal-Lemoine, où s'était complétée son éducation.

A l'époque de la Terreur, on arrêta ces professeurs et on les enferma au séminaire de Saint-Firmin, transformé en prison.

Aussitôt Étienne Geoffroy courut chez Daubenton, et parvint à obtenir la liberté de Haüy. Celui-ci, par parenthèse, ne soupçonnant pas le danger qu'il courait en ne quittant pas sur-le-champ la prison, résista aux instances de son élève et ne consentit à l'accompagner que le lendemain à dix heures, après avoir entendu la messe.

Lhomond, que Tallien avait fait mettre en liberté, n'y prit pas tant de façon, et s'en alla de son plus vite : on était au 1er septembre 1793.

Restaient prisonniers les autres professeurs, et Marat avait prononcé ces paroles sinistres et trop écoutées, hélas : « Il faut faire peur aux royalistes! »

Le jeune savant, avec plus de dévouement que de pru-
dence, gagna à prix d'or un des gardiens de la maison
d'arrêt, pénétra dans ce dangereux séjour sous le costume
et avec la carte d'un geôlier et courut proposer à ses chers
professeurs de s'évader en escaladant un mur contre
lequel se trouvaient disposées deux échelles. Le provi-
seur du collège de Navarre embrassa Étienne et lui répondit :

— Merci, mon enfant; mais nous ne fuirons point, car
notre évasion pourrait rendre plus certaine la perte de
ceux de nos frères que nous laisserions ici.

Hélas! cette courageuse abnégation ne servit à rien. Les
septembriseurs arrivèrent à la nuit et commencèrent leur
sanglante besogne.

Étienne Geoffroy, ne tenant point compte de sa propre
vie, qu'il exposait si bravement, passa la nuit près de ses
échelles sans voir ses maîtres recourir au moyen de salut
qu'il leur avait préparé. Vers quatre heures du matin,
onze ecclésiastiques inconnus escaladèrent le mur à l'aide
de ces échelles, et Geoffroy favorisa leur fuite à tous. Le
dernier tomba et se blessa au pied; le jeune homme le
chargea sur ses épaules et alla le cacher dans un chantier
voisin.

Quand il revint à Saint-Firmin, il n'y restait plus un
prisonnier vivant, et il reconnut parmi les cadavres amon-
celés dans les cours les professeurs qu'il avait voulu sauver au prix de sa propre tête.

En 1830, le vieillard n'avait rien perdu des sentiments
du jeune homme.

« En 1830, raconte M. Bourgoin dans une notice
sur le célèbre naturaliste, l'archevêque de Paris, dont
le palais ava't été saccagé, demanda un refuge à .
M. Serres dans l'hôpital de la Pitié; on avait suivi les
traces du prélat, et les dangers les plus sérieux mena-
çaient sa vie.

« Étienne Geoffroy Saint-Hilaire l'apprit, alla trouver
M. Serres et lui dit :

« — L'archevêque est chez vous, mais il ne s'y trouve
pas en sûreté; *passez-le moi*, vous savez que je suis cou-
tumier du fait.

« Introduit auprès de l'archevêque, il lui proposa de le
conduire secrètement à Étampes, dans sa famille, ou de
le recevoir dans sa maison.

« L'archevêque, ne croyant pas que le danger fût réel,
refusa d'abord; mais, dans l'après-midi du 31 juillet, un
attroupement considérable se forma devant l'hospice et fit
entendre des paroles de mort. Il n'y avait plus à hésiter.

Dès le soir, le prélat déguisé sortit de l'hospice par une
porte de derrière et se rendit dans l'asile que lui offrait
le savant.

On crut prudent de s'entourer du plus profond mystère : madame Geoffroy Saint-Hilaire prépara elle-même
le l't de l'archevêque et le servit à table. On finit
pourtant par mettre dans la confidence un ancien domestique, qu'on attacha au service du prélat.

« Quand vint le dimanche, monseigneur témoigna le
plus vif regret de ne pouvoir dire sa messe. Madame Geoffroy Saint-Hilaire se rendit dans une communauté reli-

gieuse de femmes, et en rapporta secrètement les objets nécessaires à la célébration du saint sacrifice. Un meuble, couvert d'une nappe blanche, servit d'autel.

« Comme il n'y avait pas moyen d'avoir un enfant de chœur, ce fut M. Isidore Geoffroy Saint-Hilaire, fils du savant, qui en remplit l'office. A peu de temps de là, le danger avait disparu. »

Tandis que j'écris ces lignes, la pluie fouette violemment mes vitres et amène forcément ma pensée vers elle.

Il n'y a rien dont on s'occupe plus que de la pluie et du beau temps.

Bien peu de citadins sortent de leur maison sans, au préalable, frapper du doigt le baromètre, afin de savoir s'ils doivent prendre leur parapluie ou le laisser au logis. Tous les campagnards, en se levant, tournent leurs regards vers le ciel pour savoir de quel côté vient le vent, si les nuages amèneront de la pluie ou si le soleil luira.

Quant aux campagnards, ils n'ont que trop de motifs pour en agir ainsi. Leur bien-être, leur fortune, leur pain même, dépendent des vicissitudes du temps. Il n'est point, hélas! de joueur à la Bourse plus soumis, par les péripéties de la hausse et de la baisse, à la ruine ou à la fortune, que le cultivateur par les variations de l'atmosphère.

Depuis le premier berger qui a cherché à reconnaître par quels signes on peut pronostiquer le temps qu'il fera, jusqu'aux savants de la dernière moitié du dix-neuvième siècle, dans laquelle nous vivons, on n'a guère fait que créer le nom d'une science, sans base et sans valeur, parce que, se plaisait à répéter l'illustre savant M. Biot, *on l'a toujours étudiée d'en bas, au lieu de l'étudier d'en haut.*

Cette science, c'est la météorologie.

Pendant sa longue et brillante existence scientifique, Arago passait, dans les masses, pour une sorte de Mathieu Lænsberg qui prophétisait à coup sûr, comme l'*Almanach de Liége*, le chaud et le froid, le sec et le pluvieux.

De mauvais plaisants ne manquaient point, au grand déplaisir du secrétaire perpétuel de l'Institut, de jeter de temps à autre dans la circulation de soi-disant prédictions qu'ils lui attribuaient. Il foisonnait des badauds pour s'écrier : « Arago l'avait bien dit, la pluie ne cessera pas avant quinze jours ; » ou bien : « Arago s'est-il trompé, hein? Il pleut, et il avait promis du beau temps. »

Naturellement, ces grossières erreurs trouvaient de la croyance chez les Joseph Prudhomme de toutes les conditions. Quand on cherchait à les détromper, ils écrasaient leurs contradicteurs avec cet ineffable sourire de vanité et de conviction qui caractérise si bien la stupide famille dont Henry Monnier a immortalisé le type, et ils répétaient : « Arago l'a dit ! »

M. Babinet a hérité de cette fausse réputation de baromètre vivant et populaire ; il s'en amuse avec la charmante et malicieuse bonhomie qui le caractérise.

Quoi qu'il en soit, à l'heure qu'il est, la météorologie se trouve peut-être à la veille de devenir véritablement une science réelle.

M. Coulvier-Gravier croit que, par l'étude des étoiles filantes, on peut devancer les diagnostics du baromètre et arriver à connaître, beaucoup plus vite que cet instrument ne les indique, les changements de l'atmosphère.

D'après lui, la zone où s'enflamment les étoiles filantes commence au-dessus de la zone où apparaissent les aurores boréales et australes. Elle s'élève dans des espaces dont on ne peut pas au juste connaître le terme, puisqu'on ignore encore la limite extrême où cesse leur apparition.

Ces étoiles, visibles à l'œil nu, apparaissent sous neuf grandeurs différentes, affectent des directions diverses, et se montrent tantôt rapides, tantôt, au contraire, très-lentes dans leur marche.

Cette marche, au lieu de rester constamment droite, devient à certains jours plus ou moins curviligne, serpentante, saccadée, oscillante; parfois même elle s'arrête brusquement ou rétrograde.

Les *globes filants* subissent non-seulement de pareilles vicissitudes, mais, de plus, ils se brisent en fragments.

M. Coulvier-Gravier a cherché quelles étaient les causes qui imposaient de pareilles perturbations aux météores filants dans leur parcours à travers l'atmosphère.

Il a reconnu qu'ils étaient la conséquence de courants atmosphériques qui contrarient plus ou moins leur marche. Or, comme ces courants ne sont point horizontaux, mais qu'ils vont par des pentes inclinées et plus ou moins prononcées, des hauteurs éthérées à la terre, et qu'ils

transmettent à cette dernière leurs perturbations, l'astronome rémois en a conclu qu'on pouvait trouver dans le
ciel, marqués en traits de feu, des indices suffisants pour
connaitre à l'avance les divers produits météoriques, c'est-
à-dire les changements de temps.

Si toutes les étoiles filantes observées ne rencontrent,
dit-il, aucune force contraire qui les oblige à changer de
route, les diverses directions suivies par les étoiles
filantes suffisent pour signaler à l'avance de quel point
proviennent les courants atmosphériques élevés, et
par conséquent pour indiquer que rien ne se modifiera
de quelque temps dans leur extrémité qui aboutit à la
terre.

Le contraire arrive lorsque les météores, dans leur
parcours, rencontrent des obstacles qui les font serpenter,
osciller ou dévier de leur route.

Donc, toutes les étoiles filantes, n'importe leur taille,
quand elles marchent avec une tranquillité générale et
lentement, dénotent un grand calme dans les couches
supérieures de l'atmosphère. Ce calme des hautes régions
continuera donc sur la terre ou y viendra, si déjà il ne s'y
manifeste.

Au rebours, quand les étoiles filantes acquièrent une
vitesse excessive ou une courte durée, au calme dont
jouit notre globe ne tardera point à succéder un état plus
ou moins agité des courants atmosphériques qui nous
avoisinent et qui finalement nous touchent.

Voici comment il expose la théorie générale des oscillations des étoiles filantes, et de leurs conséquences :

« Si, dans la saison d'été, les deux résultantes oscillent

presque constamment dans la région du sud, la chaleur sera étouffante.

« Si, dans l'hiver, elles oscillent presque constamment dans la région du nord, le froid sera excessif.

« Il en sera de même pour les points intermédiaires de leurs directions fondamentales.

« Si la course des étoiles filantes est très-rapide, et qu'on en remarque parmi elles plusieurs de couleur rouge, d'autres de formes *globuleuses* ou *nébuleuses*, tous ces signes précurseurs réunis donnent la certitude que des vents très-forts vont survenir et qu'ils s'étendront sur une plus grande surface du globe, suivant que ces étoiles globuleuses et nébuleuses auront eu un parcours plus étendu. »

Tel est le système de M. Coulvier-Gravier, dégagé autant que possible de tous les accessoires et de toutes les observations de détails qui le corroborent, mais qui le rendraient peut-être moins clair pour les lecteurs.

L'État a déjà commencé à l'encourager. Un observatoire a été donné au Luxembourg à M. Coulvier, et le Corps législatif vote, chaque année, une somme de dix mille francs pour faciliter ses études.

C'est beaucoup, et ce n'est point assez.

Il faudrait qu'il y eût, à Paris d'abord, un personnel, plus nombreux, et ensuite, dans diverses parties de la France, quatre observatoires.

A Paris, avec le personnel nouveau, les observations météoriques ne subiraient point d'interruptions; dans les départements on constaterait, à l'aide des observatoires, jusqu'à quels points peut s'étendre ici-bas la force des per-

turbations survenues dans les hautes régions de l'atmo-
sp ère.

En attendant, M. Coulvier, depuis vingt ans, rédige des
cartes qui retracent avec une grande exactitude la marche
significative des étoiles filantes.

On le voit, la météorologie commence à naître, mais il
lui reste encore bien des développements à prendre.

Quoi qu'il en soit, le nouveau système repose assurément sur des bases sérieuses et exactes ; mais il a besoin
de développements et de nombreux moyens de vérifications et d'études.

En pareille matière, du reste, il faut marcher, il faut
avancer, mais « ne pas courir, » comme le disait M. Biot,
que nous citions déjà tout à l'heure.

« Dans l'intérêt de la science météorologique elle-
même, écrivait-il, on ne doit pas se hâter de porter à la
connaissance du public des faits qu'il brûle de.connaître,
parce que ses intérêts l'y poussent.

« Avant que, par une longue suite d'études expérimen-
tales excessivement longues et délicates, on ait pu obtenir les données préliminaires qui nous manquent encore,
il s'écoulera bien du temps. »

Et il s'écoulera bien plus de temps encore avant qu'on
connaisse la hauteur réelle de l'atmosphère, les causes
qui déterminent les courants supérieurs, et la nature des
étoiles filantes !

Il en est et il en sera longtemps de même de l'action
réelle ou imaginaire de la lune sur le temps.

Jusqu'à présent, on croyait que la lune était ronde...

Pas du tout! Voici un astronome russe et un astronome allemand qui prétendent que cet astre est ellipsoïdal, du moins du côté qui regarde éternellement la terre, et que voit celle-ci. M. Gossew veut que cette surface s'allonge de sept centièmes du rayon, ce qui serait peu; M. Hansen, au contraire, pense qu'elle ne compte pas moins de cinquante-quatre centièmes, c'est-à-dire qu'elle dépasse de plus de la moitié la surface sphérique de ce même rayon. Vous le voyez, ils ne discutent même plus sur la réalité des faits, mais seulement sur les proportions de l'ellipsoïde! Donc la lune ressemblerait à un œuf gigantesque que nous regarderions par le gros bout!

C'est au moyen de la photographie et des images obtenues d'après la lune que les deux astronomes sont arrivés à un résultat si peu attendu.

Tandis que MM. Gossew et Hansen émettent une théorie bien nouvelle assurément et qui contrarie tant les idées reçues, un Génevois, le docteur Marcel, fait une croisade contre l'influence que, depuis tant de siècles, on attribue à cette même lune sur le beau et le mauvais temps.

Il discute les observations météorologiques faites depuis le commencement du siècle, dans divers ouvrages et particulièrement dans la *Bibliothèque britannique* et dans la *Bibliothèque de Genève*.

Après avoir calculé séparément les périodes 1800-1833 et 1833-1859, et la période entière 1800-1860, il conclut à ce que l'influence de la lune sur le nombre des jours de pluie et sur la quantité d'eau qui tombe soit regardée comme nulle.

Quant aux changements du temps, les résultats partiels lui semblent plus d'accord entre eux, et l'on pourrait à la rigueur en déduire les conséquences suivantes :

« Le temps change plus souvent à la pleine ou à la nouvelle lune, et aux lendemains de ces deux phases, qu'à tous les autres jours du mois lunaire.

« Soit à la pleine, soit à la nouvelle lune, le temps a *plus souvent* changé *en beau qu'en pluie,* dans le rapport de 106 à 77, ce qui donne une probabilité de sept chances contre trois.

« Pour les changements survenus le lendemain de la pleine lune, il y a sept chances contre trois que le changement se fera à la pluie.

« Au contraire, le lendemain de la nouvelle lune, les chances sont égales pour la pluie et le beau temps.

« La marche du baromètre a été en général d'accord avec les changements du temps; en moyenne, il a dit vrai trois fois sur quatre. »

Ajoutons que, de son côté, M. Harrison a depuis longtemps constaté l'action dissolvante exercée sur les nuages par la lune, et la dépendance où les variations de la température moyenne se trouvent par rapport à cet astre.

Enfin le maréchal Bugeaud, qui aimait beaucoup à parler de l'influence de la lune sur le temps, a souvent répété à Alger, devant l'auteur de ces *Chroniques,* « que le temps se comporte, onze fois sur douze, pendant toute la durée de la lune, comme il s'est comporté au cinquième jour de la lune, si le sixième jour le temps est resté le même qu'au cinquième, et neuf fois sur douze comme le quatrième jour, si le sixième jour ressemble au quatrième. »

Espérons que la météorologie, cette science à peine naissante, ne tardera point à grandir assez pour résoudre une bonne fois des questions controversées depuis tant de siècles.

Grâce aux télescopes et à ceux qui savent s'en servir, on possède aujourd'hui des cartes minutieusement exactes de la lune ; je pourrais citer, au besoin, des astronomes qui connaissent mieux la géographie de notre satellite que la géographie de la France. Les moins instruits savent sur le bout de leurs doigts où se trouvent et quels espaces occupent les vallées profondes et les montagnes d'u n élévation prodigieuse qui caractérisent cet astre. On se dispute bien un peu à cause de son atmosphère ; le plus grand nombre atteste et démontre que la lune s'en trouve dépourvue ; une petite minorité récalcitrante prétend au contraire établir, par certains phénomènes de réfraction, que cette atmosphère existe ; seulement elle ne s'élèverait point tout-à-fait jusqu'à l'extrême sommet des montagnes. Je me garderai bien, suivant le sage conseil de Molière, de mettre mon doigt entre l'écorce et l'arbre d'une si délicate question. *Ne touchez pas à la hache!* disait Charles Ier. Ne touchez pas aux savants! répéterai-je après lui. La hache n'est rien à côté de la haine d'un savant à qui l'on prouve qu'il a tort. *Gens irritabile vatum!*

La lune compte un grand nombre, sinon d'amoureux, du moins de fanatiques. Ils passent les nuits l'œil *sous* le verre d'un télescope, à contempler son disque capricieux.

Ils sont parvenus à distinguer jusqu'aux objets qui éga-
lent à peu près en proportion les tours de Notre-Dame.
Ces objets leur apparaissent gros comme de petits points.

Le père Secchi et M. Webb sont, pour l'heure, les deux
plus assidus contemplateurs de la lune.

M. Webb, dans ses observations, croit avoir trouvé des
traces certaines d'actions éruptives tout récemment exer-
cées à la surface de notre satellite. Un petit cratère appelé
Cichus, situé à l'extrémité de la grande mer, *mare Nu-
bium*, s'est montré à lui notablement modifié d'après les
dessins qui en ont été tracés par Schreoter, Beer et
Maedler. Deux autres cratères formant la tache *Messier*
dans *mare Fœcunditatis*, déclarés identiques de forme
par les mêmes astronomes, paraissent aujourd'hui visiblement dissemblables. Il serait donc vrai que des altérations sensibles et permanentes se sont produites à la surface de la lune depuis ces vingt dernières années.

La grêle ne prête pas moins le flanc aux doutes et aux
théories.

Le docteur Faivre d'Esnan publie dans le *Cosmos* des
observations nouvelles sur la manière dont se forme cette
glace qui tombe souvent à travers une atmosphère chaude
sur la terre, et dont nous n'avons été que trop souvent,
hélas ! témoins dans le soi-disant été de 1860.

D'abord, dit-il, un nuage très-dense, couronné d'une
de ces nuées blanchâtres, de forme indécise, qui ne prennent naissance qu'à de grandes hauteurs, et qu'on nomme
Cirrus, parcourt assez lentement l'atmosphère à un ou
deux kilomètres de hauteur. Il s'arrête ensuite et attire,

de tous les points de l'horizon, les nuages moins électrisés que lui, non sans leur lancer des éclairs.

Alors la pluie commence par de grosses gouttes.

Un autre nuage, supérieur au premier et séparé de lui par un intervalle plus ou moins grand, semble attendre que celui qui lui est inférieur se soit privé de son fluide pour le foudroyer à son tour, enfin de violents coups de tonnerre se font entendre.

Le nuage supérieur se résout; un rideau de pluie se dirige vers le nuage inférieur, le traverse et se change en une grêle qui grossit en rencontrant dans son chemin une plus grande masse de vapeurs.

Un grain de grêle est donc formé d'un grain de grésil, servant de noyau à des couches excentriques de givre ou de glace.

La grêle tombe en été et pendant les orages parce qu'en été surtout, l'action d'une chaleur intense et de la dilatation qui en est la suite entraîne, à une très-grande hauteur et au-dessus des nuages plus froids, les nuages chauds qui donnent la pluie transformée en grésil.

L'électricité des temps orageux contribue d'autre part à troubler l'ordre de succession des nuages et à condenser la vapeur dans leur sein.

La grosseur quelquefois énorme des grêlons s'explique par la grande quantité d'eau que les courants atmosphériques amassent dans un espace donné, par l'immense épaisseur des masses saturées de vapeur et d'eau que le grésil traverse, et par le long séjour que le grésil transporté horizontalement par un vent violent fait au sein de ces masses.

La grêle est précédée d'un vent chaud, se dirigeant vers

la nue qui la fournit. Un vent froid et violent souffle de la nuée qui la donne, l'accompagne ou la suit. Le bruit qui précède la grêle s'explique par le choc mutuel des grêlons, se heurtant contre l'air qu'ils traversent et par la lutte des vents contraires.

Puisque le mot d'électricité vient d'être prononcé, ajoutons que M. le docteur Marès écrit d'Algérie que le 1er mai, il a été le héros d'un phénomène singulier.

Le vent d'ouest, variant vers le sud, avait soufflé toute la journée avec peu de force et par bouffées ; vers les dix heures du soir, au moment où M. Marès allait fermer sa tente, il secoua son burnous de laine, d'où il s'échappa une pluie de brillantes étincelles électriques; il le secoua une deuxième fois, et les étincelles petillèrent encore plus nombreuses; elles ne cessèrent qu'après cinq ou six secousses. Il se rappela alors que la veille, en venant de Bir-el-Arefji à Ngouça, avec le même vent assez fort, il avait plusieurs fois senti une légère crépitation en passant la main sur son burnous.

Il constata tous les soirs ce fait bizarre, à un degré plus ou moins intense : cela dura jusqu'à Mittili.

Voici encore un miracle renouvelé! Les Orientaux racontent qu'Omar faisait jaillir des étincelles de ses vêtements en prêchant le Koran au sommet d'une montagne. La légende dorée dit pareille chose d'un solitaire égyptien, saint Siméon Stylite, je crois.

Quoi qu'il en soit, il reste à la physique à expliquer le phénomène dont parle le docteur Marès. Nous attendons, et peut-être, hélas! attendrons-nous bien longtemps en-

core. On répondra peut-être au premier point d'interro-
gation, voire au second, — mais au troisième?

OCTOBRE

Histoire d'un bonnet à poil de la garde impériale.
Oulie Hielan. — Blücher.

5 octobre.

Cette année, la *Compagnie de la baie d'Hudson* a, comme
d'habitude, fait, dans le mois de septembre, sa seconde
vente de fourrures dans six magasins de *Fenchurch street.*

Cette vente a duré trois jours et il s'y est acheté *dix-
huit mille cent trente-six* castors du Canada, *cinq mille
trois cent soixante et onze* rats musqués, *cent deux* loutres,
sept cent soixante-quatorze loutres dorées, *douze cent dix*
renards, *quatre cent trente et un* loups du Canada, *quatre
cent soixante-huit* gloutons, *deux mille six cent cinquante*
ours gris et bruns, *mille* ours noirs, *huit mille neuf cent
soixante-six* martres, *neuf mille neuf cents* visons, *seize
mille trois cent cinquante-trois* phoques, *deux mille huit
cent quarante-six* ratons, et *huit cent vingt* chevreuils; en
tout *soixante et onze mille vingt trois* peaux.

La Compagnie de la baie d'Hudson repose sur un capi-
tal considérable et possède à peu près exclusivement le

monopole de tout le commerce de pelleteries de l'Amérique du Nord. Non-seulement elle entretient sous ses ordres et à sa solde une petite armée de chasseurs, mais encore elle gage une foule d'agents qui traitent pour son compte de toutes les peaux que produisent les chasses des indigènes et des pionniers.

Les peaux d'ours blancs deviennent de plus en plus d'une grande rareté; il n'y en avait point une seule cette fois à la vente de Londres; le nombre de peaux d'ours noirs diminue également, ce qui en hausse par conséquent le prix.

En 1855, la Compagnie de la baie d'Hudson mettait en vente cent des premières et quatre mille neuf cents des secondes; depuis lors leur quantité a toujours été en décroissant.

Quant aux peaux d'ours blancs, l'inconvénient n'est pas bien grave; leur rareté ne fait qu'augmenter le prix d'un objet purement de luxe et sans emploi considérable; d'ailleurs il en arrive quelques-unes de la Russie, à la foire de Leipzig.

Mais les peaux d'ours noirs de l'Amérique peuvent seules servir à la confection des bonnets de nos grenadiers de la garde impériale, et il faut que le commerce en livre à la France une quantité considérable. Par malheur, les peaux qui proviennent de l'Europe et de l'Asie ont un poil trop roide, trop dur et trop cassant pour pouvoir servir aux coiffures militaires.

L'histoire de ces bonnets, qui siéent si bien aux physionomies mâles de nos soldats et en rehaussent l'expression martiale, ne manque assurément point d'intérêt.

Il faut d'abord que d'intrépides chasseurs poursuivent jusque dans les plus redoutables solitudes, les ours qui les fournissent. Or, l'ours, tout brave qu'il est, n'aime pas le combat et se retire devant l'homme. En dépit de ses dents redoutables, de ses fortes mâchoires et de ses ongles robustes, il n'est carnassier qu'à son corps défendant et lorsque la faim le presse par trop fort; il préfère à toute autre nourriture les fruits, les baies, les faines, les racines, le miel, et se complait à ravager les champs d'avoine et de maïs. Aussi, quand il vient à rencontrer un chasseur dont la chair fraiche ne le tente pas le moins du monde, il passe outre en jetant un regard farouche et mécontent à celui qui vient le troubler dans la solitude de ses forêts.

Mais qu'on l'attaque et qu'on le blesse, alors les choses changent de face. Il court en mugissant à son adversaire, et, l'œil en feu, la gueule béante, dressé sur ses pattes de derrière, il s'élance sur le chasseur, et, s'il peut l'atteindre, le saisit dans ses bras, l'écrase de son poids, le déchire de ses ongles, lui mord et lui brise le crâne avec ses dents. Blessé mortellement, criblé de balles, il s'appuie le dos contre un rocher ou contre un tronc d'arbre, et là, il se défend intrépidement jusqu'au dernier soupir.

Pour toute oraison funèbre, on l'écorche, on fait cuire dans un trou ses pattes, qui procurent, dit-on, un mets exquis, et l'on vend sa peau aux agents de la Compagnie de la baie d'Hudson, qui, deux fois l'année, à Londres, la revendent aux enchères comme je vous le disais tout à l'heure.

Une peau d'ours noir a bien des préparations et

des épreuves à subir avant de devenir un bonnet de grenadier.

Arrivée à Paris, on la mouille à trois ou quatre reprises,
avec de l'eau salée, et on la *décharne*, c'est-à-dire qu'on
la débarrasse de toutes les parties de chair que le chasseur y a laissées en écorchant l'ours un peu à la hâte.

Après cela on la plie le poil en dedans, et on la *bourse*
pour en dégraisser le poil. L'opération du boursage consiste à remplir la peau de sciure de bois et de poussière
de tan, à l'oindre avec des résidus d'huiles grasses et à la
déposer dans un tonneau.

Là, un ouvrier enveloppé de toiles épaisses qui le recouvrent jusqu'au cou et entourent en même temps le
tonneau, la foule aux pieds pendant quatre ou cinq
heures. Par ce procédé, la peau acquiert la chaleur nécessaire pour acquérir la souplesse désirable; l'homme seul
peut arriver à ce résultat; toutes les tentatives de foulage
mécanique ont échoué.

On sort du tonneau la peau *boursée* et *foulée*, on la bat,
on l'étend sur un chevalet et à l'aide d'un couteau de tan-
neur, on la *pare* et on achève de nettoyer la face intérieure du cuir.

Cependant le pelage de ces peaux, nettes, douces et
assouplies, présente différentes nuances de noir et ne tar-
derait point d'ailleurs à rougir au contact de l'air. Il faut
donc recourir à l'aide de la teinture, qui régularise ces
différences de nuances et qui donne plus de solidité au
poil. C'est comme la couleur qu'on applique sur le bois,
afin de le soustraire aux influences atmosphériques.

Je ne vous raconterai pas toutes les opérations de la

teinture, au nombre de sept à huit, et j'arrive à la confection des bonnets de grenadiers.

On bâtit ces bonnets sur une carcasse formée de la partie la plus légère de la peau de bœuf tannée et qu'on nomme *ventre de vaches.*

Les bonnets à poil des gardes nationaux avaient une carcasse en simple basane.

La tête de l'ours donne une fourrure solide; et le cou, le dos et les reins, une fourrure plus légère, mais qui *joue* bien, c'est-à-dire qui chatoie à la lumière.

Les pattes, au poil rude et inégal, ne servent qu'à confectionner des tapis.

On coupe la peau du cou, du dos et des reins par bandes de deux pouces, on rajuste entre elles ces bandes à l'aide de coutures habilement faites, et on les installe sur la carcasse, le poil en l'air, c'est-à-dire au rebours de la position que prend ce poil sur l'animal vivant. Il retombe ainsi gracieusement en *saule pleureur,* c'est l'expression consacrée, et miroite au jour. Une onction d'eau de graines de lin, achève et complète la série de toutes ces préparations.

Un bonnet de grenadier est haut de 30 centimètres, large de 25, et pèse de 780 à 950 grammes.

Le ministère de la guerre met en adjudication la fourniture des bonnets à poils de la garde.

Lors de la création de ce corps, ils coûtaient 42 fr. plus tard, leur prix s'est élevé jusqu'à 75 fr.; récemment ils ont été adjugés au prix de 68 fr.

Les bonnets adoptés par la garde anglaise sont taxés à cinq livres sterling.

Les Russes et les Américains eux-mêmes viennent à Paris s'approvisionner de bonnets d'ours noirs.

Les fourrures, et surtout les fourrures de martres, ont été de tout temps un objet de luxe fort recherché par les femmes, voire par les souverains. L'hermine, qui n'est elle-même qu'une martre, avait, on le sait, le privilége de doubler les manteaux d'empereurs et de rois, et elle figure encore aujourd'hui, sous le nom de *vair*, dans le blason. Les fameuses *pantoufles de verre* de Cendrillon, qui ont tant préoccupé par leur fragilité notre première enfance, étaient tout bonnement des pantoufles de *vair* dont la tradition avait peu à peu altéré l'orthographe.

Sous Louis XV et Louis XVI, à cette singulière époque où l'on se couvrait les cheveux de poudre et où un poil de barbe sur la face eût été regardé comme une inconvenance, la mode rejeta les fourrures pleines et ne permit plus que l'usage des queues de martre.

On les coupait en bandes minces, larges de deux lignes environ, et on les plaçait entre deux bandes d'étoffe ou de cordon, pour leur *laisser du jeu*; c'est ce qu'on appelait *galonner*; pas un marquis, pas une duchesse n'eût osé se présenter l'hiver à Versailles, sans un manchon galonné.

Le galonnage prévalut en France jusqu'à la Restauration; on lui substitua ensuite les peaux à peu près complètes et assemblées entre elles.

L'autre jour, quoique la température de l'automne ne permette guère encore l'usage des fourrures, une jeune femme qui a fait un long séjour en Russie ne put résister au plaisir d'arriver chez une de ses amies les épaules enveloppées d'un magnifique manteau doublé de martre-zibeline. Elle n'y mit point du reste de fausse réserve, et elle avoua franchement qu'elle était fière de sa fourrure payée un prix exorbitant et d'une beauté merveilleuse.

En effet, pas un poil de ces sept ou huit mètres de martre ne semblait en désharmonie avec ses voisins ; on eût été tenté de croire le manteau composé d'une seule peau.

Une des amies de la comtesse de X..., dont le mari a été longtemps attaché à l'ambassade de Grèce, demanda malicieusement à la jolie visiteuse si elle soupçonnait de combien de morceaux de peaux se composait la riche doublure. On calcula, on mesura, on tâta dans tous les sens l'étoffe velue, et l'on finit par s'arrêter unanimement à conclure que le manteau pouvait contenir tout au plus de quarante à cinquante peaux de martre.

— Je parie qu'il contient plus de quatre mille morceaux, déclara celle qui avait posé la question insidieuse.

On déclara cette idée absurde, et après une demi-heure de conversation, la propriétaire du manteau, prise d'impatience, saisit des ciseaux et décousit un pan de la pelisse.

Hélas! la railleuse n'avait que trop raison! L'envers de la fourrure ressemblait à un habit d'arlequin et le plus grand morceau qui la composait ne mesurait pas deux centimètres carrés.

En effet, les débris de fourrure, quelque petits qu'ils soient, se recueillent soigneusement et se vendent, la martre ordinairement 40 fr. le kil., et la martre-zibeline 70 fr.

On les achète pour la Grèce, où les bergères, en gardant leurs troupeaux, les assemblent et les ajustent avec une adresse et une patience qui tiennent du prodige. C'est avec des milliers de ces petits fragments réunis, et qui simulent à s'y méprendre des peaux complètes, que les Hellènes garnissent leurs vêtements et qu'on fait de ces belles doublures de fourrures si fort à la mode en Russie. Elles se payent à prix d'or à Saint-Pétersbourg, sans qu'on y soupçonne leur origine grecque.

Les Chinois se montrent amateurs passionnés de fourrure. J'ai vu hier, rue Vivienne, chez M. Gon, qui, par parenthèse, est un des deux adjudicataires des bonnets à poil de la garde, une grande quantité de peaux d'hermine et de petit-gris portant le sceau de l'Empire du Milieu, et la plupart ornées d'un gland de soie jaune avec de longues franges de même couleur.

Mais l'*article* le plus rare et le plus curieux de cette *partie* de fourrures, — ce sont les expressions commerciales consacrées, — est sans contredit une vaste pièce composée de quarante peaux de martres-zibelines, cousues entre elles avec une adresse qui étonne nos plus habiles ouvriers parisiens, et qui forment une croix. Du côté le plus court de ses bras, cette croix mesure un mètre quatre-vingts centimètres de longueur sur un de largeur, et, du côté le plus long, deux mètres cinquante centimètres.

Est-ce un manteau? Est-ce un tapis de table! Quoi qu'il en soit, c'est une fourrure qui vaut 6,000 fr., en estimant seulement chacune des peaux à 150 fr.

Or, une peau de martre-zibeline se vend à Londres, par la Société de la baie d'Hudson, de 150 à 800 fr., selon sa beauté.

Cette beauté consiste dans la longueur et la souplesse du

pelage, dans l'égalité du ton des couleurs, et dans un certain nombre de petits poils blancs parsemés çà et là et qui attestent que la teinture n'a point profané la peau précieuse.

Ce manteau ou ce tapis provient du palais de l'empereur de Chine. Rapporté par un officier qui l'a déposé aux pieds d'une almée parisienne, il n'a fait qu'un saut du boudoir de la jolie créature au magasin du fourreur.

C'est toujours la vieille morale de la Fontaine :

> Je crois... qu'il est bon,
> Mais le moindre ducaton
> Ferait bien mieux mon affaire.

Quittons la Chine pour la Russie.

Voici ce que racontait hier, vers minuit, chez un de nos artistes les plus célèbres, le comte Olaüs H..., riche seigneur norwégien, venu en 1835 à Paris, pour y passer trois mois. Depuis lors, il n'a jamais pu se décider à retourner dans sa patrie.

« Il y a trente ans, jour pour jour, je me rendais de Christiania à Drontheim, suivi d'un seul domestique, à cheval comme moi. J'avais à peu près fait la moitié de mon voyage, quand un inconnu me barra la route ; un pistolet d'une main et de l'autre un poignard, il m'ordonna de m'arrêter. Imprudemment enveloppé dans les plis de mon manteau et réduit à l'impossibilité de saisir à temps mes propres armes, je reconnus toute résistance inutile, et pris le parti de m'exécuter de bonne grâce.

« L'inconnu me demanda ma bourse : « Comte Olaüs, « me dit-il, vous êtes riche, je le sais, il y a dans la « montagne beaucoup de malheureux qui souffrent du « froid et de la faim ; je leur distribuerai vos aumônes. »

« —Soit ! répondis-je. Seulement laissez-moi la somme nécessaire pour arriver jusqu'à Drontheim.

« — C'est une gracieuseté que j'accorde toujours aux voyageurs.

« Pendant cette conversation, je me fouillais, sans pouvoir trouver ma bourse. Je l'avais étourdiment oubliée chez mon père avant de me mettre en route. Je ne pus m'empêcher de rire de cet oubli. Le voleur, auquel je racontai ma mésaventure, prit la chose aussi gaiement que moi, et, de son côté, en rit également de la meilleure grâce du monde. Je lui proposai de me fouiller pour s'assurer de ma pénurie réelle d'argent.

« — Fi donc ! répliqua-t-il ; je ne supposerai jamais qu'un gentilhomme de votre nom et de votre sang puisse mentir pour quelques pièces d'or. Je vous crois, sans même exiger votre parole.

« — Je vous jure, répliquai-je, que je voudrais au risque de la partager avec vous, ne point avoir oublié ma bourse : je ne sais quel parti prendre. Sans argent, il m'est aussi difficile de continuer d'aller en avant que de retourner sur mes pas.

« — Comte, interrompit le héros de grand chemin, je ne laisserai certes point un galant homme dans un pareil embarras. Voici ma bourse ; je vous la prête. Elle contient vingt pièces d'or ; c'est peu ; mais j'ai eu beaucoup d'aumônes à faire aujourd'hui.

« Et comme j'hésitais à accepter cette offre singulière, il comprit mes scrupules, tira de sa ceinture un poignard, en dévissa le pommeau et me dit : « Prenez ce poignard « et veuillez toujours le porter sur vous. Dès qu'un

« homme, quel qu'il soit, vous en montrera le pommeau
« que je garde, rendez-lui l'arme et l'argent. »

« En achevant ces mots, il piqua des deux et disparut.

« Je continuai mon voyage, qui se prolongea durant
deux mois, grâce à l'argent de mon voleur et au crédit
que mon père m'avait ouvert à Drontheim, chez son banquier.

« Le jour même de mon retour à Christiania, je trouvai
toute la ville en émoi. Des flots de peuple s'agitaient dans
les rues; les fenêtres étaient garnies de femmes, et l'on
rencontrait à chaque pas de nombreuses patrouilles. Je
m'enquis des motifs d'une pareille agitation.

« — Oulie Hielan et sa bande entière, composée de
trente brigands, sont arrêtés, me cria-t-on de toutes parts.

« Je me rappelai alors qu'Oulie Hielan était un détrous-
seur de grand chemin, fort populaire, et je me rangeai
comme les autres pour voir Oulie Hielan. Quand le prisonnier passa, au milieu d'une escorte de soldats, le cou
enfermé dans un collier de fer et les mains chargées de
chaînes, je reconnus mon prêteur de pièces d'or. Il me
reconnut aussi, car il leva rapidement sur moi un regard
à la fois vif et sévère, et sembla me dire : Souvenez-
vous!

« Quand Oulie Hielan eut été enfermé dans la prison
d'Aggerhuys, le gouverneur vint à lui et lui dit :

« — Tu n'as jamais manqué à ta parole, je le sais. Jure-
moi de ne point t'échapper et tu n'auras d'autre prison
que l'enceinte de ce château.

« — J'y consens, répondit Oulie Hielan. Si je cherche à
fuir, traitez-moi de lâche et de menteur. Mais ne soyez

pas généreux à demi. Débarrassez aussi mes compagnons de leurs chaines.

« — Je ne le puis, répliqua le gouverneur. Il serait imprudent à moi de laisser en liberté, dans la forteresse que je commande, un si grand nombre d'hommes. Je crois à ta parole, mais je ne crois pas à la leur.

« — Vous avez raison, répondit Hielan.

« Cela se passait le soir. Le lendemain matin, une des sentinelles qui gardaient le pont-levis, à l'extérieur du château d'Aggerhuys, fut bien étonné de trouver, assis près de lui, sur un tas de chaines et de fers, un inconnu qui le pria de lui faire ouvrir la porte de la prison.

« Et comme la sentinelle hésitait.

« — Je suis Oulie Hielan, dit cet homme. Je viens de mettre en liberté mes trente compagnons, dont voici les fers. Quant à moi, j'ai promis de ne point fuir, et je vous prie de me laisser rentrer dans la prison. Le gouverneur pourrait s'apercevoir de ma disparition momentanée, et, abusé par des apparences trompeuses, faire sur mon honneur des suppositions qui m'offenseraient.

« La sentinelle appela ; on ouvrit à Oulie Hielan, et il continua huit mois à rester prisonnier sur parole dans la prison d'Aggerhuys.

« Un jour le gouverneur le vit arriver chez lui.

« — Monseigneur, lui dit Oulie, je m'ennuie en prison. J'attendais du roi une grâce qui ne m'arrive pas. Rendez-moi ma parole, et prenez telles précautions que vous jugerez convenables pour me retenir captif.

« Le gouverneur demanda un mois au prisonnier avant de lui rendre sa parole. Pendant ce temps, il fit construire, au milieu d'une cour, la plus singulière et la plus sûre des prisons que l'on puisse imaginer. Figurez-vous une tour isolée, étroite et haute, dans laquelle on ne pénétrait que par une petite porte basse et garnie, ou plutôt cuirassée de cadenas, de verrous, de barreaux et de serrures. Au milieu de cette prison, se trouvait une autre prison, c'est-à-dire une cage formée de sapins entiers, posés debout les uns contre les autres, et retenus entre eux par des boulons de fer. Enfin des sonnettes étaient disposées de manière à ce que, la nuit, le captif ne pût faire le plus imperceptible mouvement sans mettre en branle tout un carillon.

« Quand la prison fut construite, le gouverneur conduisit Oulie Hielan dans la tour.

« — Choisis! lui dit-il : ou cette demeure, ou la continuation de la parole que tu m'as donnée.

« — Je choisis cette demeure, répondit Oulie Hielan.

« En effet, il s'y installa, comme s'il eût dû y passer sa vie entière, et ne parut longtemps occupé qu'à fabriquer, sous la surveillance perpétuelle d'un gardien, de petits objets d'ébénisterie qu'il tournait fort adroitement.

« A sept ou huit mois de là, j'étais au bal masqué, chez le prince V..., quand un homme, enveloppé d'un domino noir, vint à moi, me prit par le bras et me montra le pommeau du poignard que m'avait donné Oulie Hielan, poignard que, suivant ma promesse, je portais toujours sur moi.

« Je glissai aussitôt dans la main du masque ce poignard et ma bourse, et le domino noir disparut.

« Le lendemain la ville entière de Christiania s'entre-

tenait de l'évasion d'Oulie Hielan, et le gouverneur faisait
répandre partout, à profusion, des placards qui promet-
taient cent pièces d'or à quiconque ramènerait mort ou
vif, au château d'Aggerhuys, le brigand Oulie Hielan.
Mais on n'eut jamais d'autres nouvelles du fugitif que
celle qu'en donna une pauvre femme.

« Elle se dirigeait vers Christiansand pour mendier,
lorsqu'un passant lui jeta deux pièces d'or et lui cria :

« — Il faut toujours commencer sa journée par une
bonne action. Prie pour moi, la mère ! »

— Et Oulie Hiélan, qu'est-il devenu? demanda une
jeune femme.

— On ne l'a jamais su en Norwége, madame. Cependant, moi, je crois en savoir quelque chose.

En visitant vos possessions françaises, en Algérie, j'ai
rencontré, dans la légion étrangère, un vieux soldat connu
par son intrépidité folle, et qui, malgré ses soixante ans,
faisait des prouesses d'audace chaque fois qu'on avait
affaire aux Arabes. Je crus reconnaître en lui mon ancienne connaissance, Oulie Hielan, et je lui adressai quelques mots dans notre langue natale. Des larmes jaillirent
de ses yeux, et il me tendit la main, qu'il retira ensuite
brusquement, par un sentiment de honte et de respect.

— Ta main, mon brave, lui dis-je, ta main! il y a longtemps que tu l'as réhabilitée.

En ce moment, le tambour appela la légion aux armes,
et Oulie Hielan courut prendre sa place au milieu de sa
compagnie.

— Viens me trouver après l'affaire, lui criai-je.

Hélas! après l'affaire, je revis bien Oulie Hielan, mais

porté sur des fusils par ses camarades, et une balle en pleine poitrine.

La mort, une mort glorieuse, avait achevé tout à fait de le réhabiliter.

Hélas ! telle ne fut point la mort d'un Russe qui a laissé en France de sinistres souvenirs.

Aujourd'hui 5 octobre 1861, il y a, jour pour jour, quarante-quatre ans et deux mois que le pont d'Iéna faillit sauter par ordre du feld-maréchal Blücher.

Le nom de ce pont rappelait au général prussien une des plus éclatantes défaites qu'il eût subies.

Et cependant les défaites ne lui manquaient pas! Té_moin Aüerstadt, Prenzlau, Bautzen, Lutzen, Vauchamp, Saint-Amand et Lubeck, où il fut fait prisonnier à la tête de trente mille hommes.

Donc, sans autre raison que son bon plaisir, et dans l'ivresse que lui causait, pour la première fois, la victoire, il fit miner le pont, et répondit au comte de Golh, son ancien adjudant, qui lui adressait des représentations au nom du ministre des affaires étrangères : « J'ai arrêté que le pont sauterait, et M. de Talleyrand ne peut empêcher que cela me plaise. » En apprenant cette réponse, Louis XVIII s'écria qu'il irait se placer sur le pont; mais Blücher n'en fit que mieux activer les opérations des mineurs. Enfin la ville de Paris eut l'idée de lui offrir trois cent mille francs pour la rançon du pont; le pont fut sauvé.

Blücher s'en consola en pillant Saint-Cloud, d'où il expédia pour ses domaines, près de Breslau, trente chariots chargés de tableaux, d'objets d'art et même de meubles. Tout lui était bon.

Quoi qu'il en soit, vers le commencement de l'automne, Blücher, gorgé de pillage et d'honneurs, mécontent de tout, exécré de Paris et odieux même aux souverains alliés, repartit pour l'Allemagne et se retira dans ses terres. D'abord, il fit quelques excursions à Hambourg, à Dobberau, à Carlsbad et même à Berlin, mais il ne tarda pas à se confiner tout à fait au fond d'un de ses châteaux.

Là, un étrange changement se manifesta dans le caractère du vieux soldat, qui venait d'atteindre sa soixante-quatorzième année.

La solitude et l'obscurité lui faisaient peur ; la moindre indisposition lui causait une terreur qui tenait presque du délire ; il s'entourait de soins et de précautions exagérés. Aussi ne tarda-t-il pas à devenir sérieusement malade. « Mes enfants, répétait-il sans cesse à ceux qui l'entouraient, ne m'abandonnez pas de peur que j'attente à mes jours. »

Au mois d'août 1819 il alla passer quelques jours auprès du prince de Schwarzemberg, et il le quitta brusquement sans même le prévenir de son départ. Arrivé à Krieblowitz, il ne put continuer son voyage, comprit, non sans désespoir, qu'il allait mourir, et témoigna un désir ardent de voir le roi de Prusse. Celui-ci se hâta d'accourir près du mourant.

— Sire, lui dit Blücher, je savais que vous assistiez dans les environs à une revue d'automne ; j'ai voulu vous voir pour vous confier un étrange secret. Cependant, avant que je vous le dise, daignez me regarder avec attention et vous bien assurer que je jouis de toute ma raison.

Lorsqu'en 1756, la guerre de Sept-Ans éclata, mon père, qui habitait ses domaines de Gross-Reüzow, m'envoya avec mon frère chez une de mes parentes, la princesse de Kraswisk, dans l'île de Rugen. J'avais alors quatorze ans. Après quelque temps passé dans la vieille forteresse sans recevoir de nouvelles de ma famille, car Gross-Renzow et les pays environnants étaient devenus le théâtre de la guerre, j'entrai au service de la Suède dans un régiment de hussards. Je fus fait prisonnier à l'affaire de Suckow, et le gouvernement prussien me pressa de prendre du service dans ses armées. Je résistai durant une année ; bref, je n'obtins ma liberté qu'en acceptant le grade de cornette dans le régiment de hussards noirs.

Je me réservai toutefois un congé de quelques mois ; car depuis trois années, de cruelles inquiétudes m'obsédaient sur le sort de ma mère et de mes sœurs. Je partis donc pour Gross-Renzow.

Je trouvai sur mon passage toute cette partie du Mecklembourg-Schwerin horriblement ravagée. Comme ma voiture ne montait que lentement et avec difficulté la route escarpée qui conduisait au domaine de mes aïeux, je descendis de la chaise de poste, je me fis amener un cheval, et je partis à franc étrier, suivi d'un seul domestique. C'était il y a cinquante-neuf ans, jour pour jour, le 5 octobre, et à peu près à l'heure que marque cette pendule : onze heures et demie. Une tempête horrible mugissait à travers les bois, la foudre éclatait, les éclairs brillaient et la pluie tombait à flots. Après avoir erré longtemps dans la forêt, j'arrivai devant la porte du château, et là, je m'aperçus que j'étais seul et que mon domestique ne m'avait pas suivi; la tempête et l'obscurité lui avaient sans doute fait perdre mes traces.

Sans descendre de cheval, je frappai du manche de mon fouet contre la porte, revêtue de lames de fer, et toute hérissée de gros clous. On ne répondit point à cet appel. Je recommençai trois fois inutilement. Alors, perdant patience, je mis pied à terre... La porte s'ouvrit d'elle-même.

Après avoir traversé l'avenue, je gravis le perron et pénétrai dans l'intérieur du château. Rien n'était éclairé; aucun bruit ne frappait mon oreille... Je l'avouerai, mon cœur se serra, et un frisson parcourut tous mes membres.

— Quelle folie! me dis-je. Le château est inhabité; ma famille l'a quitté en même temps que moi et n'y est sans doute point revenue depuis notre départ général. N'importe! puisque me voici dans ces lieux abandonnés, il faut que je m'arrange pour y passer la nuit le moins mal possible.

En me disant cela, je traversai plusieurs pièces et j'arrivai dans la chambre à coucher de mon père. Un feu à demi éteint brûlait sous les cendres de la cheminée... A sa lueur douteuse et vacillante, je reconnus mon père, ma mère, et mes quatre sœurs, assis autour de l'âtre et qui se levèrent à ma vue. Je voulus me jeter dans les bras de mon père; mon père m'arrêta par un geste solennel. Je tendis les bras à ma mère; ma mère se recula par un mouvement mélancolique. J'appelai de leurs noms chacune de mes sœurs; mes sœurs se prirent par la main, sans me répondre. Puis tous se rassirent.

— Ne me reconnaissez-vous point? m'écriai-je. Est-ce de la sorte qu'une famille doit recevoir un fils et un frère, après tant d'années de séparation? Avez-vous donc appris que je suis entré au service de la Prusse? Je ne pouvais faire autrement; ma liberté, le bonheur de vous revoir, étaient à ce prix! Songez donc que depuis seize ans, je n'ai point reçu de vos nouvelles! Séparé de vous par des guerres sans relâche, au service de la Suède, prisonnier de guerre, rien ne venait jusqu'à moi pour calmer mes inquiétudes et mes doutes.

Eh quoi! mon père, vous ne répondez pas? Ma mère, vous gardez le silence? Avez-vous oublié, mes sœurs, la tendresse et les jeux de notre enfance? ces jeux dont ces lieux ont été tant de fois témoins?

A ces dernières paroles, mes sœurs parurent s'émouvoir. Elles se consultèrent, se levèrent et me firent signe d'approcher. L'une d'elles s'agenouilla devant ma mère, et cacha sa tête sur ses genoux, comme si elle eût voulu jouer à la main chaude. Surpris de cette étrange fantaisie dans un moment d'une telle solennité, je n'en touchai pas moins légèrement, du fouet que je tenais, la main de ma sœur.

Une force mystérieuse me poussait à faire cela.

Alors ce fut à mon tour à cacher ma tête sur les genoux de ma mère. O terreur! je sentis à travers les étoffes de soie de ses vêtements des formes anguleuses et froides; j'entendis un bruit sec comme celui d'ossements qui s'entrechoquaient. Une main se jeta dans ma main, cette main y demeura... C'était celle d'un squelette! Je me relevai en jetant un cri d'horreur. Tout avait disparu, et il ne me restait de cette épouvantable vision que les débris humains que je serrais convulsivement.

Hors de moi, je m'élançai dans la cour, j'y retrouvai mon cheval, et après être monté en selle je partis au grand galop, marchant au hasard à travers la forêt. Au point du jour, mon cheval s'abattit sous moi et mourut. Je tombai moi-même sans connaissance ; mes gens, inquiets de ma disparition, me retrouvèrent au pied d'un arbre, sous mon cheval, et la tête brisée. Je faillis mourir ; et ce ne fut qu'après trois semaines de fièvre chaude, d'agonie et de délire, que je revins à la raison. Alors seulement j'appris que toute ma famille avait péri victime dans la guerre sans pitié qui avait désolé le Luxembourg, et que le château de Gross-Renzow avait été pillé et saccagé à diverses reprises.

A peine convalescent, je me rendis une seconde fois au château pour rendre les derniers devoirs aux dépouilles mortelles de ma famille. Les plus scrupuleuses recherches ne parvinrent point à me faire découvrir ces restes sacrés. Une main seule, une main de femme entourée d'une chaîne d'or gisait dans la chambre où la fatale vision m'avait apparu. Je pris la chaîne d'or : la voici. La main fut déposée dans l'oratoire du château.

Il y a trois jours, je dormais étendu dans ce fauteuil où vous me voyez, quand un léger bruit m'éveilla. Mon père, ma mère et mes quatre sœurs se tenaient devant moi, comme jadis au château de Gross-Renzow.

Ils se prirent par la main et tournèrent lentement autour de mon fauteuil

— Justice ! dit mon père.

— Pénitence! murmura ma mère en penchant sur moi sa tête désolée .

— Prière! fit la plus jeune de mes sœurs.

— Glaive! soupira l'autre.

Puis j'entendis la troisième qui disait :

— Cinq octobre!

Et la dernière ajouta :

— A minuit!

Ils tournèrent ainsi trois fois autour de moi en répétant les mêmes paroles. Après quoi, ils unirent leurs voix funèbres pour s'écrier :

— Au revoir! au revoir!

Je compris alors que ma destinée allait s'accomplir, et qu'il ne me restait plus qu'à recommander mon âme à Dieu et ma famille à Votre Majesté.

— Mon cher maréchal, dit le roi, pensez-vous que la fièvre et le délire ne soient pour rien dans ces deux visions? Prenez bon espoir. Vous guérirez bientôt et vous vivrez longtemps encore..... N'est-ce pas que vous m'en croyez? Allons, donnez-moi votre main.

Comme Blücher ne répondait pas, le roi de Prusse prit la main du vieillard dans la sienne.

Cette main se trouvait glacée et minuit sonnait.

Le feld-maréchal Gerhart Lebrecht de Blücher venait de mourir.

Le mois d'octobre. — Nouvelles du Muséum.
Adieux aux hirondelles.

15 octobre.

Hélas! les jours décroissent rapidement de quarante-
six minutes le matin et cinquante-huit le soir! Entre le
1er octobre et le 31, il existe un écart de plus d'une heure
et demie. Comme en 1858, le thermomètre ne s'élèvera
plus guère en moyenne au-dessus de dix à onze degrés ;
il descendra probablement au-dessous de zéro. Les pluies
et le refroidissement qu'elles causent à l'atmosphère
amèneront des gelées blanches ; les rayons du soleil n'arrivant plus qu'obliquement à l'hémisphère boréal. Quelquefois pourtant, mais rarement, la première quinzaine
d'octobre et la première quinzaine de novembre donnent
encore de beaux jours, nommés si poétiquement par la
voix populaire *été de la Saint-Martin, ultima verba,* suprêmes adieux, sourires mélancoliques du départ!

La religion catholique se prépare, pendant le mois
d'octobre, aux deux grandes fêtes qui commencent le
mois de novembre : la Toussaint et le jour des Morts.

On a consacré la première aux élus qui nous ont pré-
cedés dans le sein de Dieu, et qui implorent la miséri-
corde divine pour nous autres, *exules filii Evæ,* pauvres

exilés, enfants d'Ève ! Le *Jour des morts*, nous prions en faveur des âmes qui attendent que leur temps d'expiation soit abrégé par notre intercession. Dogme touchant, nommée par le *Symbole des Apôtres*, la communion des saints, et qui établit une fraternelle communauté entre les morts et les vivants, entre le ciel et la terre.

Les israélites ont, au contraire, établi dans le mois d'octobre leurs deux principales solennités.

C'est d'abord, le 8, la cérémonie des *Expiations*, où le grand sacrificateur charge le bouc Azazel de toutes les iniquités du peuple de Dieu.

Vient ensuite, le 15, la fête des *Tabernacles* (*soukot*), fête charmante, pendant laquelle on dresse, dans les jardins et sur les terrasses, des tentes de branchages sous lesquelles on habite, et on célèbre des banquets de famille. Ce jour-là, le plus pauvre juif peut se présenter sans crainte chez le plus riche de ses coreligionnaires, il sera reçu comme un hôte envoyé par Jéhovah, et l'on fera mettre son couvert à la meilleure place. Les indigents, qui n'ont ni jardins ni terrasses, construisent leurs cabanes verdoyantes dans la synagogue elle-même, tandis que les assistants, des rameaux verts à la main, chantent des cantiques en souvenir de l'affranchissement de Moïse et des tribus juives, si longtemps esclaves parmi les Égyptiens.

Le soleil quitte, en octobre, la constellation de la Vierge, sur le pied de laquelle il brille le 31 ; les étoiles filantes reparaissent en foule et sillonnent le sombre azur du ciel, de leurs innombrables traînées de feu ; enfin, la lune étale, dans tout son éclat, le 12, son disque circulaire : fière sans doute de sa splendeur, elle se lève dès cinq heures trois minutes du soir, pour ne se coucher que le lendemain à huit heures cinq minutes du matin.

Presque toute la cour céleste imite l'exemple de sa souveraine nocturne. Si *Vénus* et *Mercure* se découvrent difficilement à travers les rayons du soleil couchant, en revanche, *Mars* se lève de meilleure heure ; *Saturne* permet aux astronomes de contempler le mystérieux anneau qui l'entoure ; *Uranus* et *Jupiter* scintillent durant la moitié de la nuit ; enfin, quand la brume n'y met point d'obstacle, les astres semblent redoubler de vivacité, même les millions de mondes inconnus qui composent la voie lactée.

La population parisienne, reléguée dans ses logements exigus, constamment affairée, besoigneuse, vivant au jour le jour, parcimonieuse pour ce qui n'est point luxe et superfluité, étrangère à l'esprit d'approvisionnement, ne songe jamais à se procurer les objets de première nécessité qu'au moment même où elle en éprouve l'urgent besoin. Aussi, vers la fin d'octobre seulement, on commence à la voir aborder les boutiques de charbonniers, presque aussi nombreux dans chaque quartier que les marchands de vin. Là, elle achète, à un prix exorbitant, de maigres cotterets et quelques kilogrammes de rondins, bois chétif et à demi vert encore. Elle en façonne, au bord de ses petites cheminées, de petits feux, composés de trois fumeux tisons, dont le seul aspect suffit pour faire grelotter une personne habituée aux vastes et vivifiants foyers de la province. Depuis quelques années néanmoins, l'introduction de la houille commence à modifier un peu le mode de chauffage de la capitale. On trouve çà et là, même chez les moins riches, certains de ces bons poêles de fonte, empruntés à la Flandre, et dans le ventre desquels brûle le charbon de terre en grondant et en réchauffant tout alentour.

Un jour le gaz, jusqu'à ce que l'électricité l'oblige à céder lui-même la place, remplacera la houille et la détrônera. Peut-être bientôt il éclairera et il échauffera les appartements, il chassera des cuisines le charbon de bois et les miasmes empoisonnés qui s'en exhalent. Cependant, jusque aujourd'hui les applications qu'on en a tentées ont peu réussi. Il reste à résoudre mille petits problèmes qui doivent en rendre l'usage facile et populaire. Le temps et l'habitude feront le reste. Comme le disait un cordon bleu : « Ce n'est pas le tout d'avoir un piano, il faut savoir en jouer. »

Le Jardin des Plantes fait aussi ses provisions d'hiver. C'est vers l'automne qu'arrivent d'outre-mer, dans les ports, la plupart des bâtiments marchands. On a profité de ce moment favorable pour enrichir la ménagerie d'un guépard, de deux makis et d'un indri.

L'indri est une espèce de maki, court trapu, au museau carré, aux gros yeux ronds, au poil laineux.

Le guépard présente aux classificateurs un de ces problèmes insolubles, qui, pour eux, ont été, sont et resteront toujours un sujet de désespoir. Le guépard est un chat avec des pattes de chien. Or, faut-il le placer au commencement ou à la fin du genre *Félis?* Appartient-il au *Canis?* Ses dents disent non, ses pattes oui, son pelage ni oui ni non.

Le guépard provient de l'Asie méridionale. Sa robe fauve, mouchetée de taches rondes et noires, l'élégance de ses formes, sa docilité et sa douceur le placent parmi les animaux domestiques. Comme nos chiens, il sert à la chasse en Perse, dans le Mogol, au Malabar, à Surate; les chasseurs le prennent en croupe ou l'emmènent sur de petits chariots très-légers.

Dès que le guépard aperçoit une gazelle ou quelque autre gibier, il lève la tête vers son maître et attache sur lui ses grands yeux glauques d'une intelligence remarquable. Au premier ordre, donné toujours par un geste muet, il se glisse doucement à terre, rampe à travers les buissons et les hautes herbes, avance en louvoyant et sans bruit, profite habilement des inégalités du terrain, s'arrête et se couche si le gibier semble s'effaroucher, se relève et reprend sa marche insidieuse. Dès qu'il se trouve à portée de sa proie, il se rue sur elle d'un seul bond, la saisit et l'étrangle.

D'ordinaire, cette victoire remportée, il se met à lécher le sang de la bête qu'il a tuée, mais il ne touche point à la chair. Il attend patiemment l'arrivée de son maître; celui-ci caresse le guépard, le flatte de la main, lui donne un morceau de viande et remonte à cheval. Le guépard regrimpe de nouveau derrière lui ou va reprendre sa place dans un chariot.

Le guépard arrivé depuis deux ou trois jours au Muséum, a été placé en plein air, dans un grand parc, derrière la ménagerie des carnassiers. Il se promène lentement autour de cette enceinte grillagée, et sollicite une caresse des personnes qui le regardent. Comme il ne mange que de la viande crue, en demandant des caresses, il se montre plus désinteressé que les autres animaux qui, avant tout, guignent de l'œil et convoitent quelque bribe de gâteaux et de pain d'épices, dont il se fait un grand commerce au Muséum.

Si l'on veut conserver vivant ce bel animal, qui déjà souffre de l'isolement et de l'ennui, il est plus que temps de lui donner un compagnon quelconque qui satisfasse au besoin de société et d'attachement qu'éprouve le pauvre enfant de l'Inde. Qu'on mette près de lui un chien; tous les deux ne tarderont pas à se lier d'une fraternelle amitié. Ce désir quand même d'une affection quelconque se fait sentir chez certains animaux qu'on en croirait incapables.

Il y a, par exemple, dans la galerie des singes, un myopotame, sorte de gros rat aquatique, de la taille d'un lapin, arrivé récemment à Paris. Se montrant dès l'abord d'une violence extrême, il sautait sur les grilles dès qu'on s'approchait de la cage, et menaçait les curieux de ses dents jaunâtres, taillées en façon de burin, et longues de cinq à six centimètres.

A cet état permanent de fureur succéda bientôt une grande prostration. Il refusa de manger et n'approcha plus du bassin plein d'eau dans lequel il passait naguère presque toute la journée; enfin on remarqua en lui les symptômes d'une sérieuse maladie et d'une mort prochaine.

Son cornac ne sachant à quel saint se vouer pour conserver un animal rare et l'une des curiosités de la partie de la ménagerie confiée à ses soins, jeta à tout hasard dans la cage du nostalgique un petit chat de deux ou trois mois. Il pensait qu'un peu de chair fraîche et de viande vivante ne déplairait peut-être point au rat moribond.

En effet, le myopotame sortit tout à coup de sa langueur pour se ruer sur le chat, comme s'il eût voulu le mettre en pièces. Il s'arrêta brusquement au miaulement plaintif que poussa la pauvre petite bête et fit un saut en arrière. Il se rapprocha ensuite, tourna lentement autour de l'être inconnu placé devant lui, et finit par le pousser doucement vers une tasse pleine de lait.

Le chat, après quelque hésitation, se mit timidement, puis avec appétit, à lécher ce lait. Le myopotame se joignit à lui et prit sa part du déjeuner. Après quoi, tous les deux, ils allèrent se coucher au fond d'une niche pleine de foin, placée à l'extrémité de la cage.

Le pacte d'amitié était conclu.

Naturellement le myopotame est le chef et le maître de l'association. Le chat a dû s'accommoder aux habitudes et aux caprices de son hôte. A chaque instant, celui-ci, qui, avec l'appétit, a recouvré son goût pour les bains, rentre trempé jusqu'aux os dans le lit commun et s'y blottit contre le malheureux minet, qui se recule en vain, et bon gré mal gré se trouve obligé de réchauffer le nageur.

Quand on leur jette quelque menu poisson, un oiseau ou de la viande, le myopotame, taquin comme tous les tyrans domestiques, emporte au milieu du bassin ces provisions, que le chat trouverait fort de son goût. Le damné rat s'amuse de la gourmandise de son compagnon aux prises avec l'horreur innée qu'il ressent pour l'eau. Il prend entre ses dents le morceau convoité, s'approche du bord, s'éloigne quand le chat allonge la patte, revient, se sauve encore et fait durer ce plaisir parfois pendant une heure. D'ordinaire, le chat, de guerre lasse, finit par se réfugier dans la niche, où il se couche, sans doute en raison du proverbe : *qui dort dîne.*

Le myopotame, qui n'a rien mangé de sa proie, s'approche de la niche et recommence le même manége.

Je dois ajouter que, hors de l'eau, en terre ferme, la mystification lui réussit moins souvent et surtout moins longtemps. Le chat use de ruse à son tour, feint de sommeiller d'un œil, guette de l'autre son camarade, s'élance tout à coup, saisit l'oiseau ou le poisson et grimpe au plus haut de la cage.

Alors les rôles changent. Le rat suit le chat, se dresse sur ses pattes de derrière, essaye inutilement de l'atteindre, se fâche tout rouge, hérisse ses poils rudes, piquants, et qui rappellent un peu les épines du porc-épic, grogne, crie, se jette à l'eau, se démène, éclabousse tout. Le chat ne bouge point de son asile, lèche de sa langue épineuse le butin qu'il tient entre ses griffes, et, de temps à autre, pousse un miaulement vainqueur et provocant, destiné à accroître le dépit du myopotame.

Les choses finissent cependant par s'arranger à l'amiable. Quand le chat a bien joui de la colère du rat, il descend, met prudemment une patte sur le dîner commun, et tous

les deux mangent paisiblement un mets si longtemps con-
testé. Après quoi ils vont se coucher l'un près de l'autre
et digérer en dormant.

Les makis tiennent à la fois du singe, de l'écureuil et du
chien. Doux, tendres et caressants comme ce dernier;
agiles, ornés de longs poils et d'une queue à panache
comme le second, ils ont reçu de la nature les quatre
mains du premier, mais cependant moins adroites que
celles des orangs, des gibbons et même des magots. Ils
s'en servent plus pour s'attacher en volant de branche en
branche, que pour éplucher leurs aliments et pour
les porter à la bouche. Leur museau effilé et fin n'a
rien du masque déplaisant du singe, qui rappelle, d'une
façon si triste et si bouffonne, les traits de la face
humaine.

Déjà le Muséum avait un maki-mocoko. Ceux qu'il vient
d'acquérir sont le maki à fraise et le maki noir. Quant à
votre serviteur, il possède depuis quatre ans le plus doux
et le plus intelligent de ses congénères. Tandis que j'écris
ces lignes, blotti sur mes genoux, de temps en temps il
interrompt son sommeil et mon travail pour m'adresser
une caresse, puis il se reblottit bien vite dans les plis les
plus chauds de ma robe de chambre, sans se douter que,
ce soir, son maître le fera *figurer dans les papiers publics,*
comme dit M. Prudhomme.

Puisque me voici encore entraîné sur mon terrain
favori, sur l'intelligence des animaux, je vais vous raconter des hirondelles ce que m'en racontait tout à l'heure
un ami.

Le 12 août, en commençant les préparatifs de la décoration de la place Vendôme, les ouvriers posèrent des guirlandes de feuillage à la corniche la plus élevée des hôtels qui encadrent cette place.

A peine se furent-ils mis à l'œuvre, qu'une vive émotion se manifesta parmi les hirondelles dont les nids se trouvaient entre les sculptures des corniches.

D'abord elles s'envolèrent avec précipitation et en donnant les témoignages de la plus vive terreur; elles s'agitèrent, elles voletèrent çà et là, et finirent par se réunir en masse autour de la statue de l'Empereur. On en comptait plus d'un millier, criant, piaillant, et se concertant avec autant de bruit que peut en faire une assemblée délibérante. Tout à coup, d'un commun accord, elles reprirent leur vol, se ruèrent sur les ouvriers, les harcelèrent à coups d'ailes, et ne cessèrent leurs furibondes attaques qu'après avoir vu leurs ennemis supposés descendre de leurs échelles, abandonner les corniches et s'occuper d'autres travaux.

Quand elles eurent remporté cette victoire imaginaire, elles rentrèrent dans leurs nids, où elles demeurèrent une partie de la journée.

Vers le soir, bien convaincues qu'on ne leur voulait pas de mal, elles sortirent de leurs retraites, se dirigèrent vers les Tuileries pour y faire aux insectes leur chasse ordinaire et revinrent le butin au bec, sans s'inquiéter des charpentiers, des menuisiers et des décorateurs.

Le 14, pendant la fête, on les voyait sortir curieusement des nids leurs jolies petites têtes noires et regarder attentivement le défilé des troupes. Peu de temps avant

l'orage, elles quittèrent leurs retraites, virèrent et revi-
rèrent au-dessus des bataillons qui défilaient, et picotèrent
gaiement et effrontément les insectes rabattus vers les
régions basses de l'air par la pesanteur de l'atmosphère.
Enfin, le 17, quand les ouvriers enlevèrent les guirlandes
placées aux corniches, pas une hirondelle ne prit peur et
n'abandonna son domicile. Les ouvriers touchaient leur
nid sans les intimider. De mes yeux, j'en ai vu une happer
une mouche imprudente qui s'était aventureusement
placée, à la portée de l'oiseau, sur la main d'un déco-
rateur.

L'hirondelle est un des plus jolis et des plus intelligents oiseaux de nos contrées.

M. Moquin-Tendon, qui ne se perd pas, comme trop
de naturalistes, au fond du labyrinthe sans issue des clas-
sifications, donne, dans une *Histoire des nids*, de charmants détails sur les mœurs de l'hirondelle *rustique* ou
des cheminées.

« Elle niche, on le sait, dit-il, dans la partie la plus
élevée des cheminées, quelquefois aussi dans les appartements abandonnés des vieux châteaux, et même sous
la saillie des toits et des corniches, comme l'*hirondelle
de fenêtre*. J'ai vu un très-grand nombre de nids dans une
ancienne tour peu fréquentée; les hirondelles partageaient
ce domicile avec une douzaine de moineaux.

« Frisch a prouvé, il y a longtemps, par des expériences, que ces oiseaux reviennent pondre dans le même
nid. Ces expériences ont été répétées par d'autres ornithologistes.

« Dans un château près d'Épinal, en Lorraine, où se

trouvait retenue prisonnière une des victimes de la Révolution, des hirondelles de cheminée avaient établi leur nid dans une chambre dont les vitres cassées leur permettaient facilement l'accès. Le prisonnier eut l'idée d'attacher un anneau de laiton au pied d'un de ces oiseaux. Il remarqua, durant les trois années de sa captivité, que la même hirondelle revint exactement, et vers la même époque, dans l'appartement où se trouvait son nid.

« En 1838, dans une chambre du second étage de mon habitation, au Jardin des Plantes de Toulouse, un couple d'hirondelles de cheminées construisit son nid contre une poutre. Cette chambre était éclairée par une vieille fenêtre constamment ouverte.

« Le 24 mai 1839, j'attachai un petit morceau de drap rouge à la patte droite du mâle et un autre morceau à la patte gauche de la femelle. C'était cinq jours après l'éclosion des œufs. Les hirondelles continuèrent l'éducation de leurs petits. L'année suivante, je revis le même couple. Je remarquai que le drap des pattes n'était plus aussi rouge. Ces oiseaux sont venus pondre régulièrement dans e même nid jusqu'en 1845. La dernière année, le drap des pattes se trouvait d'un rose sale. »

« J'ai vu, dit Gérardin, mes hirondelles réparer leur ancien nid avec une adresse et une rapidité étonnantes. Au mois de février 1841 (par conséquent, avant le retour de ces oiseaux), j'ébréchai leur petit édifice, vers le milieu du bord; j'en enlevai un morceau d'environ trois centimètres carrés. Les *hirondelles*, dès leur arrivée, se mirent à réparer ce dégât. La réparation fut faite dans deux jours.

« Voici la description exacte de ce nid : qu'on se figure une espèce de mur très-convexe surtout dans la partie moyenne ; il était appliqué contre la poutre et formait comme bénitier. Le plafond le protégeait supérieurement.

« Ce nid était inégalement épais. Dans les coins, espèces de dilatations appliquées et collées contre le mur, il offrait de 5 à 8 centimètres ; dans la partie convexe, sur le bord, dans les points les plus écartés de la poutre, il n'avait qu'environ 2 centimètres ; le petit mur allait en s'épaississant de haut en bas ; à la partie inférieure, il présentait une masse toute pleine.

« La cavité du nid était à peu près demi-circulaire. Ce curieux édifice était composé de terre gâchée, entremêlée de pailles, de fibres radicales, et même de cheveux qui servaient à en relier les diverses parties. »

Aristote dit, avec raison, que l'hirondelle de cheminée, dans la construction de son nid, mêle de la paille à la boue qui en fait le principal élément, et imite en cela les ouvriers en torchis. Pline répète à peu près la même chose. La terre est déposée par petits amas arrondis, irréguliers, apportés par l'oiseau dans son bec ; ils font saillie à l'extérieur et donnent à la muraille un aspect singulièrement rugueux. Ces rugosités présentent, le plus souvent, des séries horizontales ; elles ressemblent à certaines stalactites. Çà et là, surtout vers la partie inférieure, on aperçoit, dépassant plus ou moins les éminences dont je viens de parler, les pailles et les fibres interposées entre ces dernières. Le mur est couleur de terre. Guettard dit que si, dans la constrution de leur nid, certains oiseaux travaillent comme de petits bûcherons, d'autres se conduisent comme de petits maçons.

On trouve à l'intérieur des brins de graminées, des pailles, des crins, et par-dessus un petit matelas composé de plumes et de duvet.

Le nid des hirondelles représente un demi-cercle; l'oiseau produit ce demi-cercle en prenant ses pattes pour centre et son bec pour l'autre branche du compas.

Degland rapporte qu'un couple d'hirondelles de cheminée, ayant établi son nid sur le ressort de sa sonnette, lui donna la forme d'une *jolie coupe*. Le même ornithologiste a vu un nid semblable dans une maison de la rue Basse, à Lille. Le rayon de l'ouverture était exactement celui du demi-cercle des nids habituels. Mais, comme la nouvelle couchette circulaire se trouvait trop grande pour le nombre de petits, les hirondelles, afin d'en diminuer l'étendue, y avaient entassé trois fois plus de duvet et de plumes qu'elles n'en rassemblent habituellement.

On connait l'histoire, si souvent répétée, des hirondelles dont le nid a été usurpé par un couple de moineaux. Après avoir vainement réclamé la possession de leur berceau, elles vont avertir d'autres hirondelles, qui arrivent en nombre, avec de l'argile dans le bec, et claquemurent victorieusement nos deux usurpateurs. *Sæpe fringilla domestica occupat nidum confectum; at hirundo, convocatis sociis, dùm aliæ custodiunt hostem captivum, aliæ argillam adducunt, introitum arcte claudunt, avolant relicto hoste suffocato.* (Linné.)

Les hirondelles de cheminée produisent de quatre à six œufs.

Willughby, Buffon et Gérardin se trompent en attribuant à cet oiseau des œufs blancs. Ces œufs, fraîchement pondus, paraissent de couleur de chair très-pâle, et sont marqués de petites taches brunes et violettes, plus rapprochées vers le gros bout. Quand l'incubation a lieu, le fond devient blanc et mat.

Pendant que la femelle couve, le mâle passe la nuit à côté d'elle, accroché au bord du nid.

« L'éclosion, continue M. Moquin-Tendon, arrive au bout de douze jours. C'est cinq jours après que j'attachai une marque à la patte du mâle et une autre à celle de la femelle.

« Le 23 juin, mes hirondelles recommencèrent une seconde ponte ; celle-ci fut composée de quatre œufs seulement.

« L'année suivante, les mêmes hirondelles pondirent leur premier œuf, le 5 du mois de mai. La ponte totale fut de six œufs. A la même époque, je découvris dans le jardin, sur un rosier, un nid de *sylvia hortensis* avec cinq œufs. Je pris ces œufs, je les portai dans le nid des hirondelles, et je les remplaçai par cinq des œufs qu'il contenait.

« Il y eut donc, dans ce dernier nid, un œuf d'hirondelle et cinq de *bec-fin*. Les oiseaux ne parurent pas s'apercevoir de la présence des œufs étrangers. L'incubation et l'éclosion eurent lieu à la manière ordinaire.

« Un matin, je trouvai au-dessous du nid des hirondelles, par terre, un petit bec-fin mort ; le lendemain, il y avait un autre petit qui remuait encore ; le surlendemain, un troisième mort, et, le jour suivant, les deux autres vivants. Les petites hirondelles écloses dans le nid des becs-fins disparurent les unes après les autres.

« Que devinrent-elles? Il en restait une seulement qui paraissait malade; je l'enlevai et la remplaçai par les deux becs-fins trouvés à terre. Le père et la mère leur donnèrent à manger et les élevèrent comme s'ils avaient vu le jour dans leur propre berceau. Je dois dire que l'hirondelle éclose dans son nid légitime fut nourrie également par ses parents; quant à l'hirondelle née dans le nid des becs-fins, elle ne tarda pas à succomber. »

Laissez-moi vous dire, pour terminer, ce qu'une hirondelle a fait ce printemps dans un château du département de l'Isère près de Vienne.

Cette hirondelle avait bâti son nid dans le vestibule du château, et, depuis cinq ans, elle venait tous les printemps y faire sa couvée.

Elle ne s'effarouchait point de la présence des gens de la maison, et allait et venait partout avec la confiance illimitée des animaux convaincus qu'on ne songe point à les inquiéter. Elle ne dédaignait même pas de prendre les mouches que les petits enfants lui présentaient au bout des doigts.

Or il advint, l'hiver dernier, qu'une des personnes de la maison tomba malade et qu'on reconnut la nécessité de poser une sonnette dans sa chambre. Le serrurier chargé de ce travail fit passer un long fil de fer dans le vestibule, et, en parachevant sa besogne, il démolit à demi le nid de l'hirondelle.

L'oiseau, de retour des pays étrangers, se mit à restaurer bravement sa demeure démantelée; il terminait son œuvre, quand on tira tout à coup la sonnette et qu'on mit en mouvement le fil de fer. Le ciment encore frais employé pour raccommoder le nid fut détaché du mur par le mouvement de ce fil et tomba en morceaux sur les dalles.

L'hirondelle s'envola, tourna autour du nid, examina le fil de fer, et revint bientôt le bec chargé de terre-glaise. En moins d'une matinée, elle construisit un solide tuyau pour laisser passage à l'agent destructeur, sans qu'il renouvelât l'accident advenu une première fois; elle adossa son nid à ce tuyau. A l'heure qu'il est, on peut sonner tant qu'on le voudra sans déranger l'oiseau industrieux et sans l'obliger à des réparations.

Cette nouvelle preuve de l'intelligence des bêtes est vraie dans ses plus minutieux détails.

Nous pourrions citer le nom du propriétaire du château où la chose se passa; enfin un de nos amis, un homme digne de foi, a vu le nid et le conduit de terre glaise si ingénieusement imaginé et exécuté pour assurer le repos de l'hirondelle et de sa nichée.

Après tout, ce fait doit-il étonner plus que les combinaisons géométriques de l'araignée et de l'abeille?

N'est-ce point le cas de dire avec saint François de Sales : « Dieu est aussi grand, aussi adorable, aussi inexplicable dans les plus humbles choses que dans les plus grandes. »

Les éphémères. — Comment on les chasse en Chine.
Comment on les y prépare.

28 octobre.

Les jours décroissent rapidement, les nuits s'allongent, les matinées deviennent plus froides, les fleurs de l'été se hâtent de confier à la terre les graines qui doivent perpétuer leurs espèces et les faire renaître au printemps. Les hirondelles commencent à tenir des conciliabules sur les toits et songent au départ prochain, car les insectes deviennent rares. Les feuilles jaunissent, il règne partout dans la campagne je ne sais quelle tristesse à laquelle ne sauraient soustraire ni les fusillades des chasseurs, ni les aboiements des chiens, ni les derniers travaux de la moisson. La nature a pris un aspect sérieux, l'azur du ciel s'accentue davantage, l'automne arrive à grands pas!

Telles étaient mes impressions hier, tandis que je me promenais seul, le soir, dans la vallée de la Marne, où les eaux jaunâtres de cette rivière forment tant de capricieux méandres. Tout à coup je vis sortir du sein de l'eau un immense nuage d'insectes blanchâtres, semblables à des papillons. Il s'envola dans les airs, y tournoya pendant une heure environ, et peu à peu, tombant sur la terre humide de la rosée du soir, il joncha le gazon d'êtres agonisants. C'étaient des éphémères, autre mélancolique symptôme de l'automne; ils venaient de naître, et ils se mouraient déjà.

Je ramassai quelques-uns de ces névroptères pour examiner de près leurs formes. Je remarquai leur corps
allongé, et leur tête petite et presque occupée tout entière par de gros yeux noirs. Le Créateur ne leur a donné
qu'une bouche rudimentaire, car ils ne doivent même pas
effleurer le suc d'une fleur pendant leur courte existence.
Deux ailes triangulaires jaunâtres avec un réseau brun recouvrent leur abdomen laineux, obèse et allongé; une
autre paire d'ailes courtes et semblables à de petits moi-
gnons se dresse au-dessus du corselet tacheté de brun;
enfin les pattes, vigoureuses et fortes, se terminent par
des ongles aigus.

Les mâles tombaient les premiers du haut des airs ou
glissaient le long des arbres sur lesquels ils s'étaient ré-
fugiés. Les femelles, sans s'inquiéter de la mort de leurs
époux d'un moment, se hâtaient d'aller pondre dans la
rivière. Tel était le poids de leurs œufs, que le sac qui
les contenait se brisait souvent avant qu'elles eussent pu
atteindre la rive, et qu'ils recouvraient l'herbe et le sable
de leurs grosses grappes.

Des oiseaux de toute espèce volaient au milieu des
éphémères et en faisaient un carnage impitoyable; d'autres se hâtaient de dévorer les œufs éparpillés partout;
les poissons, de leur côté, attendaient la ponte au moment où les femelles effleuraient l'eau et la dévoraient
sans traiter avec plus de merci la manne vivante qui leur
arrivait littéralement du ciel. La surface de la rivière, le chemin de halage, les prairies, les champs voisins, semblaient,
à la clarté de la lune, recouverts d'un suaire de neige.

Plusieurs naturalistes prétendent que cinq ou six générations d'éphémères peuvent éclore sans que les œufs qui les produisent aient été fécondés; d'autres nient cette assertion. Pourtant n'en advient-il point ainsi des acarus et de plusieurs autres insectes?

Les éphémères commencent par être aquatiques; leurs larves, de forme allongée et la bouche armée de deux lames cornées et dentelées, vivent au fond des rivières et des mares; elles se creusent dans les berges dont les terres sont compactes un trou double séparé par une étroite languette. Là, elles attendent patiemment que des débris de plante ou quelque petit insecte imprudent passe à leur portée. Alors les lames de leur bouche, qui leur ont servi de pioche et de truelle pour construire une demeure, deviennent une arme meurtrière qui tranche et dépèce tout ce qu'elle saisit.

Lorsqu'elle a mené un an cette vie de brigand, la larve devient une nymphe; mais sa transformation et le nom poétique qu'elle prend ne changent rien à ses habitudes carnassières. Les nymphes ne se distinguent de la larve que par des rudiments d'ailes. Elles continuent à vivre dans leurs grottes souterraines et à dévorer tout ce qu'elles peuvent attraper au passage.

Après deux, trois et même quatre ans, les nymphes se traînent hors de l'eau et vont se fixer sur quelque endroit sec. Alors leur peau se fend au-dessus de la tête et du corselet, et le nouvel insecte ne tarde point, complet et orné d'ailes, à s'échapper du fourreau qui l'a si longtemps contenu. Il s'envole aussitôt à quelque distance pour subir une nouvelle mue, et son corps et ses ailes se dépouillent d'une seconde enveloppe. Après toutes ces transformations et tous ces changements de nature et de costume, l'éphémère parcourt les airs pendant une heure ou deux et tombe mort.

Pourquoi cette longue existence au fond de l'eau? Pourquoi ce trépas instantané dans les airs? Qui le sait et qui le saura jamais? Il faut, devant ce mystère comme devant tant d'autres, s'humilier et s'incliner en face de la toute-puissance du Créateur.

Il y a des éphémères non-seulement parmi les insectes, mais encore parmi les plantes et les arbustes.

Telles sont, par exemple, les fleurs du ciste, que les montagnards nomment *fleurs du soleil,* qui s'ouvrent dès le lever de cet astre, le suivent, tournent avec lui et s'effeuillent à la fin de sa course.

Le ciste est un buisson odorant, à fleurs pourprés, dont les jeunes feuilles et les bourgeons sécrètent, le soir surtout, une substance parfumée, noirâtre, nommée *ladanum.* Les Grecs recueillent cette substance, la disposent en pains et l'expédient dans toute l'Europe, où la médecine l'employait naguère à combattre les affections catarrhales.

On rencontre de nombreuses espèces de ciste en Syrie et en Espagne et même dans le midi de la France ; mais on ne le cultive nulle part. Après l'avoir dépouillé de son miel bienfaisant, les bergers l'arrachent du sol et s'en servent pour se protéger, en le brûlant, contre les premiers froids de l'automne. Le ciste est tellement vivace, que les débris de ses racines, restés dans la terre, produisent au printemps de nouveaux rameaux et de plantureux buissons.

Pour en revenir aux insectes éphémères, laissez-moi vous dire que la nature a tellement tout combiné pour leur prompte destruction, que, malgré des soins et des précautions inimaginables, on ne peut les conserver dans les collections d'entomologie. En dépit du verre qui les abrite, en dépit de toutes les substances mortelles dont on les entoure, ils se raccornissent, se brisent, tombent en poussière, et deviennent les premiers la proie de ces parasites quasi microscopiques, qui sortent on ne sait d'où, et qui envahissent et ravagent en quelques jours les collections les mieux surveillées.

On rencontre les éphémères dans toutes les parties du globe et surtout en Chine. On sait que dans le Céleste Empire une grande partie de la population habite des bateaux ou plutôt des demeures flottantes. Les pêcheurs, les fermiers qui élèvent des canards et des oies, immense branche de commerce en ce pays, et beaucoup de petits propriétaires naissent, vivent et meurent dans des jonques recouvertes d'un toit, divisées en appartements et qu'ils promènent au gré de leurs besoins ou de leurs fantaisies sur les eaux des fleuves et des canaux.

Pour cette singulière population, comme pour les populations riveraines, l'apparition des éphémères est un événement attendu avec une grande impatience et l'objet d'une fête publique. Quand, à certains signes connus et soigneusement étudiés, on reconnaît que ces insectes doivent prochainement sortir de l'eau, on envoie des messagers dans toutes les villes voisines; le tamtam et le gong retentissent le long des fleuves, et des lanternes aux mille couleurs s'allument partout, attachées aux jonques, suspendues aux arbres, et hissées à des poteaux.

Les malheureux éphémères, éblouis par ces clartés

inattendues, vont se jeter de tous les côtés contre les lanternes, et, en tombant, jonchent la terre d'une véritable
neige vivante. On les recueille à l'aide de râteaux; on
prend avec des filets ceux qui volent, et, tandis que les uns
les jettent tout vivants dans des poêles pleines de friture
en ébullition, les autres les entassent dans des mortiers
où ils les pilent. On mélange ensuite cette pâte singulière avec du miel, on la renferme dans de petits tonne-
lets en porcelaine hermétiquement fermés, et on la trans-
porte à l'aide de bateaux légers et rapides jusque dans
l'intérieur des villes.

« Les éphémères frits, nous écrit un de nos amis attaché à l'ambassade française en Chine, rappellent un peu
le goût légèrement acidulé des beignets de pommes. En
marmelade, on les prendrait pour d'excellentes confitures
de groseilles. Je vous vois d'ici lever les épaules en
signe de dégoût, et demander comment les Chinois
peuvent trouver excellents les éphémères. Ils ont raison,
je vous l'affirme, et je partage leur goût pour ces insectes, pour les larves de palmiers, gros vers blancs d'un
aspect appétissant et bien plus exquis que les crevettes,
et même pour les nids d'hirondelle, qui dépassent en
finesse le parfum des truffes, que vous payez si cher et que
vous prisez si haut ! Je vous conseille de faire les dégoû-
tés, vous qui mangez des escargots, des huîtres, des ho-
mards, des langoustes, des crabes et des écrevisses,
immondes bêtes qui ne se nourrissent que de détritus
impurs ! Si les confitures aux éphémères pouvaient se
conserver au delà de deux ou trois heures, j'en joindrais
quelques pots à la petite provision de piment sucré qui

ne tardera pas à vous arriver, que les Anglais trouvent délicieux, et que l'on commence à servir sur les tables françaises. Vous jugeriez avec connaissance de cause si les Chinois et moi nous avons mauvais goût de les aimer!»

NOVEMBRE

Les mangeurs de terre. — Les *cossus*.

4 novembre.

M. Cortambert vient de publier une notice, fort curieuse assurément, sur les peuplades des bords de l'Orénoque qui se nourrissent de terre.

Dans le haut Orénoque, le Cassiquiare, la Méta et le Rio-Negro, les naturels recherchent avidement une argile mêlée d'oxyde de fer et d'un jaune rougeâtre ; on la pétrit en boulettes ou en galettes que l'on met sécher, puis qu'on fait cuire quand on veut les manger : c'est un lest pour l'estomac, sinon une nourriture. Bien qu'elle ne contienne pas d'aliments nutritifs, cette argile a une action telle sur le principal organe de la digestion, que l'on voit des Indiens vivre des mois entiers sans autre

ressource; ils la font frire quelquefois dans l'huile de
séjé, et alors cette sorte de friture offre quelques parties
réellement substantielles.

L'aliment en question, quelque singulier qu'il paraisse,
n'affecte pas d'une manière fâcheuse la santé de ceux
qui en contractent l'habitude.

Le goût des sauvages pour cette glaise devient même
si prononcé, qu'on les voit détacher, des habitations faites
en argile ferrugineuse, des morceaux qu'ils portent avidement à leur bouche; ils se montrent connaisseurs et
gourmets en terre; toutes les espèces n'ont pas le même
agrément pour leur palais; ils les dégustent et les distinguent en qualités très-diverses.

Les naturels de la Nouvelle-Hollande témoignent le
même goût pour la terre glaise.

Après tout, les sauvages américains et de la Nouvelle-
Hollande ont été amenés à manger de cette terre faute
d'aliments plus substantiels.

Mais que penser quand on voit les Chinois croquer des
vers de terre, et surtout lorsqu'on retrouve ce goût chez
les Romains de l'antiquité?

Un naturaliste de beaucoup de valeur, M. Mulsant, de
Lyon, a consacré un long travail à rechercher quelle
espèce de ver pouvaient priser si fort les descendants dé-
générés du vieux Brutus et les contemporains de Lucullus.

Et laissez-moi vous dire à ce sujet qu'on ne peut s'empêcher parfois de sourire en présence du sérieux que
certains savants attachent à s'occuper de certaines questions.

Elles n'intéressent, à vrai dire, ni la science, ni l'agriculture, ni l'industrie; leur solution ne peut produire d'autre avantage que la vulgaire satisfaction d'un bourgeois parvenu à déchiffrer le mot d'un rébus, placé au bas d'un journal à images. N'importe! Ils feuillettent des centaines de volumes; consultent, traduisent, commentent, dissertent les auteurs grecs, latins, français, hébraïques, se disputent avec acharnement entre eux, se disent de gros mots et ne tombent jamais d'accord.

« Une discussion entre savants, disait un soir Cuvier, ressemble au nœud d'une corde que deux personnes voudraient dénouer en tirant chacune un des bouts de cette corde; quand elles se séparent, de guerre lasse, le nœud n'en est que plus indissolublement serré. »

J'ai là, par exemple, sous les yeux, sept ou huit dissertations imprimées et signées de noms connus honorablement, farcies de citations, avec notes marginales et notes au bas de la page; bref, un déploiement d'érudition à faire reculer et bâiller les plus intrépides.

Savez-vous de quoi il s'agit?

De la vieille question rajeunie par M. Mulsant.

Il s'agit de connaître quels vers les Romains faisaient servir sur leur table, prônaient à l'égal des mets les plus exquis et nommaient *cossus*.

En supposant qu'on finisse par constater quels étaient ces *cossus*, je ne pense pas que la mode survienne jamais de les substituer, dans nos menus, aux truffes et aux huîtres. Qu'importe? Linné, Geoffroy, Fabricius, Olivier, Swammerdam, Frisch, Rœsel, Latreille, et M. Mulsant, à qui l'entomologie doit pourtant de si charmantes études et des progrès si réels, M. Mulsant, qui d'ordinaire emploie mieux son temps et son papier, s'en sont donné et s'en donnent à cœur joie sur le *cossus*. Ils se contredisent, s'épluchent, se démentent les uns les autres, et produisent une sorte de chaos au fond duquel je défie le plus habile de voir clair et de distinguer la vérité, — si toutefois il y a une vérité.

La faute en est, il faut bien l'avouer, à saint Jérôme et à Pline.

Pline a dit, livre XVII, chapitre xxxvii de son *Histoire naturelle* :

Les vers ne s'attachent pas également à tous les arbres, mais presque tous y sont sujets. Les oiseaux reconnaissent leur présence au son creux que rend l'écorce becquetée; et voici que les gros vers du chêne figurent sous le nom de *cossus* parmi les mets les plus délicats; on les engraisse en les nourrissant de farine.

Voici, d'autre part, le texte de saint Jérôme dans son *Traité contre Jovinien* :

Dans le Pont et dans la Phrygie, les pères de famille regardent comme un de leurs grands revenus certains vers à tête noirâtre, au corps replet, prenant naissance dans le bois. Manger ces xylophages est chez ces peuples une aussi grande preuve de luxe que chez nous de servir le ganga, le bec-figue, le rouget ou le scare, dont nous faisons nos délices;..... mais engagez un Syrien, un Arabe, un Africain, à se régaler de ces sortes de vers, il les dédaignera comme si on lui présentait des mouches, des mille-pieds ou des lézards.

Linné croyait avoir reconnu le *cossus* dans la larve d'un papillon nocturne, Olivier dans celle d'un longicorne, Rœsel dans celle d'un cerf-volant, Latreille dans celle du hanneton, que, soit dit en passant, les entomologistes ont affublé du nom de *Melolontha*.

Ces discussions durent depuis près d'un siècle et ten-
draient à établir, d'après l'opinion de Geoffroy, que les
fameux *cossus* seraient le *ver palmiste* dont Élien disait
déjà de son temps : « Au dessert, le roi des Indiens ne se
régale pas comme les Grecs du fruit des palmiers, mais
il se fait servir un ver qui naît dans l'intérieur de l'arbre.
Ce petit animal rôti est, dit-on, un mets délicieux. »

Du reste, on mange encore ces vers en Afrique et dans
les diverses parties de l'Amérique, où ils sont très-recher-
chés, au dire de Loyer, de Sybille-Mérian, du P. Labat,
de Firmin, de Leblond et d'autres voyageurs.

Mais, hélas! le *cossus*, d'après Pline, vivait sur les chênes,
et le ver palmiste vit dans les palmiers.

M. Mulsant, qui de nouveau vient de soulever la question, ne la résout pas le moins du monde. Comme ses
prédécesseurs, il résume, cite, disserte, mais il ne conclut pas. A quoi bon alors? *Beaucoup de bruit pour rien!*
comme disait Shakspeare.

Ajoutons, pour nous consoler un peu, que c'est du
nom de cette larve, aussi mystérieuse que grosse et tra-
pue, que, selon M. Duméril, proviennent le mot latin
cossus, qui signifiait *obèse*, et le mot français *cossu*, qui
signifie *large*, ample, luxuriant.

Voilà la seule conquête sérieuse, le seul résultat accep-
table d'une discussion qui dure depuis plus d'un siècle!

Vivent les savants !

Académie des sciences. — Les infusoires. — La viande d'autruche.
Le dindon. — Les oies. — Double maternité. — Une légende.

15 novembre.

Depuis quelque temps, on se livre avec une ardeur, louable sans doute, à l'étude des êtres microscopiques; mais, par malheur, on se hâte trop de donner comme des faits avérés ce qui n'est guère que des suppositions; on voit vite, partant on voit mal, et, par tant encore, on émet des théories souvent hasardées, souvent, hélas! fausses.

La dernière séance de l'Institut a fourni un exemple éclatant et nouveau de ces erreurs données comme des vérités.

Beaucoup de savants, — surtout de savants allemands, — professaient que la plupart des infusoires, — sinon tous, — se reproduisaient non par des œufs, mais en procréant des petits tout formés; en d'autres termes, qu'ils étaient vivipares, et non point ovipares.

D'autres voulaient que cette reproduction eût lieu par la fissiparité, c'est-à-dire qu'ils se détachaient du tronc paternel comme les baguettes d'un faisceau délié.

Ces savants affirmaient avoir vu de leurs yeux, vu, ce qu'on appelle vu, des petits vivants dans le corps de leur mère, ou se séparant d'elle comme nous venons de le dire.

Or M. Balbiani y a regardé de plus près : il a découvert que les soi-disant petits étaient tout bonnement des parasites, des parasites appartenant à une espèce toute différente de celle de leur soi-disant mère.

Il cite, entre autres exemples, des paramécies à corps plat et long, envahis par une bande d'accinelles dont les formes étranges n'ont aucun rapport avec celles des êtres sur lesquels le célèbre naturaliste les a constatés.

Voici donc encore un acte de foi scientifique qu'il faut rayer de nos croyances; ce n'est point, du reste, la dernière fois que le microscope, cet instrument décevant, produira de pareilles déceptions.

Si la découverte de M. Balbiani cause une déconvenue, moitié plaisante, moitié attristante, à tant de théories jusqu'ici professées avec un imperturbable aplomb, en revanche elle révèle un phénomène de nature à vivement impressionner l'imagination. Où s'arrête donc la limite des êtres qui vivent aux dépens d'autres êtres? Où cesse le parasite? Car, si le paramécie a les siens, qui sont les accinelles, pourquoi les accinelles n'auraient-elles point aussi les leurs? Le cadre de la vieille chanson du mouton qui mange l'herbe, du berger qui mange le mouton, du loup qui mange le berger, s'agrandit chaque jour de plus en plus. Les révélations du microscope eussent paru, il y a deux siècles, un conte fait à plaisir, une fantaisie d'imagination malade. Mais dans cinquante ans, dans cent ans, plus tôt, plus tard, qui le sait? un instrument plus puissant que le microscope ne sera-t-il pas inventé? Alors que ne découvrira-t-on point de ce monde naguère invisible? de ce livre naguère hermétiquement fermé et de l'alphabet duquel le génie humain commence à entrevoir les premières lettres?

Ce n'est point, Dieu merci! la seule merveille que les générations qui nous pressent verront, probablement, sans éprouver la moindre surprise, et dont elles se serviront avec indifférence, comme nous nous servons de l'électricité et de la vapeur, comme nous feuilletons les images du microscope, fixées sur le papier, avec une netteté merveilleuse, par M. Bertsch.

Voici, par exemple, l'autruche à la veille de devenir une viande de boucherie.

Le prince Anatole Demidoff possède dans son jardin d'acclimatation de San-Donato, près de Florence, des autruches qui pondent et qui élèvent leurs petits comme le font les poules, les oies et les dindons de nos basses-cours. M. Hardy obtient le même résultat au jardin d'acclimatation d'Alger. Donc les autruches ne tarderont pas à se multiplier en domesticité. C'est ainsi que les dindons furent importés en Europe peu de temps après la découverte de l'Amérique, sans qu'on puisse déterminer d'une façon satisfaisante de quelle contrée ils sont originaires.

Lorsque le roi Charles IX, âgé de vingt ans, épousa, le 26 novembre 1570, à Mézières, Élisabeth, fille de l'empereur Maximilien II, on servit sur la table du banquet nuptial un mets nouveau dont les convives, raconte un chroniqueur du temps, — c'est d'Aubigné, s'il m'en souvient bien, — ne goûtèrent d'abord qu'avec une extrême défiance, en dépit des éloges des maîtres queux qui l'avaient acheté au poids de l'or et fait venir d'Espagne à grands frais.

C'étaient deux gros oiseaux farcis de truffes et disposés dans des plats d'or massif, où on les voyait, suivant la coutume usitée pour les rôts à plumes, accoutrés de leur queue, de leurs ailes et de leur tête. Cette tête semblait peu ragoûtante, à cause de son long col tout couvert d'excroissances charnues, et du bas duquel sortait une sorte d'aigrette de crins noirs et rudes.

La jeune reine, la première, pour se montrer brave et plaisante en présence du roi, approcha de ses lèvres mignonnes une aiguillette de la poitrine de ces oiseaux. Elle fit un si grand éloge de sa chair savoureuse et délicate, que les convives ne purent faire autrement que de l'imiter. Chacun donc, *reginæ ad exemplar*, goûta bravement de ce rôt inconnu et fit chorus d'éloges avec Élisabeth.

Après quoi le sire de Biron déclara qu'il fallait introduire et élever en France un oiseau de si haut goût; le sire de Mesmes appuya fort cette opinion.

Peu de temps après, en effet, quelques dindons, importés d'Espagne à Bourges, s'acclimatèrent dans cette ville, s'y multiplièrent et ne tardèrent point à devenir fort communs en France, où ils portèrent longtemps le nom d'*oiseaux de la paix boiteuse*. Cela provenait de ce que le sieur Malassis de Mesmes et le sire de Biron, qui clochait de la jambe droite, étaient les auteurs de la paix signée le 25 août, à Saint-Germain-en-Laye, entre les protestants et les catholiques, et, comme nous venons de le conter, les promoteurs de l'introduction des dindons en France.

N'allez pas croire que les naturalistes ne savent point, quand ils le veulent, se donner le spectacle émouvant de drames bizarres, féconds en surprises, et savamment

machinés, à rendre jaloux M. Dennery. Un ornithologiste
qui habite près de la forêt de Fontainebleau vient de me
raconter à l'instant un roman réel, que je veux vous
redire et qui vous produira, je le tiens pour certain,
un peu de l'émotion que je ressens encore en prenant ma
plume.

Cet ornithologiste avait remarqué, à cinq ou six mètres
d'un petit étang, le nid d'une buse au plus touffu des rameaux d'un chêne. L'oiseau de proie, chaque soir, au
moment où paraissait le crépuscule, se mettait en chasse
avec sa femelle, s'élevait dans les airs, y virait ou
y planait et se laissait tomber tout à coup sur les
mulots, les couleuvres et les autres petits animaux qui
profitaient eux-mêmes de la tombée du jour pour sortir
de leur refuge et se procurer leur souper.

Bientôt le mâle seul se montra au dehors du nid ; la
femelle ne l'accompagnait que rarement, et se hâtait de
retourner chez elle.

L'ornithologiste en conclut qu'elle avait pondu et qu'elle
commençait à couver.

Cette réflexion lui vint tandis qu'il se promenait dans sa
basse-cour, au milieu des poules, des canards et des oies.

Tout à coup une pensée bizarre lui passa par l'esprit :
il prit quatre œufs d'oie, les enveloppa soigneusement de
son mouchoir, arma ses jambes de ces crochets de fer
dont les bûcherons se servent pour grimper aux arbres,
et se mit à escalader bravement le chêne jusqu'à la hauteur du nid des buses, qui se trouvaient en ce moment
toutes les deux entraînées par la chasse d'une bande de
moineaux à trois ou quatre cents mètres de là.

Il prit les œufs blanchâtres et tachetés de jaune qui reposaient douillettement dans le nid, sur une couche de laine et de plumes, y substitua les œufs d'oie qu'il avait apportés, et se hâta de regagner terre. Il était temps : les deux buses, gorgées de butin, revenaient à tire-d'aile.

Rentré dans sa basse-cour, il plaça les œufs qu'il venait de conquérir dans le coin du poulailler, où une oie avait pondu les œufs qui maintenant se trouvaient dans le nid des buses.

Après quoi, il monta sur le toit de sa maison, disposé en observatoire, et braqua un télescope, qui s'y trouve à demeure, vers le chêne des buses.

Les deux oiseaux parurent d'abord s'apercevoir qu'on avait touché à leur nid. Ils tournoyèrent avec inquiétude pendant quelques secondes avant que d'y entrer ; la femelle la première y pénétra, retourna deux ou trois fois avec son bec les œufs de l'oie, finit par se coucher dessus, et recommença à couver.

Il en fut de même dans la basse-cour. L'oie se mit consciencieusement à sa besogne, et couva sans soupçonner la substitution d'œufs dont elle était victime.

Plusieurs fois, chaque jour, le naturaliste plaçait son œil droit sur le télescope, et voyait où les choses en étaient sur le chêne, et comment elles s'y passaient.

Un matin, jugez de son émotion ! il aperçut dans le nid quatre petits oisillons.

Tandis que le mâle veillait sur une branche voisine, la buse femelle s'abattit sur l'étang, y prit dans ses serres une poignée de têtards, de grenouilles, et les apporta à ses soi-disant petits, qui les arrachèrent à la buse, les frois-

sèrent dans le nid, et, après une courte lutte, englouti-
rent cette nourriture, appropriée par hasard à leur nature.

Chaque soir et chaque matin, la buse continua le même
manége. L'étang s'étendait pour ainsi dire au pied du
chêne, et foisonnait de têtards et de petites grenouilles;
il suffisait à la nourrice de baisser son bec ou d'ouvrir ses
serres pour en récolter à foison.

Tout allait donc au mieux, quand, à trois ou quatre
jours de là, les oies nouveau-nées commencèrent à éprouver une agitation qui causait à leur mère supposée autant
de surprise que d'angoisses; elles se penchaient sur le
bord du nid et poussaient des cris mélancoliques, en remuant les ailes et en tendant le col vers l'étang. Si bien
qu'une fois le plus fort de ces poussins n'y tint plus, s'é-
lança, ouvrit les ailes en guise de parachute, s'élança,
et tomba un peu étourdi dans les hautes herbes. Il ne lui
fallut pas longtemps pour se remettre. Il se releva bientôt, courut à l'étang, et s'y mit à barboter avec un bonheur ineffable, en appelant ses frères par des cris de
joie.

En voyant le petit qu'elle avait couvé courir vers l'eau
fort profonde de l'étang, la buse s'élança à tire-d'aile et
voulut arrêter l'imprudent, qui nageait avec plus de vo-
lupté que jamais. Il virait de droite et de gauche; il navi-
guait la queue au vent et les ailes à demi étendues, sans
tenir compte de sa nourrice, qui rasait l'eau, jetait des
cris d'alarme, et suppliait le nageur de revenir à terre.

Une fois même elle voulut employer l'autorité, et se rua
sur le désobéissant pour le saisir de ses serres, l'enlever

et le ramener au nid; mais l'oie plongea, disparut sous l'eau, et ne revint se montrer qu'à dix pas de l'endroit où elle avait disparu.

La buse, consternée, retourna à son nid. Hélas! elle y trouva la sédition.

Les frères du fugitif avaient entendu les cris qu'il poussait en se baignant dans la mare. Ces cris avaient éveillé puissamment en eux l'instinct aquatique. Rassemblés sur le bord du nid, ils canetaient d'une manière bien humiliante et bien affligeante pour les oreilles de l'oiseau de proie.

Une sorte de lutte s'engagea entre les petits révoltés et la buse; puis, la colère et la résistance faisant disparaître la peur qui les retenait encore au logis, ils s'élancèrent tous les trois, arrivèrent à terre, et coururent rejoindre leur frère dans la mare.

Alors la douleur de la buse ne connut plus de bornes, et elle se rua dans l'étang à la poursuite des fugitifs. Elle battait l'eau de ses longues ailes, elle jetait des cris dont l'observateur se sentait ému, tant le désespoir et la maternité y parlaient hautement. A la fin, et après une lutte et des supplications de plus d'une heure, ses pattes s'embarrassèrent au milieu des herbes de l'étang. Brisée par la fatigue, elle s'empêtra de plus en plus dans ces herbes et dans la vase, et elle finit par rester immobile et inanimée à côté des oisillons, qui se mirent insoucieusement à becqueter les plumes de celle qui était morte par amour pour eux.

Cependant l'oie à laquelle on avait confié dans la basse-cour les œufs de la buse les couvait avec sollicitude et

comme s'ils eussent été pondus par elle. Un beau matin,
pendant que le naturaliste examinait de sa fenêtre les volailles qui s'ébattaient sur le fumier, à l'entour d'une
sorte de petite mare, il vit la couveuse s'élancer tout à
coup du nid qu'elle s'était construit dans un des angles
du mur qu'abritait un auvent en bois.

Quatre petites buses, couvertes d'un duvet blanchâtre,
ouvraient leurs larges becs jaunes, et poussaient des cris
significatifs de bon appétit.

L'oie, en entendant ces cris, s'était élancée de son nid.
Plongée à demi dans la mare, elle appelait les nouveau-
nés et les conviait à venir avec elle prendre les plaisirs du
bain. Les buses ne bougeaient point de leur place, par la
raison bien simple que leurs pattes se trouvaient encore
trop faibles pour supporter leurs corps et qu'elles ne
comprenaient rien d'ailleurs aux appels de leur soi-disant
mère. L'oie, impatientée, quitta la mare, s'approcha de
la nichée et finit par soulever les oisillons à l'aide de
son bec.

Ils se prirent à crier de plus belle, mais sans faire un
seul pas.

Cependant l'oiseau aquatique, par un coup d'aile, dis-
persa les petites buses, les flaira de son bec, une à une,
les tourna, les retourna dans tous les sens, et les examina
avec une attention mêlée de surprise.

Quand elle se fut bien convaincue que les poussins
qu'elle avait couvés n'appartenaient pas à son espèce et
qu'elle se trouvait victime d'une supercherie, elle se rua
sur les quatre pauvrets, les frappa à coups de bec, les
écrasa sous ses pattes palmées, les saisit l'un après l'autre,

et alla les jeter dans la mare, où elle acheva de les tuer.

Après quoi, elle les plongea, les détrempa longtemps dans l'eau, et finit par les dévorer.

Ainsi l'oiseau de proie mourut victime de ses illusions maternelles, et l'oiseau de basse-cour prit brutalement son parti de la déception causée par sa couvée hétérogène.

Ce n'est guère là un plaidoyer bien en faveur de la civilisation — des bêtes.

Entre Ulm et Augsbourg, sur les bords de la petite rivière de Cambach, s'élevait le couvent de Wettenhausen, fondé, en 982, par la comtesse Gertrude, mère des comtes de Rochestain, Conrad et Werner.

Devenue veuve, la comtesse Gertrude obtint de ses fils, pour bâtir ce couvent, autant de terrain qu'elle en pourrait parcourir en un jour avec une charrue. Une fois la parole de ses enfants donnée et écrite en bonne règle sur parchemin scellé de leur sceau, elle cacha dans son sein une petite charrue, se mit en marche au point du jour, ne s'arrêta que bien avant dans la nuit, et forma ainsi un cercle immense contenant plusieurs lieues de terrain.

Quand la réforme éclata en Allemagne, le couvent de Wettenhausen fut un des premiers qu'on pilla et qu'on mit en ruine. Il ne s'y trouvait que des femmes. Leur faiblesse, leurs prières et leurs larmes n'arrêtèrent pas néanmoins les iconoclastes : il leur fallut donc se disperser, pauvres, abandonnées et sans asile.

On ne fit point davantage merci à leur chartrier, et, si l'on fondit les christs d'argent et les vases saints, on brûla aussi tous les précieux documents historiques et religieux qu'elles conservaient pieusement et fidèlement depuis le dixième siècle.

Cependant quelques-uns de ces documents échappèrent par hasard au feu, et Widmann, dans ses *Hœfer Chronick*, raconte avoir lu en un cartulaire provenant du couvent de Wettenhausen la légende suivante :

Au temps jadis et bien avant que le christianisme fût évangélisé en Allemagne, un des premiers disciples du Christ pénétra dans ces contrées sauvages pour y chercher un ermitage dans une solitude profonde. Un jour qu'il avait marché toute la journée et qu'il se mourait de faim, il s'approcha du nid d'une oie qui venait de pondre dans l'anfractuosité d'un rocher et voulut y prendre un œuf; l'oie se jeta sur lui et l'éloigna à grands coups d bec.

— Hélas! lui dit le saint, pourquoi me refuses-tu un seul de tes œufs? ne peux-tu pas en pondre d'autres, et même plus qu'il ne t'en faut pour couver?

L'oie ne répondit à ces paroles qu'en redoublant de fureur; le saint s'éloigna défaillant : il lui resta pourtant assez de force pour dire à l'oie : — Toi et ta race, vous expierez cruellement tant de dureté! Vous deviendrez les oiseaux les plus malheureux de la terre!

Hélas! la prédiction de l'ermite ne s'est que trop réalisée.

Pendant des siècles, le barbare *tir à l'oie* a fait massacrer, d'une façon des plus cruelles, des milliers de ces pauvres oiseaux. On suspendait par le col une oie à une potence, et on cherchait à l'abattre en lançant contre elle des bâtons. Il ne fallut rien moins qu'un décret de la Convention, qui, pourtant, ne se piquait point d'une sensibilité excessive et qui n'épargnait guère les têtes humaines, pour supprimer, du moins jusqu'à la Restauration, cette coutume barbare. La Restauration la remit en honneur. Aujourd'hui le tir à l'oie n'existe plus nulle part en France.

En revanche, de nos jours, l'industrie et la gastronomie ne traitent guère mieux les oies : la première les plume vivantes deux fois l'année, pour en récolter le duvet et les plumes ; la seconde les livre à toutes sortes de tortures pour les engraisser et pour obtenir ces fameux foies gras, payés si cher, et dont Paris fait une si grande consommation.

M. Joigneaux, dans ses *Conseils à une jeune Fermière*, a décrit les supplices des oies avec une bonhomie qui en fait encore mieux ressortir l'horreur.

En octobre, au commencement de la mue, tu plumeras de nouveau cette volaille, mais légèrement, car il y aurait imprudence à trop les déshabiller à l'entrée de l'hiver. Pendant la saison rigoureuse enfin, tu engraisseras les oies pour les tuer, et les plumeras une troisième fois, aussitôt la bête morte et avant qu'elle ait eu le temps de se refroidir ; sans cela les plumes perdraient de leur qualité.

Il y a diverses manières d'engraisser les oies ; je vais t'indiquer les principales. Il y en a qui les enferment dans une futaille percée de tout juste assez large pour qu'elles puissent y passer la tête et se nourrir en dehors. Il y en a d'autres qui mettent les oies séparément dans des pots de terre sans fond et assez étroits pour que la bête qui s'y trouve engagée ne puisse se retourner et se mouvoir. J'en sais encore qui commencent par enlever aux oies quelques plumes des ailes et du croupion, et qui les mettent ensuite douze par douze dans des caisses étroites et basses, où elles ne peuvent ni se tenir debout, ni se remuer librement. On met à leur portée de la pâtée et beaucoup d'eau.

Quand leur appétit baisse, on leur bourre le jabot deux fois par jour d'abord, et ensuite trois fois, au moyen d'un entonnoir, dans lequel on verse du grain, et, au fur et à mesure que le jabot se remplit, on retire l'entonnoir et l'on offre à l'oie une écuelle d'eau dans laquelle les Alsaciens mettent du sable et du charbon de bois en poudre. J'en sais d'autres, enfin, qui enferment les oies, jeunes et maigres, chacune dans une boîte étroite, dont le fond est à jour pour le passage des ordures. C'est là qu'elles vivent et se développent jusqu'à n'y plus tenir... Cette boîte ne présente qu'une ouverture qui permet à la bête de manger et de boire dans une auge mise à sa portée. Il y a même des éleveurs barbares qui crèvent les yeux aux oies et leur clouent les pattes sur des planches pour obtenir le repos parfait et éviter toute distraction

Il te faudra trois semaines au moins pour bien engraisser une oie, et de vingt à vingt-cinq kilogrammes de maïs ou d'orge. Dès le mois de novembre, tu te mettras à ta besogne, et, avant d'emprisonner les oies maigres, tu les plumeras sous le ventre. Tu choisiras ensuite un lieu étroit, assez frais, à demi-obscur, silencieux et éloigné du voisinage des oies criardes. Ces précautions prises, tu adopteras l'un des procédés que je t'indiquais tout à l'heure, et bien entendu le moins cruel de tous.

Les éleveurs qui se servent de la futaille pour y mettre les oies en commun leur donnent ordinairement à manger de la pâtée faite avec du lait et de la farine d'orge, ou de la farine de maïs et de sarrasin, ou des pommes de terre cuites. Quant à l'eau, ils leur en fournissent à discrétion.

Les éleveurs qui mettent chaque oie dans un pot de terre défoncé obtiennent une graisse plus rapide en les nourrissant de la même manière. Souvent, au bout de quinze jours ou de trois semaines, on est obligé de casser les pots pour en sortir la volaille à l'engrais.

Je n'ose te conseiller ni la troisième, ni la quatrième méthode, parce qu'elles sont plus difficiles et en même temps plus cruelles. La dernière surtout, celle qui consiste à mettre l'oie jeune et maigre dans une boîte de sapin, a pour but, principalement, de développer une maladie du foie et de le faire grossir pour la préparation de ces fameux pâtés de Strasbourg qui font les délices des gourmands.

M. Joigneaux n'a pas tout dit : il y a, surtout dans les environs de Toulouse, des éleveurs d'oies qui clouent les pauvres bêtes sur des planches, les tiennent devant un grand feu, les bourrent de nourriture et les privent de boisson.

Paris consomme en moyenne par an 75,000 kilos de foies gras, et 600,000 oies.

L'oie jouit d'une grande longévité. En 1819, un chasseur tua, dans le département du Nord, une oie sauvage à la patte de laquelle se trouvait attaché un bracelet d'or sur lequel on lisait : *J'aye prise ceste oye en son nid et l'ai relaschée, le treizième du mois de mars* MDCCXXXIII. Au-dessous de l'inscription se trouvait un écusson surmonté d'un couronne de comte, avec trois bandes d'argent sur un fond d'azur.

L'oie avait donc vécu quatre-vingt-six années, et encore on l'avait tuée !

Les Égyptiens et les Lacédémoniens mangeaient une oie aux jours des grands repas ; les Romains, qui lui devaient pourtant le salut du Capitole, ne l'en mettaient pas moins à une sauce aux figues grasses dont Horace n'a point dédaigné de parler : *Pinguibus et ficis pastum sicut anseris.* Ils plongeaient son foie, avant de le servir, dans un bain de lait qui le distendait davantage.

Chez les Celtes, chez les Gaulois, chez nos aïeux, jusqu'à l'introduction du dindon en France, l'oie resta le plat principal des banquets. En Angleterre, encore aujourd'hui, il n'est point de pauvre qui, le jour de Noël, ne mange son oie rôtie. Dickens a écrit sur cette coutume une charmante nouvelle : c'est l'histoire d'une oie qu'un pauvre employé offre à son patron; celui-ci l'envoie à un de ses clients, le client à une autre personne, et ainsi de suite. Après avoir passé par je ne sais combien de mains, l'oie finit par revenir chez son premier possesseur.

L'oie domestique est un oiseau intelligent et qui s'attache à son maître. D'après Plutarque, le philosophe Lycidias se faisait accompagner en tous lieux par une oie; elle le suivait au bain, à la promenade, et couchait à son chevet.

Les oies sauvages forment la principale et pour ainsi dire la seule richesse de la petite île écossaise de Kilda, la plus occidentale de toutes les Hébrides. Elles y nichent par grandes familles au pied des rochers et des écueils baignés par la mer. Pour les prendre, les habitants s'entourent le corps d'une longue corde tressée avec des lanières de cuir de vache. Cette corde, soit dit en passant, sert ordinairement de dot aux jeunes filles, qui emploient plusieurs années à la façonner.

Deux chasseurs se ceignent de la corde, chacun par un de ses bouts; le plus adroit plonge dans l'abîme, tandis que le plus robuste se tient cramponné sur une pointe avancée. Quand le premier a rempli d'œufs un sac attaché à son cou, et accroché autour de ses reins, entre ses jambes, sur son dos et sur ses bras toutes les jeunes oies qu'il a pu prendre, il donne un signal, et son compagnon, enroulant la corde autour de son corps, remonte son hardi camarade.

———

Les têtes limousines. — Le tatouage. — Une doctoresse américaine.

25 novembre.

Le *Congrès scientifique de France* a, l'année dernière, inscrit dans son programme, sous le numéro 11, cette question bien singulière pour un Parisien :

« De la forme particulière de la tête observée dans le Limousin. »

Les Limousins ont, en effet, surtout dans les campagnes, une forme de tête particulière ; cette forme résulte d'une sorte d'opération qu'on faisait subir, il y a peu d'années, aux nouveau-nés, et que, sans doute, ils subissent encore aujourd'hui dans certains villages.

Dans un poëme latin intitulé *Rhetorice*, imprimé sous le règne de Louis XIII, à Limoges, chez Antoine Babou, imprimeur du roi, de la ville et du collége, le P. Pierre Josset, de la Société de Jésus, raconte les étranges détails d'une opération du genre de celle dont nous parlons, et destinée à transformer en orateurs les compatriotes de M. de Pourceaugnac.

Il s'adresse à la nourrice :

« Voici que le temps de l'enfantement est venu : l'enfant naît. Nourrice fidèle, aide-le ; façonne-lui des membres élégants, des articulations souples et flexibles. Quoique la nature bienfaisante lui ait donné, dans le sein de sa mère, et le port et la physionomie; quoiqu'elle ait déjà déterminé la forme de la tête et la configuration des membres; toi, cependant, de tes mains habiles, ne laisse pas d'ajouter une grâce plus parfaite; apporte des embellissements nouveaux à la forme naturelle; et, si cette forme n'était pas belle, corrige-la : elle se laissera plier entre tes doigts comme de la cire molle.

« Donc, nourrice fidèle, façonne la tête de tes mains habiles, cette tête qui contiendra plus tard tant de choses et tant de richesses : qu'elle n'ait pas une forme entièrement sphérique; qu'elle ne se développe pas en un cercle parfait; à la vérité, cette forme va bien à la masse cérébrale; mais elle n'offre pas une place assez vaste pour la mémoire, faculté si nécessaire à l'orateur.

« Que la tête de notre enfant soit donc un peu longue; que, par derrière, elle aille s'étendant légèrement en pointe, et comme le bout d'une courge : il y aura alors un vaste champ, un lieu spacieux pour loger la mémoire.

« Que le front, demeure certaine de l'intelligence parvenue à sa maturité, ne prenne pas la forme d'un cercle étroit, ce qui est l'indice d'un esprit léger; mais qu'il aille se développant comme une surface plane, légèrement renflée du côté où s'implantent les cheveux. »

On arrivait à ce beau résultat par des pressions manuelles, par de petits bonnets fortement serrés et par l'action continue de bandelettes. Ces bandelettes, méthodiquement appliquées autour du crâne du nouveau-né, atteignaient, en l'embriquant de moins en moins, l'extrémité occipitale; pour, de là, revenir prendre leur point d'appui sur le front, où on les fixait.

Grâce à ces moyens, le front devenait déprimé et fuyant, tandis que la région moyenne s'aplatissait et que la partie postérieure prenait au contraire une forme proéminente, plus ou moins pointue, allongée régulièrement et décroissante en arrière. Elle procurait à la tête des heureux Limousins l'aspect tant désiré d'une courge ou d'un pain de sucre.

De nos jours, on se livre moins communément aux manœuvres que nous venons de décrire; cependant on retrouve encore les têtes en pain de sucre dans une certaine circonscription qui ne dépasse pas Bellac, vers le nord, et qui s'étend au midi jusqu'au bas Limousin:

Enfin l'auteur anonyme du Mémoire adressé au *Congrès scientifique* termine son travail par le passage suivant :

« Je dois, en terminant, constater le fait : c'est que la forme de la tête limousine se retrouve aujourd'hui bien plus dans les campagnes qu'à la ville. Les chapeliers, juges compétents en pareille matière, s'accordent sur ce point. Ils ont également remarqué que les coiffures qu'ils livrent aux gens de la campagne sont sensiblement plus petites. Ces faits s'expliquent naturellement : c'est, en effet, dans les campagnes que se conservent le plus longtemps les coutumes et les traditions; elles sont ensuite bien moins soumises que les villes à l'influence du croisement des races : nos paysans, vous le savez, se marient entre eux, tandis que l'industrie, le commerce et mille autres raisons attirent dans les grands centres populeux, où ils finissent par s'établir, des individus de pays très-différents. »

N'est-il point bizarre de rencontrer, dans le Limousin,

une coutume en vigueur chez certaines peuplades de l'Amérique, qui regardent comme l'idéal de la beauté un front plat, et qui pour l'obtenir appliquent sur la tête des enfants nouveau-nés une planchette garnie de coton, fixée en arrière par des liens? Il n'y a rien de nouveau sous le soleil, pas même les plus ridicules inventions!

La méthode limousine est, du reste, tout à fait en opposition avec la phrénologie, cette pauvre science dont on s'occupait tant il y a une vingtaine d'années, et qui aujourd'hui est allée tomber là où tombent tant de théories, — dans l'oubli, plus mortel que le ridicule lui-même.

Non pas que tout soit faux dans la phrénologie. Assurément, il y a certaines formes de la tête qui indiquent à peu près sûrement les tendances générales du caractère et la valeur de l'intelligence. Mais on avait fini par tant localiser de facultés sur le crâne humain, qu'il ressemblait à une carte compliquée de géographie. A force de vouloir trop prouver, on a atteint l'absurde, comme il advient à trop de doctrines, hélas!

Le système de Gall a été assassiné par ses fanatiques!

Gall, qu'on traite en général comme une sorte d'illuminé, a le premier étudié sérieusement l'anatomie du cerveau. A la suite de nombreuses et savantes dissections, il parvint à obtenir le déplissement des circonvolutions encéphaliques, et à démontrer que la masse cérébrale ne formait point un organe unique. Ces travaux servent encore aujourd'hui de point de départ aux physiologistes.

La vie de Gall est un de ces romans allemands à la fois

étranges par leur simplicité et par leur excentricité. Fils d'un pauvre marchand dans un petit village du duché de Bade, et n'ayant pas moins de dix frères et sœurs, François Gall fut élevé par un oncle, curé, qui lui enseigna tout ce qu'il savait de latin et l'envoya à la faculté de Strasbourg pour y étudier la médecine.

Là, les privations et un travail excessif firent tomber Gall gravement malade. Il demeurait dans une famille de petits bourgeois qui, suivant la coutume de la ville, donnaient le gite et la table à des étudiants. La fille de la maîtresse de la maison se dévoua si tendrement à soigner le pauvre garçon condamné et abandonné par les médecins, qu'elle parvint à lui sauver la vie. A peine convalescent, Gall épousa cette jeune personne. Pendant sa longue carrière, il ne cessa jamais une seule heure de trouver en elle une compagne fidèle, dévouée et d'une rare intelligence. Elle s'associait à ses travaux, le soutenait dans ses luttes, le relevait dans ses découragements, et savait donner je ne sais quoi de joyeux à la pauvreté elle-même. Il fallait la voir, laborieuse ménagère, le matin, lessiver le linge, préparer de ses mains blanches et mignonnes des mets grossiers qu'à force d'art elle savait rendre exquis, et tenir sa maison avec un soin qui allait jusqu'à la recherche. Dans la journée elle copiait les manuscrits de son mari et faisait des recherches pour faciliter les études de ce dernier; le soir, elle se montrait dans son salon, gaie, avenante et spirituelle. Que de fois elle sut rendre, pour ainsi dire aimable, en l'interprétant avec autant de finesse que de bienveillance, la brusquerie souvent par trop germanique de Gall!

Aussi, le célèbre physiologiste ne parlait-il jamais d'elle qu'avec attendrissement.

« Les mariages d'inclination, aimait-il à répéter, sont, comme l'a dit Schiller, presque toujours la sublime bévue d'un noble cœur. Cependant, en faisant un pareil mariage, moi j'y ai gagné le bien-être, la paix, la tendresse et le bonheur ! »

En France, nos marins ont un goût bizarre, et qui vaut la déformation que les Limousins faisaient subir à leurs têtes.

Ils se tatouent.

On appelle tatouage des dessins imprimés sur la peau. Ce genre d'ornementation est fort en vogue dans toute la Polynésie et dans une partie de l'Océanie. Il doit même son nom à un mot de la langue taïtienne : *tataou*.

Les Papouas, qui appellent cette opération *pa*, la pratiquent très-adroitement, en se servant d'un petit morceau d'écaille de tortue, semblable à une lame de scie armée de cinq ou six dents droites et aiguës. Le tatoueur enduit d'une peinture noire, rouge, bleue ou verte, délayée dans un corps gras, ce singulier outil, le pose sur la peau du patient, frappe dessus à petits coups de pierre et fait pénétrer les pointes jusqu'au vif. Il survient ensuite une légère inflammation, accompagnée d'enflure qui dure sept à huit jours. Après quoi, les dessins tatoués restent à jamais indélébiles.

Chez les Nouveaux-Zélandais, le tatouage, ou du moins certaine espèce de tatouage, n'est permis qu'aux chefs et équivaut aux armoiries européennes. On porte presque toujours sur le visage ce singulier blason, nommé *moko*.

Dumont-Durville raconte qu'un Zélandais, considérant un jour le cachet d'un officier de marine, et y voyant des armes gravées, demanda à l'officier si c'était le moko de sa famille.

Les dessins du moko servent encore de signature, ou du moins de sceau. Enfin le tatouage qui couvre le corps entier des sauvages, en donnant à leur système cutané un surcroît d'épaisseur et de solidité, les rend plus en état de résister aux piqûres des moustiques, aux intempéries des saisons et aux coups de leurs ennemis. Les souillures, les traces de la maladie, et jusqu'aux rides de la vieillesse, sont peu sensibles sur des peaux, gravées, endurcies, et de plus, fréquemment ointes de corps gras.

Les singuliers ornements du *tataou* ont été adoptés, comme je le disais tout à l'heure, par bon nombre de nos soldats et surtout par nos marins. Ceux-ci ne procèdent point toutefois à la façon des sauvages. Ils se piquent la peau jusqu'au vif avec des aiguilles, et tracent ainsi des dessins qu'ils recouvrent ensuite de poudre à canon impalpable; ils y mettent le feu; l'explosion fait pénétrer dans la peau des particules de poudre et donne aux tatouages une couleur bleue que rien ne saurait effacer.

Il y a peu de jours, un jeune conscrit appartenant à la marine, et dont l'engagement devait expirer dans quelques mois, comparut devant le conseil de révision de Paris, et produisit une sensation profonde sur les personnes qui composaient le conseil. Des tatouages de toutes natures recouvraient son corps, depuis les pieds jusqu'au visage. Il portait des épaulettes tatouées sur les épaules, trois ma-

telots sur l'estomac, une bayadère sur l'omoplate droite,
une odalisque sur l'omoplate gauche ; des épées croisées,
des bouteilles, des verres, des fleurs, des chasses, un
abordage de deux vaisseaux et une foule de dates sur les
bras, sur les flancs, sur les jambes et sur les cuisses. Enfin,
on lisait en gros caractères sur la poitrine cette légende :
Amour pour toujours à Nini.

Il faut être marin et enfant des faubourgs de Paris pour
avoir dè ces idées-là !

Il faut être Américaine pour se faire médecin.

Il se trouve pour l'heure à Londres une doctoresse
américaine qui se nomme miss Élisabeth Blackwell. Elle
obtient les plus grands succès dans la capitale des trois
royaumes. John Bull professe pour elle une admiration qui
ne laisse point que d'inquiéter les médecins anglais du
sexe masculin.

Miss Blackwell a fait ses études à Paris et à Londres. Y
a-t-elle pris ses degrés ? Possède-t-elle des diplômes en
bonne et due forme ? Jusqu'ici nul n'en sait rien. On assure pourtant qu'à Paris, il y a peu d'années, elle portait
le costume masculin et qu'elle a été externe dans un de
nos hôpitaux. On va jusqu'à désigner la Charité et jusqu'à
citer la clinique d'un membre de l'Institut, comme ayant
reçu et réchauffé cette vipère dans leur sein ! Nous donnons cette version romanesque pour ce qu'elle vaut,
sans l'affirmer, sans la nier. Espérons que la Faculté infor-
mera.

Quoi qu'il en soit, miss Élisabeth, après avoir repris ses
vêtements de femme, a quitté le vieux continent et s'est

rendue en Amérique. Là, elle s'est fait recevoir doctoresse pour l'enseignement médical des femmes. Ensuite, elle a décerné elle-même des diplômes à deux cents belles Yankees qui exercent aujourd'hui, dans les États-Unis, y font une concurrence sans quartier aux médecins mâles, et se sont acquis une clientèle considérable.

C'était beaucoup, mais ce n'était point assez pour miss Élisabeth **Blackwell**. Elle a opéré une grande révolution dans le nouveau **monde** : elle veut en faire subir une pareille à l'ancien continent. Donc' **elle** a quitté New-York, ses élèves, ses malades, et elle a ouvert à **Londres un cours** où elle n'admet que des femmes. Ces cours sont fort suivis. L'auditoire prise fort les doctrines de miss Blackwell.

« La véritable vocation des femmes, a-t-elle dit à ses disciples en crinolines, est de guérir les maladies ou de soulager ceux qui en sont atteints. Ne souffrons pas plus longtemps que le pouvoir tyrannique des hommes nous en dépossède! »

Puis elle a expliqué ses doctrines et sa pharmacopée.

Il faut bien en faire l'aveu, miss Blackwell n'épargne point les médecins. Elle les accuse sinon d'ignorance, du moins de routine. Elle prétend que les Indes, l'Amérique et un peu l'Europe, produisent une foule de substances efficaces pour la guérison d'un grand nombre de maladies, et que la médecine mâle ne soupçonne même pas l'existence de ces médicaments. Enfin elle a fait beaucoup rire son auditoire, en citant de nombreux passages d'un journal de médecine français qui sert à ses lecteurs, au lieu d'observations thérapeutiques, des calembours, des facéties et des coq-à-l'âne.

A la suite de la séance, une dame riche se hâta de convoquer un meeting dans sa maison de campagne, à Saint-John's Wood. Là, on discuta la proposition de fonder un hôpital-école. Les plus modérées demandaient la création préalable d'une pépinière d'infirmières, et lady Byron, la veuve du célèbre poëte, fit à cet effet l'offre d'une maison. Des grognements bruyants accueillirent la proposition ; on s'écria qu'elle était une offense au point d'honneur.

« Nous sommes Anglaises et libres ! disait-on. Nous ne sommes ni des diaconesses allemandes, ni des sœurs grises françaises ! Au lieu de nous assujettir à l'office d'aides ou de servantes, comme miss Nightingale, nous prétendons agir et régner. (*Wē will the whale hog;* littéralement . *Nous voulons le cochon tout entier.*) »

On s'arrêta à la résolution de fonder pour les médecins femelles une école avec *hospital and dispensary.* Une dame proposa immédiatement, pour sa part de contribution, une somme de 5,000 livres sterling, plus une rente annuelle de 300 livres. Grâce à cet élan généreux, sous peu de temps, on verra donc en pleine activité un *medical college for ladies.* Miss Élisabeth Blackwell en sera vraisemblablement proclamée directrice, comme doyenne. Sa sœur, qui est aussi docteur, sera vice-doyenne. La question de savoir si l'on confiera les chaires à des professeurs ayant barbe au menton, ou bien si l'on demandera à l'Amérique quelques-uns de ses professeurs en jupons, demeure, quant à présent, *in suspenso.*

Nous sommes curieux d'apprendre ce que le prochain rapport sur le *medical act* décidera à l'égard de ces doctoresses ; en attendant, à Londres, c'est à qui se fera tâter le pouls par les deux jolies sœurs. Déjà on cite et on prône plusieurs cas de guérisons inespérés obtenues par miss Élisabeth et par miss Clara Blackwell. Bref, l'aristocratie anglaise que la saison amène en ce moment dans la capitale des trois royaumes, les a prises sous son haut et lucratif patronage.

Puisse Hippocrate préserver Paris d'un pareil malheur et ne pas inspirer à miss Blackwell la fatale pensée de venir faire des adeptes parmi nous !

Bon Dieu ! que deviendraient les malades... et surtou les médecins ?

———

Académie des sciences. — La lumière. — Statistique. — Les souverains médecins. — Nouvelle application médicale de l'eau. — Le perchlorure de fer.

30 novembre.

Une éclipse totale de soleil doit avoir lieu le 31 décembre ; la lune se trouvera pendant ce phénomène ceinte d'une couronne lumineuse entourée de protubérances.

En appliquant à ces protubérances *l'analyse spectrale*, M. Faye pense qu'on pourra se convaincre du plus ou du moins de réalité de l'atmosphère brillante attribuée au soleil et constater si ces protubérances ne sont qu'un simple phénomème de réfraction ou appartiennent réellement au corps même du soleil.

Avant d'aller plus loin, il est nécessaire de connaitre la nature de *l'analyse spectrale*.

On décompose, à l'aide d'un prisme, la lumière solaire ; on la projette sur un écran et à l'aide de verres grossissants d'une grande puissance, on examine le spectre.

M. Dumas l'a expliqué en savant, permettez-moi de vous le redire après lui, en simple homme du monde.

Alors, on constate que chacun des rayons décomposés contient un grand nombre de lignes transversales.

MM. Kirchoff et Bunsen ont appliqué cette nature d'analyse à la lumière produite par la combustion d'un grand nombre de substances ; c'est-à-dire qu'en décomposant à l'aide du prisme la lumière d'une flamme dans laquelle on fait brûler des métaux et d'autres matières, les lignes transversales du spectre varient de dispositions et de nombre, et toujours d'une façon constante, suivant le métal introduit dans la flamme.

Or, en décomposant les rayons du soleil et en les étudiant par le procédé dont je vous parle, on a remarqué que les raies correspondant à certains métaux manquent complétement, et par conséquent on a acquis la conviction que cet astre ne renferme ni or, ni argent, ni mercure, mais bien du sodium, du manganèse, du chrôme, du nickel, du potassium, du fer, du cuivre, et du zinc.

Il ne s'agit donc plus que de savoir :

Si le soleil est un noyau, solide, incandescent, entouré d'une épaisse atmosphère ;

Ou si, comme on le pense généralement, d'après Herschell et Arago, il se compose d'un noyau obscur, entouré de deux atmosphères concentriques.

Dans la première de ces atmosphères flotteraient des nuages opaques, doués d'une immense puissance de réflexion.

La seconde constituerait l'enveloppe lumineuse formant le contour de l'astre que voient les habitants de la terre, et que les astronomes appellent *photosphère*.

On le comprend, l'éclipse du 51 décembre 1861 est destinée à jouer un grand rôle dans la science de l'astronomie, et à résoudre un des plus graves problèmes de cette dernière; si toutefois les pluies et les nuages habituels à la fin de l'année veulent bien le permettre.

En attendant l'issue de cette éclipse, constatons une nouvelle preuve de la force de l'électricité.

Une étincelle d'induction de la machine de Rumkorff a dernièrement transpercé, par une seule décharge, un tube de verre de six centimètres d'épaisseur.

L'électricité, qui déjà fait une concurrence victorieuse à la poste aux lettres, n'est-elle point destinée, dans l'avenir à remplacer un jour les forces les plus énergiques de l'industrie?

Quoi qu'il en soit, la science ne sait point encore quelle est la nature de l'électricité. Elle la produit, elle lui fait envoyer des messages d'un bout du monde à l'autre ; elle la fait écrire, elle lui fait percer instantanément les corps les plus durs, mais elle ne sait rien de la composition de cette esclave invisible, sœur de la foudre!

Oh ! la science humaine ! la science humaine !

L'Académie des sciences a reçu dernièrement une de ces communications consolantes, une de ces preuves irrécusables qui démontrent que peu à peu nous entrons dans une heureuse voie d'amélioration intellectuelle et matérielle, et que le progrès n'est pas un vain mot.

La moyenne de la vie humaine s'agrandit de plus en plus, grâce aux découvertes de la science, et surtout à l'hygiène, qui, chaque jour, étend ses conquêtes et fait des prosélytes à ses deux sœurs la propreté et la sobriété.

C'est ainsi que la moyenne de la mortalité des nouveau-nés, qui naguère était en France d'un cinquième, n'y est plus aujourd'hui que d'un sixième.

M. Bouchut, qui a puisé ses documents dans les regis-tres de l'assistance publique, depuis 1839 jusqu'à 1859, attribue cet important résultat aux soins mieux entendus dont on entoure les pauvres petits êtres.

De son côté, M. Foussagrive indique un excellent succédané de l'huile de foie de morue, dans les cas fort nombreux où cette substance inspire aux malades une répugnance trop grande.

Ce succédané est tout simplement la crème de lait mélangée à une forte dose de sel marin.

Déjà le docteur Amédée Latour avait signalé le lait chlo-ruré comme un médicament souvent efficace dans les af-fections, pour lesquelles on prescrit l'huile de foie de morue.

L'usage de cette huile, de beaucoup préférable du reste à tous les médicaments par lesquels on cherche à la rem-placer, n'a guère été adopté par la Faculté française que vers 1845, quoique déjà on l'employât beaucoup en Alle-magne et en Belgique.

Malgré son efficacité, ni la médecine, ni la chimie n'ont encore pu déterminer quelle était la nature du principe contenu dans cette huile qui opère des cures parfois mer-

.veilleuses. On n'y retrouve que de faibles traces d'iode, et l'iode employé seul ou associé à d'autres substances ne produit rien de pareil.

Il faut donc que l'art médical emploie l'huile de foie de morue, comme toutes ses autres drogues, sans savoir pourquoi et comment elle produit ses effets bienfaisants.

« Nous autres médecins, disait le P. Elysée à Louis XVIII, nous ressemblons aux gens du monde, qui disent l'heure de la façon la plus précise en consultant leur montre, mais qui ne se doutent point du mécanisme de cette montre. Les horlogers, du moins, savent ce me-canisme, tandis qu'il ne se trouve point un médecin qui sache le moindre mot du mécanisme de l'opium, de l'i-pécacuana et du quinquina, »

Puisque nous causons médecine, laissez-moi vous dire un mot d'un genre de traitement tout à fait passé de mode aujourd'hui, excepté en Angleterre, où, si nous sommes bien informé, une seule personne la pratique encore ; or, cette personne est la reine Victoria.

Je veux parler de la guérison de certaines maladies par l'attouchement d'une main royale.

Cette tradition remonte du reste aux temps de l'empire romain, et peut-être plus haut.

D'après Ælius Spartianus, Adrien guérissait les taies de l'œil en touchant les paupières des aveugles avec ses doigts humides de salive ; d'après Tacite, Vespasien faisait marcher les boiteux, et d'après Flavius Vopiscus, Aurélien ressuscitait les morts.

Ce pouvoir fabuleux, attribué à des souverains, se retrouve partout au moyen âge, et la plupart des historiens de cette époque racontent, entre autres, les miracles opérés par le manteau de Gontran, roi d'Orléans.

Il suffisait d'un petit morceau de ce manteau, infusé dans de l'eau tiède, pour couper l'accès de fièvre quarte le plus opiniâtre.

Il suffisait également aux descendants en droite ligne des comtes d'Anjou, lorsqu'ils montaient sur le trône d'Angleterre, d'étendre les mains sur les malades atteints du mal caduc pour les guérir instantanément,

Quant à la jaunisse, pour s'en débarrasser, il fallait s'adresser aux rois de Hongrie.

Voici comment se passait le *toucher* des rois de France, lors de leur sacre, et de quel façon le décrit le docteur Chereau :

« Le roi très-chrétien avait l'habitude de toucher les malades atteints d'humeurs froides aux quatre grandes fêtes de l'année : à Pâques, à la Pentecôte, à la Toussaint et à Noël ; mais, mue quelquefois de compassion devant la grande multitude de malades qui imploraient sa charité, Sa Majesté se décidait à imposer les mains durant quelques autres fêtes de l'année.

« A ces cérémonies accouraient de tous côtés et de tous les pays, surtout d'Espagne, d'Italie et d'Allemagne, une foule de scrofuleux, qui, ne trouvant pas dans les méthodes ordinaires de la médecine un secours à leurs maux, venaient demander au descendant de Clovis, premier souverain doué de ce privilége miraculeux, une guérison qui leur paraissait assurée.

« Donc, la veille de la cérémonie, le roi, pour se ren-

dre Dieu propice, assistait à vêpres, et le lendemain à ma-
tines, puis il se rendait en un lieu grand et spacieux, di-
posé convenablement pour le recevoir. Il fallait que ce lieu
fût grand, en effet, car il n'était pas rare d'y voir affluer en
un seul jour plus de quinze cents malades. C'était principalement à la Pentecôte, d'abord parce que c'est à cette
fête qu'on célèbre la solennité du Saint-Esprit, et puis
parce que, à cette époque de l'année, la saison est favorable, que les voyages sont plus faciles, que la mer est
plus calme, et que les malades étrangers pouvaient mieux
entreprendre le voyage de France.

« On pouvait craindre que dans cette foule d'individus
étrangers ou complétement inconnus, il ne se glissât des
aventuriers, des vagabonds et des mendiants, qui, sans
être malades, étaient désireux de profiter des dons et
libéralités du roi. Aussi, pour éviter ce désordre, tous les
impétrants au toucher étaient-ils examinés par le premier
médecin du roi.

« Les malades examinés, visités, comptés et rangés, les
Espagnols venaient les premiers (je ne sais pourquoi),
puis les Allemands, et en dernier lieu les Français. Tous
à genoux, les mains jointes et levées au ciel, faisaient
force prières et supplications, se prosternant aux pieds de
Sa Majesté, et implorant de lui la divine guérison. Alors le
roi s'approchait des malades. Le premier médecin, debout
derrière les rangées, prenait la tête de chacun des scrofuleux et la présentait au roi, lequel, ouvrant sa main,
touchait premièrement la face de haut en bas, puis en
travers, de manière à former la croix et prononçait ces
mots : *Le roi te touche, et Dieu te guérisse.* Il en faisait

autant, par ordre, à tous les autres, en donnant congé aux malades à mesure qu'ils étaient touchés. Ceux-ci allaient ensuite recevoir une aumône. »

La dernière fois qu'eût lieu le *toucher du roi*, ce fut aux fêtes de Pâques de 1774. Louis XVI, qui se conformait à l'usage traditionnel, toucha ces jours-là deux mille neuf cents malades.

On sourit en lisant ces détails d'une superstition qui a duré tant de siècles.

Hélas! cette superstition a-t-elle pour cela disparu?

Il n'y a point encore un an, dans un village qui fait partie de l'arrondissement de Cambrai, un enfant fut frappé de la foudre. Or, une tradition absurde veut qu'une personne touchée de la foudre jouisse pendant quarante jours du privilége de guérir toutes sortes de maladies.

Donc, pendant quarante jours, une foule immense se porta au village assez heureux pour posséder un médecin universel, et non-seulement cette foule accourut des communes rurales, mais encore du chef-lieu de l'arrondissement le plus populeux de la France. Chaque jour il partait de ce chef-lieu une voiture qui menait à l'élu de la foudre des personnes appartenant trop souvent à une condition qui aurait dû les préserver d'un préjugé aussi absurde.

Quoi qu'il en soit, les parents de l'enfant recevaient chaque jour sept à huit cents francs de dons volontaires.

Que le dix-neuvième siècle ne rie donc pas trop haut des croyances du dix-huitième!

Passons à une médecine un peu plus sérieuse.

Chaque jour grâce à Dieu, l'usage fréquent et abondant de l'eau devient un moyen d'hygiène qui passe de plus en plus dans nos mœurs ; il donne à des populations, naguère assez peu ferventes pour elle, le culte de la propreté, cette *demi-vertu* que le divin Platon ne se lassait point de recommander à ses disciples. Le *Franc buveur que Bacchus attire* des chansons de nos pères devient assez rare dans les classes ouvrières; au *Caveau* même, on chante le *vin* et l'*ivresse*, mais on ne se grise pas.

Sans compter que la médecine ne fait plus fi de l'hydrothérapie. L'hydrothérapie guérit des maladies devant lesquelles toute la science des praticiens échouait et où l'arsenal pharmaceutique restait impuissant; il n'est point d'année qui n'amène de nouvelles et d'efficaces applications de l'eau à la thérapeutique. Les doctrines empiriques de Priesnitz se rationalisent; ce n'est plus un tromblon qui tire au hasard, c'est une arme de précision qui porte juste au but qu'on veut atteindre.

Le premier, en France, le docteur Louis Fleury a compris et a appliqué rationnellement l'hydrothérapie à l'art de guérir. Dieu sait s'il lui a fallu lutter longtemps et vigoureusement contre la Faculté entière, avant de se rallier quelques adeptes. Aujourd'hui l'hydrothérapie triomphe jusque dans les hôpitaux de ses plus récalcitrants antagonistes, et c'est à qui raffinera sur ses idées, dont personne ne voulait.

Parmi les nouveaux procédés hydrothérapiques, il faut citer l'hydrofère de M. Mathieu de la Drôme, dont la première idée appartient toutefois à M. Sales Girons. Il s'agit de *poudroyer* l'eau, de la briser en une infinité de petits globules presque imperceptibles, et de distribuer, dans une boite analogue à celle qui sert pour les bains à vapeur, cette poussière humide; elle pénètre plus promptement et plus profondément le corps du baigneur que ne le ferait l'eau d'un bain ordinaire.

Cette méthode s'applique non-seulement à l'eau ordinaire, mais encore et surtout à l'eau de mer, aux eaux minérales et aux préparations médicinales. De nombreux cas de guérison de maladies récalcitrantes ont été obtenus à l'hôpital Saint-Louis, particulièrement pour les maladies de la peau.

En outre, l'emploi de l'eau, vulgarisé depuis longtemps à Londres, commence à s'introduire dans nos hôpitaux et tend à remplacer dans les pansements, qu'il simplifie, l'usage des corps gras, et à y substituer des compresses et des bandages humectés. Le topique universellement adopté en Angleterre, est l'eau claire. M. Paul Topinard a publié sous le titre de : *Quelques aperçus sur la chirurgie anglaise*, un travail remarquable dans lequel il signale tous les avantages obtenus de l'eau, chez nos voisins, pour la guérison des plaies. Les faits qu'il énumère sont de nature à convaincre les plus incrédules. Mais la routine est là! la routine, triste sœur de la paresse et de la médiocrité! Dieu sait quand disparaîtra le cérat, cette vieille invention des charlatans venus à la suite de Celse et des alchimistes arabes, alors que chacun avait sa panacée et son soi disant remède universel!

Du reste, la chose n'est pas neuve. Hippocrate employait l'eau chaude et l'eau froide dans les maladies externes et pour panser les plaies; dès 1570, Palazzo professait la *vraie méthode de guérir les plaies par l'eau et le lin.*

En 1785, un certain nombre de personnes furent blessées en tirant le canon à Strasbourg; un meunier entreprit le traitement, et les guérit toutes en six semaines avec de l'eau bénite. Un autre canon, l'année suivante, atteignit trente-quatre hommes; le meunier les pansa avec non moins de succès cette fois par le même moyen. Le baron Percy, alors chirurgien-major, assistait à ces cures, et plus tard il déclarait « qu'il renoncerait à la chirurgie, si l'eau lui était interdite. » Le professeur Kern, de Vienne, en 1809, préconisait l'eau sur les plaies et les ulcères; il variait la température, consultait le bien-être du patient, et supprimait tout bandage inutile, tout pansement médicamenté. Récemment, le docteur Langenbeck, de Berlin, a imaginé le pansement sous l'eau des plaies d'amputation.

En France, M. A. Bérard a vulgarisé l'irrigation dans les plaies contuses, et recommandé l'usage des compresses mouillées; en Irlande, enfin, le docteur Macartney, dans son *Traité sur l'inflammation*, publié en 1838, érige en méthode le pansement par l'eau et crée le mot anglais *water dressing.*

Depuis longtemps, le célèbre Liston, dans son horreur des pansements compliqués et des onguents, avait adopté l'eau comme le topique idéal, et contribué à en généraliser rapidement l'emploi à Londres et dans toute la Grande-Bretagne.

Brantôme raconte qu'en 1553, pendant le siége de Metz, un homme du nom de *Doublet*, à façons mystiques, se disant inspiré de Dieu et possesseur du grand œuvre, se présenta au camp et demanda qu'on lui confiât un certain nombre de blessés, promettant sur sa tête d'en guérir trois sur sept. Or, comme les chirurgiens de l'armée n'en guérissaient pas un sur cent, on donna à Doublet tous les blessés qu'il voulut. Celui-ci en choisit cent, les emmena le plus loin du camp qu'il put, et quoiqu'il eût à peine de la paille pour les coucher, il se mit bravement, non sans avoir fait de nombreuses prières, à laver les blessures et à les panser avec *de la toile blanche et de l'eau claire.* Sur les cent blessés il en guérit quatre-vingts.

Quand on sut tout cela, on vint de tous les côtés à maître Doublet, qui se fit payer en écus d'or, bel et bien trébuchants, et qui prouva ainsi que sa pierre philosophale n'était pas de pure imagination.

Il est vrai que les envieux ne lui manquèrent pas. Ne pouvant révoquer en doute les cures qu'il opérait, on voulut du moins lui ôter le renom de saint, dont au fond il se *soulcioit peu ou prou,* ajoute Brantôme.

Laurent Joubert, entre autres, publia, en 1570, un livre où il exposa le peu de valeur des charmes employés par maître Doublet, et démontra que *l'eau de fontaine était efficace à amener bonne guérison et bonne cicatrice.*

Quand on vint rapporter la chose à maître Doublet, il se contenta de répondre les paroles qui étaient ou qui devinrent la devise d'Ambroise Paré : *Je les pançay, Dieu les garit.*

M. le docteur Beaugrand, dans un Mémoire, a si-

gnalé à l'Institut les heureux effets obtenus par le perchlorure de fer, administré à haute dose dans les redoutables maux de gorge que la science nomme angine et
diphthérite.

Au siècle dernier, le perchlorure de fer jouissait d'une
grande réputation médicale à Saint-Pétersbourg. Il faisait
beaucoup de bruit à la cour de Russie sous la dénomi-
nation de *teinture de Bertuchef* ou de *gouttes de Bertuchef*.

Ce remède, après s'être propagé en Allemagne, pénétra
en France, où on l'appela *élixir d'or* et *gouttes du général
de Lamotte*. Le général de Lamotte l'avait, en effet, importé
à Paris, où il le vendait un louis le flacon.

Louis XV crut faire un vrai présent au pape en lui en
envoyant deux cents flacons.

En 1779, l'impératrice de Russie, Catherine II, acheta
3,000 roubles la véritable recette de *Bertuchef*, et la fit
rendre publique.

Comme la plupart des choses de ce monde, la re-
nommée extraordinaire de l'*élixir d'or* s'amoindrit dès lors
peu à peu, et le perchlorure de fer, qui avait préoccupé
si vivement l'opinion publique, tomba dans l'oubli.

Après soixante années de cet oubli, il vient de reprendre
enfin une faveur sérieuse, grâce aux progrès de la chimie
moderne.

Un médecin éminent de Lyon, le docteur Pravaz, dé-
couvrait, en 1850, la propriété de coaguler le sang dont
jouissait le perchlorure de fer. Il utilisa cette propriété
pour guérir les anévrismes, en injectant quelques gouttes
de perchlorure de fer dans l'intérieur du sac de la tumeur
anévrismale.

Depuis la mort de Pravaz, M. Deleau, médecin en chef de la Roquette, a été l'apôtre le plus fervent du perchlorure de fer.

Pendant six ans, il en a étudié l'action favorable sur les voies digestives.

Il a constaté les résultats de ses expériences dans un excellent volume intitulé *Traité pratique sur les applications du perchlorure de fer en médecine.*

Ce médicament précieux, qui possède des propriétés analogues à celles de l'iode, du mercure et du nitrate d'argent, a donné lieu, pendant deux mois, au sein de l'Académie impériale de médecine, à une importante discussion, un peu voisine, parfois, de celle des astronomes de l'Institut. L'Académie des sciences a adopté et proclamé son efficacité ; voici donc enfin sa fortune faite de nouveau !

DÉCEMBRE

Les verreries de Venise.

2 décembre.

Lorsque l'empereur Frédéric III vint à Venise, en 1448, le doge et le sénat offrirent à ce souverain « pour son plaisir, » dit le frère Felicé Fabro d'Ulm, certain vase de verre admirable.

L'empereur, après l'avoir considéré un moment et loué l'excellence de l'artiste qui l'avait exécuté, laissa tomber comme par mégarde de ses mains, — mais il le faisait à dessein, — le vase, qui se brisa en mille morceaux sur le pavé.

— Hélas! qu'est-il arrivé? s'écria l'empereur, feignant un vif chagrin et en ramassant les inutiles débris de ce chef-d'œuvre. Voilà, ajouta-t-il en les leur montrant, en quoi les vases d'or et d'argent surpassent les vases de verre : les morceaux en sont bons.

Les Vénitiens comprirent la cupide plaisanterie de l'empereur et ce qu'il voulait; ils ne lui présentèrent plus à boire par la suite que dans des vases d'or qu'il se garda de laisser tomber à terre.

Les idées ont singulièrement changé depuis Frédéric III. Aujourd'hui, bien des amateurs donneraient des vases d'or pour posséder un seul de ces admirables verres vénitiens si brutalement brisés par l'ignorant potentat.

S'il fallait en croire le comte Filiati, cette fabrication florissait déjà à Venise à l'époque où Attila ravagea l'Italie. Ce qu'il y a de certain, c'est que Charlemagne, pendant le séjour qu'il fit à Pavie en 774, se passionna pour l'industrie vénitienne, et qu'elle excita l'admiration de tous les Francs qui accompagnaient le grand empereur.

Enfin, dès 1275, une loi sévère interdisait, sous des peines rigides, l'exportation hors de Venise du verre brut, des matières premières qui servaient à sa composition, et même du verre cassé, afin de ne point donner aux étrangers les moyens de connaître les procédés d'une fabrication, source immense de richesses pour la république.

On pense que les Vénitiens avaient appris ces procédés des Orientaux, qui se servaient, dès le Bas-Empire, du verre pour des usages très-variés, et qui, de 575 à 1130, fabriquèrent des monnaies de verre pour les khalifes Fatimites d'Égypte et de Sicile. On le voit, au sixième et au douzième siècle, le verre était plus précieux que l'or, puisqu'on l'employait de préférence à ces métaux pour servir d'étalon monétaire.

Les mosaïques furent une des plus fécondes et des plus curieuses applications de la verrerie fabriquée à Venise.

Ces mosaïques, représentant d'immenses tableaux aux couleurs les plus éclatantes, et immuables malgré les influences atmosphériques et les ravages du temps, se composaient, d'après Théophile, de tablettes en verre très-brillant, d'un doigt d'épaisseur, qu'on divisait avec un fer chaud, en petits morceaux carrés recouverts ensuite d'un côté avec une feuille d'or. On posait sur cette feuille d'or une couche de verre très-transparent et broyé; on les rejoignait en les assemblant sur une table en fer couverte de cendres ou de chaux, et on les cuisait dans un four à verre. Ajoutons, en passant, qu'à l'époque où l'on faisait du verre une application si magnifique, on ne fabriquait, en guise de vitres, que de petits disques de quelques centimètres de diamètre, appelés *rulli*, et qui portaient sur leur centre la marque de la canne de fer avec laquelle on les avait faits.

Du reste, l'usage de ces vitres, singulièrement opaques, était un luxe que se permettaient seuls les grands seigneurs italiens. Jusqu'au dix-septième siècle, et aux plus belles époques de la Renaissance, on se contentait de fermer les fenêtres par des châssis recouverts de toile blanche.

Mais ce que recherchent passionnément les amateurs de notre époque, ce sont les coupes vénitiennes émaillées et filigranées du quinzième et du seizième siècle. Les couleurs les plus harmonieuses, les combinaisons les plus charmantes de contours et de dessins, les tons les plus splendides en font de frêles et magnifiques chefs-d'œuvre, d'autant plus précieux que leur fragilité même les rend extrêmement rares aujourd'hui; ils atteignent dans les ventes des prix fabuleux.

C'est dans un tube de verre fabriqué non pas à Venise, mais dans les usines médiocrement habiles de l'Angleterre, que se coulent les tubes qui servent à fabriquer des baromètres d'une nouvelle espèce.

D'après l'expérience que nous en avons faite, ces baromètres, malgré l'éloge que leur a prodigué l'Institut, ne servent point avec une bien grande efficacité à prédire les variations atmosphériques, mais ils n'en présentent pas moins des phénomènes de cristallisation fort curieux à observer.

« Prenez, dit M. Poey, dans une lettre écrite à M. Élie de Beaumont, prenez un demi-gramme de camphre, un demi-gramme de salpêtre et un demi-gramme de sel ammoniac; dissolvez ces matières séparément dans de l'eau-de-vie d'au moins dix-huit degrés, ce qui se fait promptement pour les sels, mais plus lentement pour le camphre ; activez la dissolution de ce dernier en chauffant au bain-marie le vase dans lequel il est enfermé.

« Les matières dissoutes, mélangez-les dans un flacon oblong, par exemple dans un flacon d'eau de Cologne de forme ancienne (ce qu'on appelait un *rouleau*), et fermez-le à l'aide d'un bouchon recouvert de cire à cacheter. Pendez-le de manière qu'il soit exposé au nord, et les cristallisations suivantes vous indiqueront les changements de temps.

« Un liquide clair vous annoncera le beau temps; un liquide troublé, la pluie; de la glace au fond, un air lourd ou la gelée.

« Si le liquide devient trouble avec de petites étoiles, il pronostiquera la tempête; s'il contient de gros flocons, l'air sera lourd et couvert, ou bien il tombera de la neige.

« Des filaments dans la partie supérieure du liquide sont un signe de vent; de petites pointes coïncideront avec un temps humide et nébuleux.

« Si les flocons montent et se tiennent dans le haut du liquide, il fera du vent dans les couches supérieures de l'air.

« De petites étoiles en hiver, par un soleil brillant, sont les avant-coureurs de la neige qui surviendra le jour ou le lendemain. Plus la glace montera, plus le froid deviendra rigoureux. »

Nous le répétons, nous avons obtenu tous ces petits phénomènes fort curieux, mais nous ne leur avons trouvé que des rapports peu directs avec les variations de l'atmosphère.

Puisque nous sommes en train de parler d'inventions anglaises, laissez-nous vous dire encore qu'on vient de construire à Liverpool, dans les usines du *Phœnix*, un coffre-fort destiné à la banque commerciale de l'île Maurice, et qui dépasse en proportions tout ce que l'on a fait jusqu'à présent en ce genre.

Entouré d'une double enveloppe, ce Léviathan des coffre-forts ne mesure pas moins de 3ᵐ.69 dans sa largeur, 5ᵐ.74 dans sa profondeur, et 3ᵐ.20 dans sa hauteur.

Entre l'enveloppe extérieure et le coffre proprement dit, on a ménagé un espace vide de 0ᵐ.658, destiné non-seulement à augmenter la solidité du coffre, mais encore à lui permettre de résister aux atteintes du feu. Il se compose d'une série de trente cloisons de 0ᵐ.114 d'épaisseur, et on l'a rempli d'une composition telle que le dedans du coffre reste froid, tandis que sa chemise extérieure se trouve enveloppée de flammes.

L'intérieur proprement dit se divise en deux compartiments, l'un d'avant et l'autre d'arrière, séparés par une cloison munie d'une double porte à volets. Le compartiment d'arrière, destiné à recevoir les lingots de métaux précieux, jauge 3ᵐ.657 de large sur 5ᵐ.045 de profondeur. Quant au compartiment antérieur, il se ferme par deux portes successives semblables à la précédente, en sorte qu'il faudrait forcer trois serrures de sûreté pour voler les lingots.

Choses vulgaires que l'on ignore. — Petites merveilles industrielles

5 décembre.

Que de choses vulgaires nous ne savons pas! Que d'objets nous portons et nous usons sans savoir le moindre mot de leur origine industrielle.

Tenez, prenons au hasard. Savez-vous d'où proviennent ces gants bruns, chauds, souples, que les rigueurs de l'hiver font exposer chez tous les gantiers et chez tous les bonnetiers, et dont le tissu épais, sans roideur, supplée avantageusement au daim et au castor? Ils sortent de la hotte des chiffonniers... On trie dans les immondes loques qu'ils ramassent au bord des ruisseaux et au coin des bornes, les morceaux de laine tissés ou non tissés, de quelque couleur qu'ils soient; on les lave, on les défile, on les carde, on les refile, on les tisse. Sans les teindre, on les confie à un métier qui, de lui-même, avec une dextérité qu'envieraient les doigts humains, et une vitesse que ces doigts ne sauraient acquérir, transforme les immondes résidus en gants dont on vend, à Paris seulement, pour plus d'un million de francs. Cent kilogrammes de chiffons de laine rendent de 25 à 40 pour 100; car il faut en enlever avec soin les coutures et les parties corrodées où brûlées.

Pour dégager la laine du coton et des autres substances étrangères mêlées dans la fabrication des tissus primitifs, on emploie un savon d'alumine qui rend cette laine imperméable à l'acide sulfurique coupé d'eau, dans lequel on plonge les chiffons. L'acide consume tout ce qui n'est pas laine.

En mélangeant la bourre avec trente pour cent de laine neuve, on obtient une étoffe solide, un drap feutré qui sert à fabriquer la plupart des vêtements communs dont le bon marché et la solidité sont une ressource pour une grande partie de nos populations.

Vous venez d'apprendre comment on fait des gants et des draps avec des chiffons. Voici maintenant comment on fabrique du cuir neuf avec du vieux.

Un esprit ingénieux, aiguisé par l'intérêt, a conçu et réalisé la pensée d'utiliser les déchets et les rognures de cuir que les cordonniers et les autres artisans qui travaillent la peau, jettent sans se douter qu'on en peut tirer parti. Une matière première qui ne coûte rien ou qui coûte fort peu, est toujours une bonne découverte. Voilà donc notre homme qui charge les chiffonniers de lui apporter les bribes de cuir, jusque-là sans valeur, qui traite avec les selliers et les cordonniers, au moyen d'intermédiaires obscurs, et qui loue une machine à vapeur de la force de huit chevaux. A l'aide de meules, il réduit en poudre grossière les débris de cuir, mélange cette poudre avec de la gélatine, fait, à l'aide du feu, du cuir fondu, et le coule en couches minces qui se sèchent à l'air chaud, qui prennent sous un laminoir de la régularité, du poli et de la solidité, et qui servent à façonner des semelles, de grosses bottes et les parties solides du soulier : le quartier et la semelle.

Un autre industriel, à l'aide d'une machine, dédouble le

cuir, le coupe en tranches minces, si minces qu'on fabrique aujourd'hui avec de la peau de cheval, des gants qui offrent presque toutes les apparences de la peau de chevreau.

L'industrie possède une foule de machines ingénieuses qui remplacent la main et presque l'intelligence de l'homme et qui accomplissent en quelques heures des besognes auxquelles ne suffirait pas un mois du travail de dix ouvriers. J'en sais une qui, seule, creuse un bloc de fonte de plus de deux mètres, en forme un cylindre qu'elle polit à la fois à l'intérieur et à l'extérieur, qui ne s'égare jamais d'un demi-millimètre, et qui sonne d'elle-même pour avertir quand elle a terminé sa besogne. Il y en a qui tondent les étoffes, d'autres qui les tissent, d'autres qui se jouent des corps les plus durs, comme un statuaire pétrit la glaise. Il y a des outils de toutes sortes, devant lesquels l'homme qui réfléchit reste en extase et se demande comment l'ingéniosité humaine peut arriver à créer de semblables merveilles. Tel de ces outils a exigé plus d'imagination qu'un roman? Et personne n'en connaît les auteurs. Ils sont l'œuvre de tous et l'œuvre de personne. Une fois le principe découvert et adopté, chacun y apporte son perfectionnement; chacun ajoute son idée privée à l'idée commune; tous en profitent, sans s'inquiéter d'où elle provient. Et cependant, combien de temps peut épargner un outil? combien peut-il rendre facile et moins fatigante une besogne difficultueuse ou pénible? combien peut-il épargner la santé de nombreuses personnes?

De ce nombre, citons une laveuse qui agit par pression

et dont l'action sur le linge est telle, que les tissus les plus fins et les plus frêles deviennent purs et blancs, sans avoir à subir autre chose que des trempages en paquets et des pressions alternatives qui l'épargnent beaucoup plus que le battoir et ne l'usent pas. Soixante coups de pressoir lavent à la fois cinq kilogrammes de linge sec ; en une journée, on peut en nettoyer cinq cents kilogrammes.

Donc, il n'y aura bientôt plus, pour tant de pauvres femmes, de longues journées à passer, les pieds au fond d'un tonneau humide, au bord de la rivière, et les mains plongées dans une eau trop souvent infecte, comme il arrive pour le linge des hôpitaux. Dieu sait quelles maladies graves, provenaient d'un pareil état de choses. Désor- -mais et peu à peu, quand le temps aura démontré les avantages de la machine, quand l'expérience y aura apporté ses perfectionnements, la profession de blanchisseuse perdra ses plus rudes fatigues et ses dangers. Car, les masses justement défiantes n'entrent pas d'emblée dans une innovation ; avant d'abandonner ce qu'elles pratiquent, elles veulent dûment se convaincre des avantages de ce qu'elles vont adopter en échange, et elles exigent plutôt dix preuves qu'une. En cela elles ont raison, et donnent un témoignage de plus de ce bon sens populaire, qui repose à la fois sur l'intelligence et sur l'intérêt.

Laissez-moi vous parler encore d'un outil bien vulgaire, d'un maillet. Vous savez que le maillet qui sert à frapper les ciseaux les outils tranchants et le varlet de l'établi, s'use vite, se creuse, vole même en éclats, et finit par ôter toute sûreté à la main. Un simple menuisier, pour remédier à ces inconvénients, a conçu l'idée de faire construire le corps du maillet avec une pièce de fonte, fer ou laiton.

Les deux têtes de ce maillet de fonte présentent des cavités rectangulaires, légèrement déclives, dans lesquelles on insère des blocs un peu coniques de bois de hêtre qui servent à frapper. Le trou dans lequel on loge le manche est rectangulaire; le manche a la même forme; seulement sa partie inférieure devient légèrement elliptique. Les blocs de bois s'usent seuls; on les remplace facilement quand ils sont hors d'usage, et le maillet reste toujours un outil sûr et complet.

Ascension au pic de l'île de Ténériffe. — Singuliers effets du froid. Funestes effets du froid. — La nostalgie.

15 décembre.

L'été dernier, un astronome écossais, M. Piazzi Smyth, conçut et réalisa le projet de faire le voyage de l'île de Ténériffe, afin de pouvoir s'y livrer, dans les meilleures conditions possibles, à ses études favorites.

Non-seulement il emporta les instruments nécessaires pour atteindre le but qu'il se proposait, mais encore, en digne enfant de la vieille Calédonie, habitué aux douceurs de la famille et au confort de la vie intérieure, il emmena avec lui mistress Smyth et tous ses domestiques.

A peine arrivé, le professeur — c'est le titre qu'il

prend — s'inquiéta de savoir sur lequel des pics de l'île il installerait son observatoire. La première des conditions requises était de se placer au-dessus des nuages, de façon que leur rideau fantastique ne se trouvât point placé entre le ciel et l'observateur; or, cela ne pouvait se rencontrer qu'à 1,500 ou 1,400 mètres au-dessus du niveau de la mer.

Le professeur se décida pour le Guajara, qui, non-seulement pouvait suffire aux exigences de la science, mais encore qui mesure trois mille mètres de hauteur.

M. Smyth partit donc le 14 juillet avec tout son bagage, porté à dos de mulet ou à bras d'hommes. Il gravit, gravit, gravit, comme madame de Malbrough, « si haut qu'il put monter, » et ne s'arrêta qu'à la cime du Guajara, bien au-dessus de la région des nuages.

Arrivée là, mistress Smyth ne sut pas réprimer un premier mouvement de surprise et même d'hésitation. Jamais elle n'avait entendu le vent pousser de pareils hurlements et se démener avec autant de rage. Le sable, voire les cailloux, au sommet de la montagne, sommet sans autre végétation que le cytise (*cytisus rubigenus*), se soulevaient à chaque instant en tourbillons et brisaient tout ce qu'ils rencontraient. Le chapeau de mistress Smyth ne tarda pas à se trouver mis en lambeaux. Quant à son voile vert, ce voile si cher aux Anglaises, il s'éleva dans les airs, retomba, s'envola de nouveau, pour retomber encore, et ne se laissa reprendre qu'après une grande heure d'un manége capable d'exaspérer la patience d'une femme moins spirituelle et moins dévouée à la science et à son mari que la compagne du savant.

Pour mettre à la raison ce vent, à la fois féroce et mystificateur, et surtout pour assurer le repos du voile vert, on planta, non sans peine, des tentes plus d'une fois renversées ; enfin on donna comme protection à ces tentes des enceintes bâties en grosse maçonnerie, qu'on établit surtout du côté du sud-ouest.

Les murs construits, les enceintes closes, et les vents morigénés, M. Smyth songea à organiser ses instruments scientifiques, et mistress Smyth à préparer le thé et à veiller sur le dîner.

Le premier ne tarda pas à résoudre un problème qui le préoccupait depuis son départ d'Edimbourg et dont suit la formule : *La sécheresse augmente-t-elle ou diminue-t-elle à mesure qu'on s'élève au-dessus du niveau de la mer ?*

Voici quelle fut la solution du problème : solution qui ne laissa plus le moindre doute au professeur écossais.

Le bois de la plupart des instruments astronomiques subit de tous les côtés de larges fissures ; un électromètre se trouva mis hors de service par la contraction de son pied sur la cloche de verre ; une boîte en bois d'acajou massif s'ouvrit d'elle-même et laissa tomber les planches qui la formaient, tant la colle-forte qui les unissait s'était desséchée ; enfin une planchette qui servait d'échelle à un thermomètre, se courba tellement que le tube de verre se rompit.

Pendant ce temps-là, mistress Smyth se trouvait soumise à des épreuves non moins bizarres et telles qu'on n'en trouve que dans les contes de fées. Ses lèvres se gerçaient et se fendillaient, ses ongles devenaient cassants,

la peau fine et blanche de ses belles épaules se noircis-
sait et se crispait comme du chagrin, enfin ses adorables
grappes de cheveux blonds se frisaient d'eux-mêmes et
prenaient un aspect laineux.

Quoi qu'il en soit, mistress Smyth ne s'en préoccupait
pas moins de son thé. On n'avait pour chauffer l'eau
destinée à ce thé que des rameaux de cytise, coupés à
l'instant même sur le buisson, et par conséquent on
devait redouter une fumée intense. Il n'en fut rien; aussitôt, ce bois vert brûla, flamba, petilla et forma un
riche brasier.

L'eau, de son côté, à peine en contact avec le feu, se
mit à bouillir. Le professeur, appelé par sa femme pour
voir un empressement si peu ordinaire de la part d'un
liquide, constata que l'ébullition se faisait à 191 degrés
Farenheit (69 degrés centig.), tandis qu'au niveau de la
mer, il en eût fallu 508, soit 100 degrés centigrades.

Par malheur, cette précipitation à bouillir ne hâta en
rien le moment du dîner. Pour cuire convenablement et
devenir mangeable, la viande exigea cinq heures, au lieu
de trois qui eussent suffi au bas de la montagne.

Quant au pain, l'étrange sécheresse particulière à ces
lieux élevés, l'avait transformé en véritable biscuit. Il
n'y restait plus une seule parcelle d'humidité, et pour
pouvoir le manger on dut le tenir longtemps plongé dans
l'eau chaude.

Le premier jour, de deux thermomètres exposés aux
rayons directs du soleil, l'un se brisa, parce que le mercure ne pouvait s'élever dans le tube de verre au delà
de 140 degrés Farenheit; dans le second, le mercure

monta. vers neuf heures du matin, jusqu'à 180 degrés Farenheit, à midi il dépassait le sommet du tube, débordait et remplissait en grande partie une cuvette de sûreté. Le 4 août, M. Smyth observa 212 degrés Farenheit, environ 82 degrés centigrades, température à Paris, voisine de l'eau bouillante.

Cependant, chose bizarre, personne ne souffrait de la chaleur.

Cela tenait à des phénomènes de physique, qu'il faudrait plus de place que je n'en trouve ici pour les expliquer d'une façon bien claire. Je me contenterai de dire que la température et le rayonnement sont deux choses différentes. La première peut se comparer à l'état thermométrique d'une chambre; le second, aux influences directes de la cheminée qui chauffe cette chambre. Vous avez 15 degrés centigrades dans toutes les parties de la pièce ; mais approchez le thermomètre qui indique ces 15 degrés, du foyer de la cheminée, et maintenez-l'y; il ne tardera point à marquer 50, 100 degrés même, et finira par se briser; tant, par sa dilatation, le mercure aura pris de développement!

L'air ne présente point partout une densité égale. A mesure qu'on s'élève, on le trouve raréfié, et ses couches supérieures finissent par ne plus subir les effets du rayonnement. qui plus bas. émane sans cesse du sol réchauffé par le soleil, et qui en renvoie la chaleur à l'air

C'est l'effet de la cheminée dont je vous parlais tout à l'heure.

Un soir, enveloppé de flanelle de la tête aux pieds, les

cheveux couverts d'un bonnet de même étoffe, le professeur, accompagné de mistress Smyth, qui avait revêtu un costume analogue, menèrent à bonne fin une des expériences les plus délicates et les plus curieuses de leur excursion aérienne.

Après avoir, par les précautions qu'on vient de décrire, supprimé toute émanation calorique de leurs corps, les deux époux firent éteindre les feux, les lampes et les bougies, et présentèrent à la lumière de la lune une pile thermo-électrique de Melloni, douée d'une extrême sensibilité.

Il s'agissait de constater si la lune donnait de la chaleur.

Le docteur Smyth observa à diverses reprises un léger mouvement dans l'aiguille du multiplicateur. Si léger qu'il fût, ce mouvement attestait que la lune produisait une chaleur, bien légère et bien difficile à apprécier, mais enfin qu'elle en produisait.

Nous ne raconterons point tout ce que le professeur vit ou ne vit pas dans la lune. En résumé, son voyage et son séjour d'un mois sur le Guajara, tant de fatigues, d'épreuves et de dévouement ne reçurent point complétement la récompense qu'on devait en espérer.

Contentons-nous de dire que M. Smyth a publié un volume curieux et accompagné de belles planches sur son voyage à l'île de Ténériffe.

Quant à mistress Smyth, redescendue, comme une simple mortelle, au niveau de la mer, elle retrouva la pureté de ses lèvres, la douceur de sa peau, la blancheur de ses épaules et la finesse soyeuse de ses cheveux.

Elle a même retrouvé, avec presque autant de plaisir, pour le thé, de l'eau ne bouillant qu'à 212 degrés Farenheit.

Le froid ne produit pas toujours des accidents aussi pittoresques et aussi inoffensifs.

La *Gazette des Hôpitaux*, dans un mémoire du docteur polonais Krajewski, raconte l'histoire d'un paysan russe surpris par une violente tempête de neige, et retrouvé vivant après avoir été enseveli *douze jours* sous une avalanche.

Après plusieurs jours de recherches inutiles on avait perdu l'espoir de retrouver même le cadavre de ce malheureux, lorsqu'un chasseur remarqua que son chien s'était arrêté à certaine distance de la route et semblait dévorer quelque chose.

Il s'approcha, et distingua un cheval enfoui profondément dans la neige. Il appela plusieurs de ses voisins, leur raconta ce qu'il avait vu, et les amena près de la fosse glacée. On se mit aussitôt à l'œuvre pour enlever la neige.

On finit par découvrir le cadavre entier du cheval attelé à un traîneau. La neige formait, au-dessus de la pauvre bête, une espèce de voûte de glace tellement dure, qu'on eut bien de la peine à la briser. Cette voûte enfin défoncée, on vit d'abord par l'ouverture s'échapper de la vapeur chaude ; et on aperçut ensuite le malheureux paysan qui tout engourdi et tout somnolent qu'il était, finit néanmoins par répondre à l'appel de son nom.

Cet homme, revenu à lui, raconta qu'il n'avait rien mangé depuis son accident. De temps en temps seulement, il arrachait un peu de neige pour la porter à sa bouche et étancher sa soif. Plongé dans une complète obscurité, il ne s'était en aucune façon rendu compte de la durée de son ensevelissement.

Deux des doigts de son pied gauche, et trois de son pied droit se trouvaient gelés ; ses mains, quoique cruellement déchirées par les efforts qu'il avait inutilement faits pour se dégager, ne présentaient point de traces d'engelure.

Il conserva une extrême faiblesse pendant deux mois. Après quoi il sembla avoir retrouvé sa vigueur. Toutefois il ne tarda point à devenir aveugle.

M. Krajewski ajoute qu'un grand froid cause aux mammifères une violente congestion cérébrale. S'il faut l'en croire, après la mort, il se passe dans la tête d'un animal gelé, quelque chose d'analogue au phénomène qui fait éclater des vases de terre pleins d'eau quand on les expose à un froid intense. La boîte osseuse du cerveau se désarticule.

Si cette observation se confirmait, elle pourrait rendre de grands services à la médecine légale et jeter du jour sur certaines questions encore indécises pour cette science.

Tandis que la *Gazette des Hôpitaux* est au drame, le *Répertoire de pharmacie* tourne quelque peu au vaudeville.

M. le docteur Lecœur y donne un nouveau moyen de dissiper l'ivresse. Ce moyen consiste tout bonnement à croquer des morceaux de sucre blanc jusqu'à ce que les fumées de l'alcool se dissipent.

« J'ignore pourquoi il en est ainsi, dit-il, mais je

sais que le sucre, exerce une influeuse heureuse, contre
la promptitude et le développement du phénomène d'intoxication, provoqué par l'alcool et par ses dérivés.

« Peut-être agit-il à la manière de l'ammoniaque, en
offrant aux acides que nous supposons, se former dans
le ventricule (toujours, bien entendu, comme complication de l'ivresse), une base capable de se combiner
avec eux et de neutraliser les effets par la formation
de produits nouveaux sans action fâcheuse sur l'économie. »

L'emploi du sucre comme contre-poison de l'eau-de-
vie n'était sans doute point ignoré des Italiens, qui im-
portèrent en France, sous le règne de Marie de Médicis
les liqueurs prônées par eux ou comme des spécifiques
puissants ou du moins comme un breuvage tout à fait in-
offensif. Le sucre, qu'ils mélangeaient abondamment à
l'alcool, n'y neutralisait-il pas, jusqu'à un certain point,
les effets enivrants de ce dernier?

Dans une thèse sur la *nostalgie* ou le mal du pays,
M. Emmanuel Blanche raconte des faits singuliers.

Le mal du pays, appelé *ilisci* par les Arabes et *heim-
weh* par les Allemands, a reçu le nom de *nostalgie* par
Neuter.

Voici comment M. Forget formule la nature de cette
maladie :

« Ce n'est point une aberration, une folie; loin d'être
aliénés, les nostalgiques n'ont que le malheur de percevoir plus vivement que les autres un sentiment légitime
et qui honore le cœur. »

D'ordinaire, le nostalgique tombe dans une apathie complète et dans un découragement profond de la vie; tout lui devient indifférent; il se refuse à ce qu'on exige de lui, sans que les prières, les menaces, ni même les punitions puissent le tirer de sa léthargie morale.

Un des caractères du nostalgique véritable, consiste à cacher son mal. Cet homme, qu'absorbe une pensée opiniâtre, cherche à la dérober à celui qui l'interrogera. Mais que le médecin pose le doigt sur cette plaie, qu'il parle au malade de la patrie absente, qu'il lui propose de la revoir, vous voyez le regard mourant s'allumer, le cœur battre et la vie remonter à ce visage transfiguré.

A l'armée, loin de la France, dans l'attente du combat, dans l'exaltation de la victoire, dans les fatigues sans cesse renouvelées des marches et des campements, la nostalgie trouve peu de place. Il faut des circonstances fatales pour amener subitement avec violence le *regret de la patrie*. Il faut une épidémie, comme à Saint-Jean-d'Acre par exemple, pour produire un mal où domine seul l'irrésistible besoin de revoir la patrie, et l'on voit cette fatale influence décimer des armées entières.

Les jeunes soldats sont plus exposés à la nostalgie que ceux qui ont déjà quelques années de service. Elle est plus commune parmi les villageois que parmi les citadins. On la rencontre fréquemment parmi les Savoisiens, les habitants des Pyrénées, les Basques, les Bas-Bretons, les Flamands et les habitants de la rive gauche du Rhin.

Les traits des nostalgiques s'altèrent et se couvrent de pâleur; leurs yeux mornes s'ouvrent avec peine; l'appétit

disparait et le corps dépérit. Le malade refuse obstinément de quitter le lit et garde un silence opiniâtre. Quand
on l'interroge sur sa santé, il répond qu'il se porte bien.

L'individu se laisse aller à la négligence de soi-même.
Les yeux se cavent, les tempes s'enfoncent, les côtes
font saillie, le ventre se déprime. Les symptômes physiques ne tardent point à se joindre aux symptômes mo-
raux ; la peau se sèche, les cheveux tombent, les
extrémités s'infiltrent, une éruption pseudo-membraneuse
tapisse la muqueuse buccale, et le malade succombe.

Il résulte des observations faites depuis la révolution dans les hôpitaux militaires, *qu'aucun Parisien n'y a
jamais été amené par la nostalgie.*

Un dîner chinois à Paris. — Nids d'hirondelles. — Moules et crevettes siamoises. — Poissons tête de vache. — Huîtres gigantesques. — Holothuries. — Trompe d'éléphant. — Clams américains.
— Pied des Chinoises. — Le Chinois et ses petits poissons.

24 décembre.

Brillat-Savarin préférait la découverte d'un nouveau
mets à la découverte d'une étoile, et, sans faire fi des
conquêtes célestes, nous sommes un peu de son avis. Où
en seraient les tables, même les plus somptueuses, sans
l'importation du dindon, qui s'associe aux truffes d'une
façon si délicieuse? Le café, le thé, le sucre, inconnus de
nos pères, ne manqueraient-ils pas singulièrement aujour-
d'hui, même aux plus pauvres?

- Aussi, n'avons-nous point hésité l'autre jour à faire l'essai des conserves envoyées de Siam au directeur de l'exposition permanente dés colonies qui a eulieu au palais de l'Industrie, et dont M. Aubry-Lecomte, avec son obligeance ordinaire, a bien voulu mettre à notre disposition des échantillons importants.

Il fallait traiter ces conserves, non point à la manière siamoise, dont le faire brutal et violent ne se serait point trouvé en rapport avec les habitudes et les goûts parisiens, mais bien étudier quel parti on pouvait en tirer, en les préparant autant que possible selon nos idées françaises.

Un seul homme peut-être était capable de chercher et de trouver la solution d'un problème de cette importance, et nous nous sommes adressé naturellement à lui.

L'ancien chef de cuisine du baron Salomon de Rothschild, M. Adolphe Dugleré, étudia donc les diverses conserves siamoises, et sans s'arrêter à leur aspect peu flatteur pour des yeux européens, se livra à de sérieuses expérimentations.

Après un mûr examen, il laissa de côté les ailerons de requin blanc et noir comme trop caractérisés par le goût d'huile rance dont les Siamois et les Chinois se montrent si friands ; les tendons de pieds de cerf, malheureusement trop avariés par le voyage, subirent le même sort.

Après quoi, M Dugleré s'adressa à M. A. Chevalier, pour que ce chimiste, rendu populaire par ses travaux sur l'hygiène publique, s'assurât qu'aucun agent nuisible n'entrait dans les moyens de conservation de toutes ces substances exotiques ; précaution d'autant plus indispensable que parfois les Chinois n'hésitent point à recourir à de légères solutions arsénicales pour préserver de la corruption les viandes salées.

Voici la lettre qu'après ses analyses, M. A. Chevalier écrivit à M. Dugleré :

Mon cher monsieur Dugleré,

J'ai examiné les divers fragments de poissons et de viandes que vous m'avez remis. Voici ce que j'ai constaté.

Ces poissons étaient :

1° Des crevettes de couleur blanche; 2° des moules ayant une couleur brune; 3° une petite sole ou limande ayant une couleur brune; 4° un fragment de poisson se présentant sous forme de plaque et offrant diverses solutions de continuité faites à la peau pour aider à la dessiccation ; 5° un autre fragment de poisson en forme de plaque blanche jaunâtre, sans solution de conti- nuité; 6° une petite plaque blanche double déclarée comme étant l'estomac d'un squale; 7° une trompe d'éléphant.

Tous ces fragments ont été soumis séparément :

1° A l'action de l'acide sulfurique, pour obtenir un charbon sulfurique destiné à la recherche de l'arsenic et de l'antimoine.

Chacun des résultats de ces essais a été négatif.

2° Par la carbonisation et l'incinération, afin de rechercher si les cendres obtenues contiendraient du cuivre, du plomb ou toute autre préparation d'un métal toxique.

Les essais faits pour chaque échantillon à l'aide du traitement par l'acide azotique, de l'évaporation à siccité, de la dissolution, enfin du traitement par l'eau distillée, de la filtration et de l'em- ploi des réactifs, l'acide sulfurique, l'ammoniaque, le prussiate de potasse, l'iodure de potassium, aucun de ces réactifs n'a donné de résultat indiquant la présence de composé de ces métaux.

Seulement, dans le traitement de ces matières, nous avons reconnu que le nitrate de potasse (le nitre) avait été employé pour la conservation des poissons dont nous examinons les dé- -bris.

En résumé, nous n'avons trouvé rien de dangereux dans ces produits destinés à être servis comme aliment.

A. CHEVALIER.

A quelques jours de là, cinq de mes amis se réunissaient avec moi à l'établissement des *Frères-Provençaux*, que dirige et qu'a régénéré M. Adolphe Dugleré, et prenaient place à un dîner dont nous copions textuellement la carte.

On le voit, tout avait été prévu, même le cas où les mets chinois n'auraient point obtenu de succès.

Hors-d'œuvre. — Les caviars, les pâtés de moules chinoises, les filets de poissons chinois, les canapés de crevettes chinoises.

Potages. — A l'impératrice, aux nids d'hirondelles.

Relevés. — La tête de vache poisson, le turbotin à la française, sauces homard et hollandaise ; la trompe d'éléphant garnie d'holothuries, le râble de chevreuil garni de croquettes, sauce corinthe ; la poularde à la monarque.

Entrées. — Les estomacs de poisson chinois à la kong, les cailles à la régence.

Rôts. — Le faisan flanqué d'ortolans.

Salades.

Entremets. — Les asperges en branches, la timbale de fruits princesse, la bombe vénitienne à l'ananas.

Après un moment d'hésitation, les six convives goûtèrent le potage aux nids d'hirondelles, d'abord avec défiance, puis ensuite avec ferveur.

L'arome délicat et parfumé de cette substance gélatineuse, blanche, semi-transparente, découpée en bandelettes et associée à un consommé généreux, ne saurait trouver de rival dans les pâtes dont on accompagne les soupes ; le tapioca lui-même, extrait plantureux de la cassave africaine, entrerait sans avantage en lutte avec les nids d'hirondelles.

Les moules et les crevettes, arrivées desséchées de Siam, avaient repris leur forme et leur délicatesse de goût; les filets de poisson fumé, enveloppés d'une légère couche de pâte dorée, surpassaient les plus délicates fritures.

Ce n'était pas sans inquiétude que j'attendais les *poissons tête de vache*; j'en avais déjà fait un essai chez moi, et je leur avais trouvé un déboire horrible. Servis en pâté chaud, on les a jugés assez voisins de la merluche; mais en résumé, on a paru ne les goûter que médiocrement.

Quant à la trompe d'éléphant flanquée d'holothuries, nous n'hésitons point à la proclamer un mets digne des plus difficiles gourmets. Ceux-là seuls qui ont mangé à Greenwich un potage à la tortue peuvent en prendre une idée, quoique la trompe d'éléphant ait une saveur bien autrement fine et un aspect plus encourageant.

On a cru d'abord que les holothuries, gros zoophytes echinodermes (animal plante à peau de hérisson) étaient des palais de bœuf; néanmoins ils surpassent de beaucoup en délicatesse ces viandes recherchées.

Les estomacs de squales étaient délicieux, et les meilleurs suprêmes de volaille eussent dû leur céder le pas.

Les six convives touchèrent peu aux mets français, quelque parfaits qu'ils fussent; les honneurs restèrent aux mets étrangers.

Le lendemain j'écrivis a M. Dugleré pour m'enquérir de lui des procédés auxquels il avait eu recours pour préparer les conserves siamoises, et voici sa réponse :

Mon cher maître, permettez-moi, avant toutes choses, de vous remercier, vous et vos honorables amis, des compliments si flatteurs que vous avez bien voulu m'adresser.

Maintenant je vais vous dire, puisque vous désirez le savoir, comment j'ai opéré touchant les objets qu'on a bien voulu me confier et que j'ai eu l'honneur de vous servir.

Ainsi que vous l'avez remarqué sans doute, tout cela était dans un état peu malléable, presque semblable à du bois dur et même à de la pierre. Il fallait donc, avant tout, le ramollir, et pour cela, j'ai eu recours à des bains réitérés, d'abords froids, puis chauds, à des cuissons longues et salées.

Le ramollissement obtenu et les combustibles ramenés à peu près à leur état primitif, j'ai employé une cuisson pour enrichir les mets et leur rendre la richesse et la saveur qu'ils pouvaient avoir perdus par les précédentes opérations. Ainsi, j'ai traité le poisson par le poisson, les viandes par les viandes, tout cela assaisonné d'un vin généreux et d'aromates provenant de Chine, afin de rendre leur saveur naturelle.

Cela fait, j'ai dû chercher le côté agréable et flatteur, afin d'enlever toute répugnance aux personnes qui avaient vu les objets avant leur préparation.

L'art culinaire n'a pas de secrets que je n'aie mis à contribution pour vous rendre ces mets agréables, et toute ma science y a passé.

J'ai fait pour vous ce que je faisais autrefois pour M. le baron Salomon de Rothschild, quand il me disait : « *Adolphe, je traite un grand seigneur, je te le recommande.* »

Vous seul pouvez savoir, ainsi que vos amis, si la réussite a été à la hauteur de mes efforts, et je dois le croire, si vos compliments ne sont pas le résultat de votre bienveillance, mais de vos sensations.

Il résulte de cette curieuse expérimentation que les nids d'hirondelle, les trompes d'éléphant, les estomacs

de squales, les holothuries et les limandes fumées, ne tarderont point à figurer sur les tables les mieux servies. Les
rapports récemment établis avec la Chine et le royaume
de Siam rendront, avant peu de temps, l'exportation de
ces denrées en Europe, facile, abondante et peu coûteuse.

M. Coste travaille activement à réaliser en partie ces conquêtes de l'acclimatation.

Au mois de mai dernier, l'*Arago* a apporté d'Amérique
au Havre environ deux cents huîtres de très-grande dimension, et autant de clams, coquillages gigantesques de
la famille des *vénus*.

On les a immergés, sitôt leur arrivée, dans l'avant-
port du Havre, et, après quelques jours de repos, l'aviso
à vapeur le *Pélican* les a transportés à Saint-Vaast-la-Hougue
pour les placer les unes dans un réservoir formé par une
écluse et qui se vide à volonté, les autres dans un parc que
la mer laisse à découvert pendant les grandes marées.

Les clams se sont immédiatement enfoncés dans le sable à plusieurs centimètres de profondeur ; les huîtres
sont restées immobiles sur les fonds légèrement vaseux
qu'on leur avait choisis.

Depuis bientôt huit mois que ces mollusques habitent
notre littoral, ils n'ont subi qu'une insignifiante mortalité;
ils grandissent visiblement et présentent toutes les preuves physiologiques d'une véritable domestication. Point de
doute qu'ils ne se reproduisent au printemps et que les
pépinières de Saint-Vaast ne dotent bientôt la France d'un
commerce fort lucratif, car chaque année il se vend en

Amérique pour plusieurs centaines de millions d'huîtres et de clams.

Ces mollusques entrent pour une large part dans l'alimentation des populations maritimes. A Baltimore, seulement, ils donnent lieu, par an, à un mouvement d'affaires d'environ dix millions de dollars.

On les prépare en jetant sur l'animal vivant de l'eau bouillante ; puis on le retire de sa coquille, on le sale et on l'enferme dans des petits tonneaux.

L'idée de l'acclimatation de ces deux mollusques en France appartient à l'Empereur. Sa Majesté en a confié la réalisation à M. Coste, et M. Agassis, savant naturaliste, qui habite l'Amérique, s'est empressé d'offrir son concours.

Sans doute les grandes huîtres et les clams ne seront point les seuls coquillages alimentaires dont on dotera la France.

En effet, M. le ministre de la marine a chargé M. de Broca, lieutenant de vaisseau, d'aller étudier en Amérique l'industrie coquillière et de rapporter toutes les espèces dont il jugera possible l'acclimatation.

Grâce à ces essais, dont la plupart promettent de réussir avec le temps, le nombre des substances alimentaires ne tardera point à s'accroître et à rendre plus variée et moins coûteuse la nourriture des populations européennes. Or, la variété, au point de vue hygiénique, présente d'aussi grands avantages que l'abondance et le bon marché, au point de vue de l'économie.

Les huîtres de vingt-cinq centimètres de circonférence, les clams américains, les nids d'hirondelle, les holothuries, les trompes d'éléphant, dont je vous parlais dans ma dernière chronique, tendent, vous le voyez, à se naturaliser en France.

Dieu veuille qu'il n'en soit pas ainsi des petits pieds chinois !

Et cependant il ne faudrait pas en jurer ! Nos Parisiennes n'ont-elles pas emprunté aux barbares d'autres modes aussi ridicules et aussi sauvages, telles que le henné pour se noircir les yeux, aux Orientaux ; la manie de se barbouiller le visage de rouge et de blanc, aux indigènes des montagnes Rocheuses? Le corset n'est-il pas aussi douloureux et aussi fatal que les bandelettes à l'aide desquelles les élégantes du Céleste Empire s'estropient les pieds.

M. le docteur Fuzier, médecin-major militaire, qui arrive de Chine, a lu dernièrement à l'Académie de médecine un mémoire qui n'est pas fait cependant pour engager nos femmes à imiter les Chinoises.

La coutume de se déformer le pied, dit-il, est à peu près généralisée chez les Chinoises : les batelières de Canton, les domestiques, les femmes qui cultivent les champs, les femmes d'origine tartare sont à peu près les seules qui ne la pratiquent pas. Aujourd'hui elle est imposée par la tradition et par l'usage qui, en Chine comme en France, hélas ! sont plus puissants que les lois.

Cette coutume est funeste à plus d'un titre : parfois, assez rarement, il est vrai, sa pratique est suivie d'accidents locaux : carie, nécrose des os du pied, etc.

Si ces résultats sont l'exception, les suivants sont presque la règle. Cette coutume force à un repos relatif dans le jeune âge, surtout pendant l'application compressive des bandes ; elle gêne donc le développement des enfants. Dans l'âge adulte, elle ne permet qu'un exercice borné ; puis, plus tard, elle force au repos plus ou moins absolu par l'embonpoint qu'elle produit, repos qui a pour conséquence l'affaiblissement, l'anémie, etc.

Une si étrange mode peut donc être accusée de favoriser de plus en plus le développement du tempérament lymphatique de la race chinoise, chez laquelle il domine presque exclusivement.

La compression à l'aide de bandes est le seul moyen employé pour obtenir tous ces déplacements et tous ces désordres. Elle se fait, en général, vers l'âge de trois ou quatre ans.

La compression n'est que temporaire. Quand les déplacements osseux ont été obtenus, les bandes sont relâchées et réduites ; dans la suite, elles sont mises, peu serrées, comme soutien et comme moyen de propreté.

La compression est douloureuse, tant qu'elle doit être maintenue avec rigueur pour amener le pied à la forme désirée, et pendant cet espace de temps elle force au repos. Quand la déformation est obtenue, les bandes sont progressivement relâchées ; la douleur diminue et devient supportable, puis nulle, et bientôt les petites filles se mettent à courir, bien que toujours avec une gêne qui tient en partie à la difficulté de l'équilibre.

On voit circuler dans les rues et dans les sentiers de la campagne les femmes des artisans et de la classe peu riche, qui ne peuvent faire les frais d'une chaise et de ses porteurs, mais elles ne peuvent se permettre de longues stations debout ni une marche au delà d'une lieue, sans que leurs pieds se fatiguent et se tuméfient.

Leur démarche est pénible; le corps repose presque en totalité sur le talon, et la semelle de bois de leur chaussure immobilise la partie antérieure du pied, dont les mouvements seraient douloureux. Il en résulte qu'elles semblent marcher sur des échasses.

Malgré cette peinture des souffrances des Chinoises, nous nous garderions bien d'assurer qu'avant un demi-siècle, — peut-être, hélas! avant quelques années, — elles ne seront pas les souffrances des Françaises !

●

Maintenant je ne suis pas sans éprouver quelque embarras pour vous dire ce qu'il me reste à vous dire.

En général, le public n'aime pas qu'on détruise ses illusions; une fois qu'il a reçu et accepté une impression, il ne s'en défait pas aisément; il préfère même une idée fausse qui l'intéresse à une idée juste qui lui enlèverait de cet intérêt.

Quand la folle histoire de la *fille à la tête de mort*, inventée, en 1815, après boire, par Martainville, fit son tour de France et d'Europe, personne, vous le savez, ne voulut croire à son origine menteuse; Martainville lui-même ne fut point écouté, lorsqu'il revendiqua dans le *Drapeau blanc* la paternité de cette fable. Dites, aujourd'hui que Méry a conçu, entre deux cigares, les aventures de Gaspard Hauser, cet enfant mystérieux de Nuremberg, élevé dans un souterrain, et assassiné en pleine place publique par un spadassin aussi masqué que féroce, on vous donnera un bel et bon démenti, et l'on s'écriera que tous les journaux du temps ont attesté unanimement ces forfaits bizarres, et que nul n'a le droit de révoquer leur véracité.

Hélas! je vais remplir ce rôle pénible de désillusionneur, à propos d'un des héros les plus fêtés naguère par la presse départementale, voire par sa sœur aînée, la presse parisienne, devenue, en cette occasion, l'écho de sa cadette.

Le lettré chinois autour duquel il se fait tant de bruit en ce moment, n'est pas un lettré, mais bien un simple pêcheur de profession.

Je suis allé visiter au Collège de France les poissons appelés *têtes de vache* qu'il a apportés à grands frais de son pays natal.

J'ai vu les gigantesques jarres de terre qui les contenaient pendant la traversée, et sur la surface vernie desquelles apparaissent de grossiers caractères chinois. Ces jarres, en voyage, étaient enfermées dans des baquets de bois pleins d'eau de mer souvent renouvelée, afin de maintenir toujours fraiche l'eau douce où se trouvaient les poissons.

Quant à ces poissons, — aujourd'hui au nombre de cent cinquante environ, les jarres, à leur départ, en renfermaient douze cents, — ils mesurent à peine quelques millimètres de longueur; ils ressemblent à des cyprins, espèce depuis longtemps acclimatée en Europe, et à laquelle appartiennent les poissons rouges qui amusaient tant Shahabaham, et qu'on voit dans des bocaux chez tous les faïenciers des boulevards.

Le soi-disant lettré ès-pisciculture n'entend rien du tout à cette science, même telle que nous autres apprentis nous la pratiquons en France.

Quand il a vu l'appariteur de M. Coste opérer la fécondation artificielle de deux truites, il a ouvert aussi grands que possible ses yeux bridés, et il a déclaré n'avoir jamais assisté à rien d'aussi merveilleux.

Cette fécondation est cependant bien simple, puisqu'elle consiste à presser avec la main et d'une certaine façon le ventre d'une truite femelle et à en faire sortir les œufs. On procède de même avec la laite du mâle, que l'on verse dans l'eau contenant les œufs.

Après cela, les deux poissons ne s'en portent que mieux, et on dispose les œufs fécondés sur de petites grilles sans cesse recouvertes d'une eau courante; les

œufs éclosent à l'époque voulue, époque que retarde le
moins ou le plus de chaleur de la température; et puis

> Petit poisson deviendra grand,
> Pourvu que Dieu lui prête vie.

Non-seulement il devient grand, mais encore violent,
passionné, colère et jaloux. A l'époque du frai — et cette
époque est précisément le mois de décembre, — les
mâles se livrent entre eux de violents combats. Je les ai
vus s'élancer à cinquante centimètres hors des cuves qui
les renferment, s'aborder à coups de queue et de mâchoire, et se labourer le dos, les flancs et le museau de
larges plaies saignantes.

Pour en revenir aux poissons chinois, depuis qu'ils
habitent le Collége de France, ils se sont refusés constamment à manger le jaune d'œuf, qui, prétendait-on, composait à bord leur unique nourriture, et ils touchent encore moins, s'il est possible, aux herbes aquatiques placées chaque jour dans leur bassin.

Mais qu'on émiette quelques bribes de viande dans l'eau
de ce même bassin, et on les voit aussitôt accourir en
bataillon serré, et se disputer la moindre parcelle de cet
aliment; ils font aussi une guerre acharnée aux œufs
quasi-microscopiques des petits mollusques accrochés par
milliers aux feuilles et aux tiges des plantes aquatiques.

Il en résulte donc, après mûr examen, que les cyprins
du fleuve Jaune ne forment point une exception à la loi de
la nature qui fait des carnivores de tous les habitants des
eaux douces.

Les têtes de vache ne grandissent guère, et avant

qu'elles pèsent sept ou huit kilogrammes, il s'écoulera bien du temps et, j'en ai peur, bien des déceptions.

L'éclipse de soleil du 31 décembre. — Une éclipse racontée par Fontenelle.

25 décembre.

Si vite que s'oublie ce que disent les chroniques, peut-être vous souvient-il encore de l'éclipse totale de soleil dont je vous ai dernièrement entretenus, qui doit avoir lieu le 31 décembre 1861, et qui sera visible en partie à Paris.

Cette éclipse, d'après l'*Annuaire des longitudes*, commencera à onze heures trente-deux minutes du matin, deviendra centrale vingt-huit minutes après et cessera de l'être à trois heures vingt-huit minutes.

Le moment indiqué pour la fin de l'éclipse générale est quatre heures trente-deux minutes.

L'éclipse, partielle à Paris, vous le savez, commencera pour nous autres à deux heures deux minutes de l'après-midi, atteindra sa plus grande dimension à trois heures sept minutes, et finira à quatre heures huit minutes.

La grandeur de l'éclipse sera de 54 centièmes de diamètre du soleil; sa plus courte distance apparente du centre 17° 41′; la première impression du disque lunaire aura lieu à l'occident à 155° de l'extrémité supérieure du soleil.

Je vous ai dit quelles espérances les astronomes fondaient sur cette éclipse pour déterminer la nature du soleil, à l'aide de l'*analyse spectrale*.

Il n'est pas sans intérêt d'opposer aux espérances fondées sur les progrès scientifiques conquis dans cette seconde moitié du dix-neuvième siècle, l'opinion qu'on avait des éclipses vers le milieu du dix-septième.

C'est Fontenelle qui parle :

Il sembla que le ciel voulût favoriser l'Académie des sciences, cette compagnie à peine naissante de mathématiciens (Colbert venait de la fonder en 1666); deux éclipses devaient arriver à quinze jours l'une de l'autre, ce qui est le temps le plus court où l'on en puisse avoir deux, et l'on sait assez combien les éclipses sont précieuses aux astronomes par tous les usages qu'ils en tirent.

De plus, la première, qui était lunaire, devait être horizontale, phénomène extraordinaire, où le soleil et la lune se voient en même temps sur l'horizon, quoique dans l'opposition où ils sont alors, l'un étant au-dessus de ce cercle, l'un dût être réellement au-dessous.

Aussi n'a-t-on encore observé jusqu'à présent que trois éclipses horizontales, non que ce phénomène soit si rare, mais parce qu'il ne peut durer que très-peu de temps, et que les deux astres touchant à l'horizon, ils sont presque toujours, pendant ce peu de temps, enveloppés dans les nuages ou dans les vapeurs. Ce qui fait que ce phénomène dure si peu, c'est qu'il est l'effet d'une réfraction qui élève sur le bord de l'horizon l'image de la lune, dont réellement le corps est encore au-dessous. Aussitôt après, le corps de la lune monte lui-même, et prend la place de son image, et pendant ce peu de temps le soleil tombe nécessairement sous l'horizon.

Cette éclipse de lune, qui devait arriver le 16 juin 1666, fut dérobée par les nuages aux mathématiciens qui l'attendaient avec tous les préparatifs nécessaires. On n'en a eu qu'une seule relation un peu exacte par les mathématiciens que le prince Léopold de Florence avait envoyés dans la petite île de Gorgone. Ceux qui étaient allés aussi par son ordre en deux autres endroits ne la purent voir, ce qui marque combien il est important de poster des observateurs en différents lieux, afin que ce qui échappe aux uns n'échappe pas aux autres.

L'autre éclipse, qui était de soleil et qui arriva le 2 juillet, fut heureusement observée chez M. Colbert par les mathématiciens renommés, MM. Carcavi, Huyghens, Roberval, Frenicle, Auxout, Picard et Buot.

Elle commença à 5 h. 43 m. 20 s. du matin, et finit à 7 h. 42 m. 20 s.; elle fut dans son milieu de 7 doigts 56 minutes, et l'on remarqua que le temps que l'on appelle d'incidence ou d'immersion, qui est depuis le commencement de l'éclipse jusqu'à ce point du milieu où elle est la plus grande, fut de quelques minutes plus court que le temps de l'émersion, par où l'on s'aperçut que l'on ne prenait pas assez exactement le milieu d'une éclipse en coupant par la moitié le temps de sa durée entière.

Ceux qui dans ce même temps prenaient la hauteur du soleil dans le jardin de la Bibliothèque du roi, trouvèrent, vers le milieu de l'éclipse, que l'air était plus froid, et ce qui ne peut être sujet à erreur, c'est que les miroirs ardents avaient en ce temps-là beaucoup moins de force qu'au commencement et à la fin de l'éclipse. Ils brûlaient encore le bois, mais sans flamme, et ils ne pouvaient brûler le papier blanc. C'était la même chose que si la moitié du miroir eût été couverte et qu'il n'eût reçu que la moitié des rayons qu'il peut recevoir, car un peu plus de la moitié du disque du soleil était cachée par celui de la lune. Cependant les yeux ne s'apercevaient pas beaucoup de l'affaiblissement de la lumière, et ceux qui n'étaient pas avertis de l'éclipse, pouvaient bien ne pas se douter qu'il y en eût une. Le petit froid que l'on sentit répond à la diminution de clarté, qui pouvait devenir sensible en y faisant attention ; mais tout cela prouve bien que les sens sont fort éloignés d'aller jusqu'aux fines différences, puisqu'il leur en échappe même d'assez grossières.

Dans tout le temps de l'éclipse, le disque de la lune interposé entre le soleil et la terre, parut, avec le télescope, également noir en toutes ses parties, d'où l'on jugea que la lune n'était point enveloppée d'une atmosphère, parce que dans la situation où elle est, lorsqu'elle cache le soleil à nos yeux, cette atmosphère serait traversée de quelques rayons du soleil, qui la ferait paraître comme une bordure moins noire que le reste du disque de la lune.

Le diamètre de la lune parut un peu plus petit que celui du soleil, ou tout au plus il parut lui être égal, et l'on remarqua l'erreur des tables de Képler et des autres qui faisaient le diamètre du soleil plus petit et celui de la lune plus grand qu'ils n'étaient effectivement.

On commençait alors à connaître mieux que jamais de quelle importance il était d'avoir dans la dernière précision les diamètres apparents des planètes dans toutes les différentes élévations où elles se peuvent trouver, soit par les mouvements annuels, soit par les diurnes. De là dépend toute la justesse du calcul des éclipses solaires et lunaires : car on ne peut juger ni de la quantité de doigts qu'elles occuperont, ni du temps qu'elles dureront, que par la grandeur que l'on suppose aux diamètres apparents du soleil et de la lune à l'égard l'un de l'autre, et quelque peu qu'on s'y méprenne, l'erreur tire fort à conséquence.

Pour mesurer donc les diamètres apparents avec une exactitude inconnue à toute l'ancienne astronomie, M. Huyghens avait eu la première idée d'une machine très-ingénieuse que tout le monde connaît présentement. C'est ce petit treillis divisé en un certain nombre de carrés égaux que forment des fils de soie ou de métal très-déliés. On le place dans le foyer du verre objectif, et là les petits carrés sont vus très-distinctement. On sait, d'ailleurs, et même assez facilement, à quelle quantité d'un degré céleste répond le côté de chacun de ces carrés, et par conséquent

on sait la grandeur apparente d'un objet compris dans un ou
plusieurs de ces intervalles. Mais il y avait un inconvénient considérable : l'objet n'était pas toujours compris juste dans un ou
plusieurs carrés, et le plus ou le moins ne s'estimait qu'à peu
près. MM. Auzout et Picard réparèrent parfaitement ce défaut
par le moyen de deux fils qu'ils rendirent mobiles, et même
M. Picard rendit encore le tout plus parfait par une règle d'un
pied divisée en 400 parties avec le secours du microscope, et qui
faisait connaître ce que valaient les distances insensibles des deux
fils. Nous ne ferons pas une description plus exacte de cette
machine, parce qu'elle est dans le recueil de quelques ouvrages
d'académiciens que M. de la Hire a fait imprimer en 1693. Elle
y est nommée *micromètre*.

On s'appliqua à profiter de cette nouvelle invention, et pendant toute la lunaison qui suivit cette éclipse du 2 juillet, on
s'attacha à la mesure des différents diamètres apparents de la
lune. On fut étonné de voir tomber aussitôt les hypothèses que
les nouveaux astronomes même avaient faites sur cette planète,
et l'on s'assura que pour être si proche de nous, et pour appartenir en quelque façon à notre terre, elle ne nous en était pas
mieux connue.

On voit qu'en 1666, époque où Fontenelle écrivait ces
notes, on ne connaissait pas encore exactement la distance
de la terre à la lune.

Ce fut à l'occasion de l'éclipse de soleil du 2 juillet, que
le duc de Coigny, lieutenant-général et directeur de la
cavalerie de France, fut le héros d'une anecdote enregis-
trée par les faiseurs de Mémoires du temps.

Deux des plus grandes dames de la cour l'avaient prié
de les conduire chez Colbert pour y voir l'éclipse au milieu
des savants réunis par le ministre. Malheureusement, le
tailleur du comte lui fit attendre un magnifique habit
commandé tout exprès pour la solennité ; si bien que l'é-

clipse finissait à sept heures et demié, et que le carrosse
du grand seigneur n'arriva qu'à huit heures chez les
grandes dames.

— Ah ! s'écrièrent-elles, vous arrivez trop tard, monseigneur ; nous ne verrons plus rien de l'éclipse ; elle est
terminée à cette heure.

— Mesdames, répondit gravement le duc, vous plai-
santez, vraiment ! Pensez-vous donc que pour vous, et à
ma demande, monsieur Colbert ne fasse pas recommencer
à ses savants l'éclipse que vous désirez voir ? Il serait tout
à fait plaisant, mordieu ! qu'il me refusât cela !

———

Le télégraphe. — Une dépêche télégraphique à deux francs pour toute
la France. — Son mécanisme. — Histoire succinte de la télégraphie. — Les frères Chappe. — Le télégraphe aérien. — Le télégraphe électrique. — M. le vicomte de Vougy. — Les appareils
employés aujourd'hui. — Le passé, le présent et l'avenir du télégraphe électrique.

31 décembre.

Si vous eussiez dit, il y a quarante ans, au plus habile
directeur des postes aux lettres de France :

« Une dépêche partie de Paris ne mettra que deux ou
trois minutes pour arriver à Marseille ; »

L'administrateur eût haussé les épaules.

Si vous lui eussiez dit, il y a vingt ans :

« Une dépêche sera imprimée en caractères d'imprimerie, à Marseille, par un appareil fonctionnant à Paris ; »

Il vous eût ri au nez.

Si vous lui eussiez dit il y a quinze ans :

« Une dépêche télégraphique de vingt mots ne coûtera pour toute la France que *deux francs*; »

Il vous eût demandé si vous le preniez pour un sot.

Après avoir réalisé les deux premiers de ces miracles, M. le vicomte de Vougy, commence, demain 1er janvier 1862, à opérer le dernier, et personne ne s'en étonne! Pas un journal n'en parle!

Ce n'est point, du reste, le seul service que la correspondance télégraphique doive à cet éminent administrateur. L'application de l'appareil Morse et l'organisation d'un service singulièrement compliqué et qui prend chaque jour un développement imprévu, sont—ou peu s'en faut—uniquement son œuvre.

Je viens de parler de la complication du service télégraphique, et, pour justifier cette expression, je vais vous conter l'histoire d'une de ces dépêches de vingt mots, que vous et moi pouvons expédier désormais au prix de deux francs.

La personne qui veut expédier une dépêche en France ou à l'étranger, se rend, soit dans un des bureaux intermédiaires établis à l'intérieur de Paris, soit à l'administration centrale, rue de Grenelle.

Elle écrit sa dépêche sur un papier que surmonte une formule imprimée, et qui constate l'heure du dépôt, puis elle la remet au receveur.

Le receveur perçoit deux francs et congédie l'expéditeur, en même temps qu'il dépose la dépêche dans une sorte de grand tuyau, garni à l'intérieur d'un plateau. On donne, comme signal, un coup de sifflet, et le plateau monte le papier à l'étage supérieur, où le reçoit un agent.

Celui-ci transmet la dépêche à un directeur, qui l'inscrit, après quoi un piéton la porte immédiatement au *stationnaire* chargé de l'expédier.

Je vous assure que le piéton mérite son nom, car il lui faut à toute minute traverser une série de longues salles garnies d'un triple rang de tables qui portent quatre à cinq appareils Morse. Chaque appareil a son *stationnaire* assis, attentif et prêt à recevoir les dépêches ou à les expédier; des étiquettes en gros caractères indiquent chaque ligne générale et ses subdivisions.

Le stationnaire met aussitôt en mouvement son appareil. Quelques minutes lui suffisent pour terminer sa besogne, c'est-à-dire pour expédier la dépêche à l'autre extrémité de la France ou de l'Europe.

Après quoi, un second piéton reporte le modèle de cette dépêche dans un bureau où elle prend place à son rang de classification.

Pareille chose se passe à peu près pour les dépêches qui arrivent.

Le stationnaire les reçoit, traduit les caractères télégraphiques en caractères vulgaires et passe cette traduction à l'inspecteur, qui la vérifie et la contrôle; on la met sous enveloppe, on la cachète, un facteur la reçoit et le message se porte rapidement à domicile.

L'expédition de la dépêche demande à peine cinq minutes, et on peut aisément calculer le temps qu'il faut pour que le facteur franchisse la distance qui sépare l'administration centrale du domicile de la personne à qui la dépêche est envoyée.

La moyenne des dépêches expédiées ou reçues est de trois mille par jour.

Le personnel de l'administration se compose de 3,392 employés, qui suffisent à grand'peine à cette besogne, qui tend toujours à s'augmenter.

Voyons, maintenant que vous connaissez les moyens administratifs du télégraphe, quels sont les moyens mécaniques qui lui viennent en aide.

Au rez-de-chaussée, se trouve une vaste chambre remplie d'éléments de la pile Daniel. En réunissant la force de tous ces producteurs isolés d'électricité, il y aurait de quoi foudroyer une armée de trente mille hommes.

Des câbles enveloppés de gutta-percha et entortillés de bandelettes goudronnées, comme des momies égyptiennes, conduisent l'électricité dans une pièce à l'étage supérieur, et je ne connais rien de plus singulier que l'aspect de cette pièce.

Les murs tapissés de fils de fer, disposés d'une façon régulière et pittoresque, ressemblent à trois harpes gigantesques.

Chaque fil communique à volonté avec ses confrères aériens ou souterrains de Paris. Si quelque obstacle survient dans l'une ou dans l'autre des voies, il suffit de mouvoir un petit ressort d'une extrême simplicité, pour suspendre la communication avec la voie détraquée et la rétablir avec l'autre.

La voie aérienne, la seule qui existe en dehors de Paris, est, il faut bien le dire, encore dans l'enfance de l'art. Ces fils, dressés sur des poteaux, exposés aux dégradations de la méchanceté, de l'ignorance et du hasard, soumis aux variations de l'atmosphère et à l'action de l'électricité extérieure, se montrent trop souvent capricieux et désobéissants ; ils interrompent partiellement les communications, transmettent les signaux d'une façon fantasque, et devront, dans un temps donné, céder la place aux voies souterraines qui sont à l'abri de tous ces inconvénients. Par malheur, ces dernières coûtent cher à établir, puisque une ligne de trente fils coûterait de Paris, à Orléans, de un million à douze cent mille francs ! Jugez des millions qu'il faudrait pour toute la France !

De la chambre que je vous ai décrite, l'électricité arrive par des câbles et par des fils, jusqu'aux appareils devant lesquels je vous ai montré les *stationnaires* assis, et attentifs aux signaux du télégraphe. Le système Morse est le seul employé jusqu'ici en France ; on lui a donné certains perfectionnements qui en rendent l'emploi plus rapide, plus sûr et plus précis.

L'appareil Morse se compose d'un rouage d'horlogerie, mu par un poids et menant un petit système de rouleaux-entraîneurs, entre lesquels passe une étroite bande de papier comme dans un laminoir.

Il trace sur ce papier un alphabet de convention formé de points ou de lignes plus ou moins longues.

Quand on importa cet appareil en France, un style, mis en mouvement par l'électricité, traçait sur le papier des signaux composés de traits et de points qui formaient une espèce de gaufrage informe très difficile à lire.

MM. Bréguet, Digney et Beaudoin, chargés par M. de Vougy de chercher un remède à ces inconvénients, prirent un parti tout opposé.

Ils adoptèrent pour instrument de traçage un disque en cuivre, monté sur un arbre que faisait mouvoir l'une des roues, et s'alimentant d'encre d'imprimerie sur un rouleau imprégné de cette substance. En outre, au lieu de faire mouvoir la roue par le levier, ils firent soulever, par celui-ci, la bande de papier sous la roue.

La longueur des signes linéaires qui forment l'alphabet dépend du temps que le levier tient la bande de papier sous la roue.

Cette durée est déterminée elle-même par le stationnaire, suivant qu'il appuie plus ou moins longtemps la main sur le levier qui sert à transmettre les dépêches.

Ainsi, pour nous résumer, la télégraphie électrique se compose, dans l'appareil Morse :

D'une source d'électricité, la *pile*;

D'un manipulateur, nommé *clef*, qui détermine l'envoi du courant;

D'un conducteur, ou fil métallique, à travers lequel l'électricité va produire son action à distance.

Enfin, d'un *récepteur* ou *enregistreur* qui traduit les émissions courtes ou longues du courant au moyen de points ou traits tracés à l'encre d'imprimerie sur une bande de papier qui se déroule par un mouvement uniforme.

La vitesse d'un courant électrique varie suivant la nature des conducteurs et les circonstances où ils se trouvent placés.

En 1834, M. Wheatstone trouva, pour cette vitesse, à travers un fil de cuivre d'un grand diamètre et bien isolé, 500,800 kilomètres par seconde.

Avec l'appareil Morse, la transmission des dépêches donne, à raison de quinze mots par minute, de quatre à cinq lettres environ chacune.

Avec le système Hughes, le maximum entre Paris et Marseille, est de vingt-cinq mots isolément, et pour une petite distance de trente mots.

Avec le système Desgosses, on obtient à peu près la même vitesse.

Le télégraphe à cadran à signes fugitifs, donne douze à quatorze mots par minute.

Enfin, le télégraphe-imprimeur Digney transcrit dix mots à la minute.

Il est curieux de comparer la vitesse obtenue par le télégraphe électrique avec la vitesse obtenue par la sténographie.

Dans les conditions d'un débit ordinaire, même pour un discours non improvisé, la sténographie officielle recueille, en treize minutes, cent quatre-vingt douze lignes, ou une colonne du *Moniteur*.

La ligne contient en moyenne sept mots ; c'est donc un texte de mille trois cent quarante-quatre mots, ou *cent trois mots au moins par minute*.

Pour suivre la parole régulière, bien accentuée d'un orateur s'exprimant avec facilité, la sténographie doit déployer une rapidité égale à celle qu'il lui faut pour recueillir quinze vers alexandrins en une minute ; chaque vers étant en moyenne de sept mots, soit cent cinq mots par minute.

On peut donc reproduire sténographiquement près de deux mots par seconde dans les conditions ordinaires.

La sténographie textuelle est sept fois au moins plus rapide que l'écriture usuelle.

D'où il s'ensuit que, dans les conditions indiquées ci-dessus, la traduction des signes sténographiques en écriture ordinaire, sur le papier, exige sept fois le temps de l'émission de la parole; — à la dictée, cinq fois.

Pour les paroles plus rapides, représentant un débit de vingt à vingt-deux vers alexandrins ou cent quarante à cent cinquante mots à la minute, le temps de la traduction textuelle du discours est de huit à neuf fois celui du discours.

Le service de la sténographié pour le *Moniteur* se fait au moyen d'un grand fractionnement de la durée du travail. Il en résulte une sorte de roulement : chaque sténographe a traduit sa fraction quand il est appelé de nouveau à recueillir une petite partie du discours.

C'est ainsi que la séance entière se trouve traduite et contrôlée dix minutes après qu'elle est levée.

Tout à l'heure je vous raconterai l'histoire d'une dépêche d'autrefois, quand florissait l'appareil aérien, et quels nouveaux perfectionnements on cherche à donner à l'appareil Morse; puis, nous jetant dans l'avenir, un peu en utopistes, nous verrons ce qu'il reste à inventer et à appliquer pour que la télégraphie électrique marche de pair, — sauf la vitesse, bien entendu, — avec la poste aux lettres.

L'autre soir, à l'extrémité de Clignancourt, dans une usine qui touche presque aux fortifications, j'aperçus par hasard, appuyées contre un mur, et destinées à se transformer en fonte brute, une vingtaine de grandes ailes d'une forme particulière.

C'étaient les débris des télégraphes aériens, jetés là dédaigneusement au rebut, après avoir été détrônés des hautes positions qu'ils occupaient au sommet des édifices publics.

L'électricité leur vaut ce dédain et cette ruine. Hélas! le *sic transit gloria mundi* s'applique aussi, vous le voyez, aux choses, aux idées et aux inventions.

Et cependant, si jamais invention passionna l'admiration publique, ce fut sans contredit celle des télégraphes aériens.

On ne peut se défendre, en effet, d'un sentiment de surprise, en réfléchissant aux grossiers moyens de signaux jusqu'alors mis en usage : c'est-à-dire à des feux allumés sur des hauteurs.

Cependant, l'idée de recourir à d'autres procédés se trouvait *depuis longtemps dans l'air*, comme dit une charmante et poétique expression populaire. En 1782, Linguet prétendait avoir trouvé un instrument pour correspondre aux distances les plus éloignées; Bergstrasser de Hanau avait fabriqué un miroir qui, par les manières différentes dont il reflétait la lumière, permettait de converser à d'assez grandes distances, et de former une sorte d'alphabet; c'étaient là des tâtonnements et des aspirations vagues; c'était marcher dans une voie qui n'aboutissait point au vrai but.

La télégraphie ne devint réellement praticable que grâce aux frères Chappe.

Ils commencèrent par en faire un moyen de correspondance au collége, à l'aide d'une règle se mouvant sur un pivot; quelques années après, aidés des conseils du célèbre horloger Breguet, ils en construisirent une machine à peu près complète.

En 1793, la Convention adopta le télégraphe aérien, et en fit établir douze de Lille au Louvre.

La première dépêche télégraphique fut l'annonce à la Convention de la prise de Condé sur les Autrichiens, et la seconde, la réponse immédiate de cette Assemblée: *L'armée du Nord a bien mérité de la patrie.* Quelques minutes suffirent pour cette double transmission.

Claude Chappe et ses deux frères formèrent de droit le premier noyau de l'administration télégraphique.

Dès l'époque à laquelle on commença la ligne de Lille, on les chargea, à peu près sans contrôle, de la création et de la direction de ce nouveau service public; en un mot, la direction des lignes télégraphiques devint en quelque sorte pour eux une véritable propriété de famille.

La Convention, le Directoire, le Consulat, l'Empire et la Restauration respectèrent successivement un privilége que justifiaient les sacrifices des savants qui avaient consacré leur temps et leur fortune à perfectionner une invention que tous les pays étrangers enviaient à la France.

Les frères Chappe prenaient le titre d'*ingénieurs* et d'*administrateurs du télégraphe.*

Pendant les guerres qui suivirent la Révolution française, la télégraphie aérienne se développa rapidement.

En 1798, on établit les lignes de Paris à Dunkerque, à Strasbourg et à Brest; en 1803, celle de Bruxelles; en 1805, celle de Milan; en 1809, celles de Boulogne, d'Anvers, de Flessingues, et l'année suivante, celles d'Amsterdam à Bruxelles et de Milan à Venise.

Le réseau resta à peu près stationnaire jusqu'en 1823, époque où l'on créa la ligne de Paris à Bayonne.

Claude Chappe était mort en 1805, et ses deux frères, Ignace et Pierre, lui avaient succédé avec le titre d'*administrateurs*. En 1823, à la nomination du comte de Keresportz comme troisième administrateur, ils se retirèrent pour laisser l'administration de la télégraphie à leurs frères René et Abraham.

Lors de la révolution de 1830, on destitua René, qui avait refusé de transmettre les dépêches du nouveau gouvernement, et on mit Abraham à la retraite.

Cependant la science marchait.

En 1819, Œrsted avait fait connaître l'action de l'électricité sur l'aiguille aimantée, et Arago et Ampère avaient proclamé la puissance que cette même électricité exerçait sur le fer doux.

De toutes parts naquit dès lors la pensée d'employer l'électricité pour la correspondance télégraphique.

Les essais se succédèrent avec rapidité; dès 1830, on trouva une réalisation pratique d'appareils plus ou moins complets, et peu à peu l'idée d'une télégraphie à l'usage de tout le monde commença à germer dans les masses.

Seule, l'administration française, sous l'engourdissement de l'habitude et de la routine, se laissa devancer par les États-Unis et l'Angleterre, et continua à se servir du télégraphe aérien.

Enfin, forcée de suivre l'exemple de ces deux peuples,

et grâce surtout à François Arago, elle accepta les télégraphes électriques, mais timidement et sans sortir, pour ainsi dire, de la voie battue.

Au lieu d'adopter les appareils qui fonctionnaient à l'étranger, elle voulut en construire d'autres tout à fait nouveaux.

Le croirait-on? On s'attacha à produire par l'électricité les signaux des télégraphes aériens.

De cette idée rétrograde naquit le *télégraphe à aiguilles*, qui fonctionna pendant longtemps à l'exclusion de tout autre sur les lignes de l'État. Aussi ne fut-ce que cinq années après seulement, en 1850, que parut une loi sur la télégraphie privée pour autoriser le public à se servir des télégraphes du gouvernement.

Une semblable mesure devait opérer et opéra une révolution dans l'organisation de ce service.

Jusque-là, on avait pu rester fidèle aux traditions de la télégraphie aérienne; mais désormais il fallait y renoncer et refondre le cadre entier de l'administration sur de nouvelles bases. Une institution politique devenait une institution financière.

Le personnel ne suffisait plus; le personnel inférieur, insuffisant, devait être entièrement renouvelé, car au travail tout mécanique des stationnaires aériens, la plupart cordonniers ou tailleurs, succédait un travail intelligent et délicat.

En effet, il ne s'agissait plus de répéter lentement de poste à poste des signaux mystérieux dont on devait ignorer le sens, mais bien de transmettre et de recevoir des dépêches de mille natures et de régler des appareils compliqués, toutes choses qui, pour se bien faire, réclamaient une instruction assez étendue.

Cela, on le comprend, ne pouvait se faire sans contrarier des habitudes prises et sans froisser des intérêts privés; on comprend les difficultés qu'on rencontra pour aborder cette œuvre.

En 1853, M. de Persigny, alors ministre de l'intérieur, voulut donner un développement rapide à la télégraphie électrique; il plaça M. de Vougy, préfet de la Nièvre, à la tête de l'administration des lignes télégraphiques; cette administration fut bientôt élevée au rang de direction générale.

Le 1er juin 1854, parut un décret qui réorganisa entièrement le service.

Dès lors disparurent peu à peu, avec les appareils électriques *français*, les derniers vestiges de la télégraphie aérienne.

Ces appareils cédèrent la place à l'appareil bien supérieur de Morse, appareil employé depuis longtemps partout, excepté en France.

L'appareil français exigeait deux fils; il ne donnait que des signaux fugitifs; on ne l'employait qu'en France, ce qui rendait incommode la transmission des dépêches internationales.

L'appareil Morse, au contraire, n'emploie qu'un fil, et il imprime les signaux sur des bandes de papier.

Son introduction doubla tout d'abord les ressources des lignes déjà construites, et permit des économies considérables sur les établissements ultérieurs.

En 1860, l'administration des télégraphes, devenue,

en 1857, une simple direction du ministère de l'intérieur, fut de nouveau élevée au rang de direction générale, et replacée entre les mains de M. de Vougy.

Peu de mois après, le Corps législatif sanctionna un projet de loi pour l'abaissement du tarif des dépêches télégraphiques, décret destiné à populariser l'usage du télégraphe et à donner une nouvelle impulsion à son développement.

Depuis lors, chaque jour amène un perfectionnement et une amélioration.

En ce moment, par exemple, on essaye au ministère de l'intérieur divers appareils qui impriment les dépêches en caractères romains, et menacent de se substituer à l'appareil Morse lui-même.

Un appareil d'un Américain, M. Hughes, fonctionne déjà sur plusieurs de nos grandes lignes.

Enfin, je compte tout à l'heure vous parler d'un appareil de l'abbé Caselli, de Florence, qui reproduit l'écriture et donne de véritables autographes; on l'expérimente en ce moment sous la direction de M. de Vougy.

Quoi qu'il en soit, les difficultés que la télégraphie peut avoir encore à surmonter ne sauraient être que d'un ordre secondaire. La France possède aujourd'hui un réseau de vingt-cinq mille kilomètres, qui relie quatre cent quarante-deux stations télégraphiques, et, si nous sommes bien informés, on élabore divers projets pour la création d'un très-grand nombre de stations nouvelles.

L'auteur de cette chronique a reçu, de correspondants inconnus, deux lettres qui sont précisément l'alpha et l'oméga des articles qu'il vient de publier sur la télégraphie électrique.

Voulez-vous me permettre, écrit le premier anonyme, de vous raconter une anecdote télégraphico-aérienne, dont j'ai été autrefois le héros : *quorum pars magna fui*, ni plus ni moins que le *pius Æneas* de Virgile.

C'était en novembre 1827, au moment des élections générales; la besogne commandait, il y avait ce jour-là quatre dépêches à expédier? Le temps était brumeux, le soleil nous faisait défaut et depuis plusieurs jours on lisait invariablement au *Moniteur : Dépêche télégraphique. On espère demain. . . . . interrompu par le brouillard.*

Notre directeur d'alors eut une idée sublime. Le brouillard, pensa-t-il, n'est peut-être que sur Paris. Il me fait appeler, il était dix heures, et me dit : « Prenez vite un cabriolet, choisissez un bon cheval, courez à Villejuif, faites-y signaler cette dépêche.

Sans perdre un moment, je partis; je connaissais l'importance du message et ne craignis pas de me montrer généreux avec mon cocher, qui lança son cheval au galop; j'arrivai bientôt à notre premier poste et fis vivement expédier mes ordres, c'est-à-dire aussi vivement que possible, car il y avait encore des vapeurs qui, de temps en temps, obscurcissaient l'horizon; la dépêche entièrement passée, je revins à Paris; il était quatre heures: j'éprouvais une certaine satisfaction de ma mission bien remplie, lorsque, entrant dans la cour de l'administration, un de mes camarades, qui guettait mon arrivée, me cria d'aussi loin qu'il me vit ; « Trop tard! trop tard! les élections sont terminées. »

Ah! quelle journée, monsieur, qu'une journée pareille! je n'en perdrai jamais le souvenir.

De son côté, voici ce que m'écrit le second correspondant :

Vers le ... de septembre 1861, un de nos grands spéculateurs apprenait, en ouvrant son courrier du matin, la hausse générale subie par les céréales sur tous les marchés de nos grands centres de population.

Prenant à peine le temps d'écrire une dépêche, il va au poste télégraphique le plus voisin et remet à l'employé un chiffon de papier sur lequel sont écrits ces quelques mots :

« Monsieur Johnson, Londres,

« Achetez tous les blés disponibles. »

Une heure à peine écoulée, il recevait cette réponse :

« Acheté pour mon compte quarante navires de blés, livrables fin courant, au prix de... »

Encouragé par la différence du prix entre le marché de Londres et celui de Paris, le spéculateur renouvelle sa dépêche dans la même journée à Kœnigsberg, Dantzik, Odessa, Taganrog.

Quelques jours après, tous les ports de France étaient encombrés de navires apportant les blés nécessaires à l'alimentation du pays, et ces immenses approvisionnements rendaient impossible une disette.

Certes, il y a loin de la dépêche de 1827 à celle de 1861, mais la distance qui sépare les procédés télégraphiques actuels de 1861 et les perfectionnements et les progrès qu'ils auront conquis, dans trente-cinq ans, en 1895, est-elle moindre?

D'autant plus qu'il ne faut que de l'argent, mais, hélas! beaucoup, beaucoup d'argent, pour réaliser presque instantanément ces perfectionnements et ces progrès.

Qu'y a-t-il à faire?

D'abord, et avant tout, substituer les voies souterraines aux voies aériennes.

Les fils des meilleures lignes à ciel ouvert ont, en effet, à subir des pertes de fluide considérables, causées par l'air ambiant; la résistance proportionnée à leur longueur exige, en outre, au point de départ, des sources trop considérables d'électricité. Ajoutez les perturbations apportées par les aurores boréales et par les orages; faites entrer en ligne de compte les pertes d'électricité amenées par les pluies, par les brouillards, par la neige, par le givre; ajoutez enfin les dérangements accidentels, les ruptures, et vous comprendrez ce que gagnerait la télégraphie à enfouir ses câbles sous terre.

Puis, comme cette double question d'argent se retrouve toujours et partout, une autre grande difficulté consiste à résoudre les difficultés de l'installation d'un service à bon marché dans tous les petits centres de population. Il faudrait, pour cela, emprunter le concours d'autres services publics, comme en Suisse, et recourir, comme en Angleterre, pour certaines parties de la besogne, à diverses catégories d'employés à qui peuvent suffire des salaires moins élevés, tels que des enfants, des femmes et des invalides.

Une fois ces nouvelles mesures réalisées, on pourra établir de nombreux bureaux télégraphiques dans les villes et les substituer à la *petite poste*. Si bien organisée que soit cette dernière, il faut toujours que plusieurs heures séparent le dépôt de la lettre à la boîte et son arrivée à destination.

Plus tard, il suffira d'entrer dans les bureaux établis à chaque coin de rue, d'y écrire soi-même sa dépêche, au moyen du système Caselli, simplifié et perfectionné. Deux minutes après, votre correspondant recevra *votre* lettre *autographe*.

Et plus tard, me direz-vous, plus tard! Qui sait? Plus

tard, l'imprimerie et le journalisme sont peut-être destinés à changer de forme. Aux presses typographiques, à la merveilleuse improvisation des feuilles quotidiennes succéderont des appareils qui, chaque jour, à chaque heure, à chaque instant, imprimeront d'eux-mêmes, dans chaque ville, dans chaque bourgade et même au bout du monde, un journal sans interruption et sans fin. L'événement en train de s'accomplir sera connu à l'autre bout du monde avant d'être terminé !

Sans compter qu'on correspondra de Pékin à Paris comme on correspondait il y a trente ans de la rue Saint-Denis à la rue Saint-Martin, par un commissionnaire ; comme on correspond aujourd'hui de Paris à Marseille par le télégraphe. Sans compter que non-seulement on écrira de sa propre écriture, mais encore qu'on fera les dessins les plus compliqués, qu'on tracera des cartes géographiques, et mille autres choses encore ! mille choses plus incroyables, plus merveilleuses, plus miraculeuses ! L'imagination éprouve des éblouissements vertigineux à se placer ainsi face à face des utopies d'un avenir moins extravagant et moins improbable qu'il n'en a l'air au premier coup d'œil. Le progrès et l'avenir sont sans bornes, comme le ciel et la pensée.

Il me reste, pour compléter ces notes, à vous entretenir de l'appareil probablement destiné à opérer une partie de ces révolutions.

Il se trouve à Paris un homme qui, tout bien portant qu'il est, Dieu merci, est déjà passé à l'état de demi-dieu. Personne ne lui conteste ni son génie ni sa gloire ;

on lui a élevé une statue, on a donné son nom à une rue ;
enfin on se complait à raconter sur lui des histoires plus
ou moins bizarres, ainsi qu'on le fait pour César, le roi
Frédéric de Prusse et Dagobert Ier.

Par exemple, on prête à cet homme, — le railleur le
plus caustique peut-être, l'observateur le plus fin, l'esprit
le moins astreint aux préjugés ! — une profonde antipa-
thie pour les chemins de fer. Jamais, s'il fallait en croire
les légendes, il n'aurait voulu mettre les pieds dans un
wagon, même pendant les dix minutes qu'il faut pour se
rendre de Paris à une charmante villa de Passy ; enfin, le
seul mot d'électricité le ferait tellement frissonner, qu'un
jour il n'aurait point voulu toucher une dépêche télégraphique qu'on lui avait adressée, tant il redoutait que ses
doigts n'éprouvassent, en l'ouvrant, une commotion.

Ce sont là des contes absurdes inventés par cet esprit
parisien qui ne se sent jamais plus joyeux que quand il
peut crier à un triomphateur : « Souviens-toi que tu es
homme, » et qui se pâme d'aise s'il peut attacher un gre-
lot à l'habit de ceux qu'il vénère le plus.

Non-seulement le demi-dieu ne redoute point l'électricité, mais encore il s'en amuse fort.

L'autre jour, il se rendait, dans sa voiture, — car on
ne peut point y aller en chemin de fer, — rue Notre-Dame
des Champs, et y demandait l'abbé Caselli de Florence.

Introduit dans une petite pièce où l'abbé travaillait à
perfectionner son *télégraphe-écrivain*, baptisé du nom
quelque peu trop grec de *Pantélégraphe*, il écrivit sur une
feuille de papier argenté, en se servant de plume et d'encre
ordinaires, quatre petites lignes de musique, improvisées

avec cette spontanéité qui lui fait produire de la mélodie comme une machine électrique produit de l'électricité : il suffit d'approcher le doigt de son front pour qu'il en jaillisse.

L'abbé fit emporter. à l'autre extrémité de l'établissement l'autographe musical, donna le mouvement à son appareil, et à l'instant même l'auteur de *Guillaume Tell* vit une petite pointe de fil de fer se mettre en mouvement et se promener sur une plaque de métal recouverte d'un papier humide.

L'autographe musical, deux minutes après, se trouvait reproduit sur le papier, en beaux caractères bleuâtres.

Le père d'*Otello* s'amusa de ce spectacle, comme un vieil enfant de génie qu'il est; et, de retour chez lui, il raconta à qui voulut l'entendre la merveille dont il avait été témoin. Aujourd'hui il ne manque jamais de montrer à ses visiteurs le papier argenté et l'autographe électrique.

Eh bien! le premier de ces papiers eût été écrit à Amiens, à Marseille ou à Florence, qu'à l'instant même il fût venu se reproduire à Paris.

Ainsi donc, désormais, on peut écrire à l'autre bout du monde, en deux ou trois minutes et avec sa propre écriture. On n'a à subir ni un intermédiaire ni des erreurs presque inévitables. *Ce qui est écrit est écrit (quod scriptum scriptum)*, suivant l'expression des anciens, qui ne se doutaient guère de l'application que je puis faire aujourd'hui de leur sentence.

Les expériences de l'abbé Caselli s'opèrent à l'heure qu'il est, entre les ateliers de la rue Notre-Dame des Champs, et le bureau télégraphique d'Amiens.

Non-seulement elles reproduisent des lettres, des effets de commerce, de la musique, mais encore des dessins, aussi compliqués qu'on veut les tracer.

Le mécanisme du télégraphe écrivain ne présente pas beaucoup de complication.

Sans entrer dans une exposition complète de sa théorie, on peut expliquer en peu de mots comment le *fac-simile* de toute espèce d'écriture se produit aux plus grandes distances.

A la *station de départ* on écrit l'original de la dépêche à la plume, avec de l'encre ordinaire, sur un papier recouvert d'une couche métallique.

La page écrite se place sur une tablette de cuivre fixée à la machine destinée à la transmission.

On met le *pantélégraphe* en action, et cette tablette s'avance lentement et par un mouvement de translation rectiligne sur un plan horizontal.

En même temps, une pointe en platine, légèrement pressée par un ressort très-délicat, s'appuie sur la surface de la dépêche, et, emportée par un mouvement de va-et-vient très-rapide, glisse continuellement sur la surface de la dépêche, qu'entraîne à son tour le mouvement de translation horizontal dont j'ai parlé. Tous les points de la surface contenant l'écriture ou le dessin se trouvent ainsi présentés successivement au stylet en platine.

A *la station d'arrivée*, les choses se passent de même, sauf deux seules différences.

D'abord, au lieu du stylet en platine, on se sert d'une pointe en acier, semblable à une aiguille à broder très-fine.

Ensuite, au lieu du papier argenté portant l'autographe, on étend sur la planche de cuivre une feuille de papier ordinaire, préalablement trempée dans une dissolution chimique dont la base principale est du cyanure double de potassium et de fer.

La pointe en platine et la pointe en fer aboutissent aux deux extrémités d'un fil de fer qui relie les stations du départ et de l'arrivée.

Il faut que les deux pointes, dont l'une, en platine, touché à l'original dans la *station de départ*, et l'autre, en fer, au papier chimique à la *station d'arrivée*, soient mûes avec une vitesse exactement pareille, de façon que, dans le temps qu'elles mettent à parcourir ensemble la largeur de la page *écrite* et de la page *à écrire*, il n'existe pas même la différence de la centième partie d'une seconde.

Comment obtenir un *synchronisme* (identité ou égalité de temps) aussi parfait sur deux machines séparées par des distances considérables?

On y arrive par une heureuse application de *synchronisme* (égalité de durée des oscillations).

Les pointes étant, comme nous l'avons dit, reliées entre elles par le fil télégraphique. Il arrive que chaque fois que la pointe en platine, par son mouvement de va-et-vient rencontre les points d'encre composant l'écriture, il se développe dans le fil de fer de la ligne un courant qui électrise *positivement* l'aiguille à l'autre station, et y provoque une opération chimique qui se révèle par un petit trait azuré.

Ce trait azuré est du cyanure de fer produit par la dé-

composition du prussiate de potassium contenu dans le
papier récepteur.

Lorsque, au rebours, la pointe en platine touche les
parties de la feuille d'argent qui ne se trouvent point recouvertes d'encre, c'est un courant en sens contraire,
c'est-à-dire un courant *négatif*, qui se produit et qui arrête instantanément la coloration du papier chimique.

Or, il est clair qu'il se produira sur le papier chimique
autant de pointés et de lignes azurés qu'il y a de points et
de lignes d'encre sur là surface de l'original de la dépêche.

Et comme il y a un accord parfait entre les mouvements
des deux points, les traits azurés viennent se placer exactement les uns sous les autres, avec une disposition parfaitement semblable à celle des traits d'encre qui composent la dépêche.

La reproduction télégraphique des lettres autographes
est donc le résultat d'une multitude de lignes ou de rai-
nures microscopiques et parallèles, tellement rapprochées entre elles, que l'œil ne saurait les distinguer sans
l'aide de la loupe.

Ainsi à quelque distance qu'on se trouve, en deux ou
trois minutes, on peut désormais écrire soi-même une
lettre et l'envoyer à son adresse.

Il y a dix ans, il fallait au moins quatre jours pour recevoir de Marseille la réponse à une lettre écrite de Paris.

Aujourd'hui trois minutes suffisent pour échanger la
lettre et la réponse, écrites *propriâ manu*, par chacun
des correspondants.

Grâce à Dieu, le télégraphe électrique nous est acquis;

27

n'aurait-il point pu, toutefois, nous être acquis depuis bien plus longtemps?

On le cherchait déjà en Orient du temps des *Mille et une Nuits;* témoin le livre magique sur les pages blanches duquel il suffisait d'écrire une question, pour que la réponse vînt s'y tracer aussitôt d'elle-même.

Le professeur Volpicelli prétend que les premières notions sur la possibilité d'établir une télégraphie magnétique, appartiennent au génie italien. Après avoir rappelé les droits de Porta (1588), et du jésuite Strada (1617), il donne un extrait d'un ouvrage intitulé : *Il negoziante di Gio. Domenico Peri Genovese* (Venezia, 1649, 2e partie, pag. 86), qu'on conserve dans la bibliothèque *Angelica*, à Rome, et dans lequel on lit : « Il y a des gens qui se persuadent qu'avec un gros morceau de calamite, après en avoir fait deux parts égales, et en avoir formé un alphabet géométrique, on puisse écrire des lettres en pays lointains ; puisqu'en indiquant les caractères avec le fer, ceux-c seront représentés par la vertu interne de la calamite ; cela semble difficile, cependant on ne peut dire que ce soit impossible. »

On trouve encore dans un petit livre, imprimé à Paris, chez Jean Moreau, sous le titre de *Récréation mathématique, composée de plusieurs problèmes plaisants et facétieux*, le passage suivant :

Quelques-uns ont voulu dire que par le moyen d'un aimant ou autre pierre semblable, les personnes absentes se pourroient entre-parler ; par exemple Claude estant à Paris et Jean à Rome, si l'un et l'autre avoient une aiguille frottée à quelque pierre dure, dont la vertu fust telle qu'à mesure qu'une aiguille se mouueroit à Paris, l'autre se remuast tout de mesme à Rome ; il se pour-

roit faire que Claude et Jean eussent chacun un même alphabet
et qu'ils eussent conuenu de se parler de loing, tous les jours à
six heures du soir, l'aiguille ayant faict trois tours et demi pour
signal que c'est Claude et non autre qui veut parler à Jean.
Alors Claude lui voulant dire que le Roy est à Paris, il feroit
mouvoir et arrester son aiguille sur L, puis sur E, puis sur R.
O. Y., et ainsi des autres; or en même temps l'aiguille de Jean
s'accordant avec celle de Claude, iroit se remuant et s'arrestant
sur les mêmes lettres, et partant il pourroit facilement écrire ou
entendre ce que l'autre lui veut signifier. L'invention est belle,
mais je n'estime pas qu'il se trouve au monde un aimant qui ait
telle vertu ; aussi n'est-il pas expédient, autrement les trahisons
seroient trop fréquentes et trop couuertes.

D'autre part, lorsque j'ai lu ce qu'on va lire, je me suis
demandé si je ne rêvais point et si j'avais réellement sous
les yeux des documents véritables.

Il n'y a point cependant à conserver le moindre doute.
Les faits étranges qui m'ont causé un si juste étonnement
se trouvent confirmés par un dossier de pièces officielles,
conservé aux archives impériales.

Il y avait, en 1787, à Poitiers, un ouvrier doreur sur
métaux du nom d'Alexandre. Il sortait de l'hospice des
Enfants-Trouvés, et passait, à tort ou à raison, pour fils
naturel de J. J. Rousseau.

A sa profession de doreur, il joignait celle de chantre
d'église. La beauté de sa voix lui valut même de quitter
Poitiers pour venir à Paris occuper une place lucrative à
la maîtrise de Saint-Sulpice.

Dans les jours les plus mauvais de la Révolution, on retrouve Alexandre président de la section du Luxembourg.
On lui proposa même, dit-on, à cette époque, le mandat
de représentant à la Convention ; mais il refusa et préféra

retourner à Poitiers comme commissaire général des guerres. Il devint ensuite ordonnateur de la division mi-, litaire de Lyon, organisa une armée de quatre-vingt mille hommes, et se rendit après cela à Angers pour y assurer une levée de deux cent mille conscrits.

En 1802, il rentra dans la vie privée, retourna à Poitiers, et de là, écrivit à Chaptal, alors ministre de l'intérieur, pour lui signaler un appareil de télégraphie dont il s'occupait depuis longtemps.

M. Cochon de Lapparent, préfet de la Vienne, servit d'intermédiaire entre l'inventeur et le ministre. Voici ce qu'il écrivait à ce dernier, en date du 15 brumaire an X :

Accompagné de M. Lapeyre, ingénieur en chef du département, nous nous sommes rendus au domicile du sieur Alexandre.

Nous avons été conduits dans une salle du rez-de-chaussée, au milieu de laquelle nous avons vu une boîte d'à peu près un mètre et demi de hauteur, et d'environ trente centimètres de large, sur chaque surface.

Cette boîte est surmontée d'un cadran autour duquel sont tracées toutes les lettres de l'alphabet ; une aiguille très-mobile en tous sens parcourt le cercle, au gré d'un agent éloigné et qu'on ne voit pas, sur celles de ces lettres dont il a besoin pour former les mots qui doivent composer la phrase qu'il veut communiquer.

Ce cadran est semblable à celui que tout Paris a jadis été voir chez le célèbre Comus.

La formation complète de chaque mot et de chaque phrase est indiquée par une nouvelle révolution de l'aiguille, qui vient toujours se poser sur un des points de repos déterminé, où elle s'arrête avant de recommencer ; au moyen de cette suspension, on peut facilement ponctuer, et par conséquent déterminer le sens.

La communication s'établit de suite entre l'agent et nous, et
elle eut tout le succès que nous pouvions désirer. Le cadran
répéta avec exactitude les phrases que nous avions demandées ;
l'agent en ajouta quelques-unes de lui, que nous recueillîmes sans
peine. La réussite de cette première opération est bien constatée ; la machine, sous ce rapport, nous a paru mériter des éloges,
soit qu'on ne la regarde que comme une copie exacte de la première, soit qu'elle en diffère par la nature des éléments employés par le second auteur.

Ayant désiré connaître la distance qui sépare les deux boîtes
de correspondance, elle a été trouvée d'environ 15 mètres ; l'auteur nous a fait observer qu'il a été obligé de se borner à cette
médiocre distance, parce que la maison n'avait pas plus d'étendue
et que ses moyens ne lui permettaient pas d'en sortir.

Je lui ai demandé si, d'après cet exposé, il pouvait affirmer la
même réussite sur un espace plus étendu, comme 300 à 400 mètres ; il n'a pas balancé à l'assurer ; il a même offert d'en donner
la preuve, pourvu qu'on se chargeât de la dépense, qui, dans
l'aperçu, ne lui pa.aît pas devoir être très-considérable.

Nous avions remarqué que la seconde boîte, au lieu d'être
posée à l'extrémité de la distance horizontale de 15 mètres reconnus, avait été montée à l'étage au-dessus et placée perpen-
diculairement sur le dernier point de cette longueur. Interrogé
par nous pourquoi il avait abandonné le premier plan, il a
répondu que c'était pour prouver que la différence des plans
n'empêchait pas le jeu, et que les conducteurs pouvaient dans
tous les cas s'élever ou descendre, et ramper, pour ainsi dire,
en suivant la courbure d'un globe.

Voilà, citoyen ministre, tout ce qu'il a été possible de voir.
L'inspection ne nous a rien appris qui puisse faire préjuger les
moyens. L'auteur, cependant, a été interrogé avec discrétion sur
quelques objets qui peuvent y avoir trait ; voici ce que nous
avons entendu.

Il est convenu qu'il tire son usage *d'un fluide quelconque,
soit électrique, soit magnétique,* mais sans rien exprimer qui
présente le caractère d'un aveu ; il a cependant ajouté qu'il ava.t

été contrarié dans le cours de ses opérations par le concours d'une matière étrangère dont il n'avait, jusqu'alors, eu ni connaissance ni aperçu ; il paraît presque tenté de croire que cette matière ou cette puissance, est généralement répandue et forme en quelque sorte l'âme de l'univers. Il a ajouté qu'il avait déjà trouvé le moyen d'utiliser ses effets, de manière à les faire servir à la réussite de la machine.

Il nous a, en conséquence, assuré qu'il était certain de les prolonger avec la célérité de l'éclair, et de les porter aussi loin qu'il serait nécessaire de le faire.

Chaptal répondit, à la date du 27 pluviôse, pour refuser à Alexandre l'autorisation de répéter au ministère les expériences faites devant le préfet de la Vienne.

Alexandre se rendit à Tours et obtint de M. de Pommereuil, préfet d'Indre-et-Loire, de faire manœuvrer en sa présence l'appareil télégraphique.

L'expérience eut lieu publiquement et réussit à merveille. Le préfet chargea Alexandre de reproduire cette phrase : *Le génie n'a point de limites* ; et l'appareil transmit cette dépêche, ainsi que beaucoup d'autres, du premier étage au rez-de-chaussée de la préfecture.

Cependant les ressources de l'inventeur s'épuisaient ; il eut recours à des associés, ramassa quelques fonds et s'adressa au premier consul.

Celui-ci renvoya la demande d'Alexandre à M. Delambre, membre de l'Institut, et y fit joindre les procès-verbaux de MM. Cochon de Lapparent et Pommereuil.

Voici le rapport de l'académicien :

Rapport du citoyen Delambre sur le télégraphe intime du citoyen Alexandre, offert au premier Consul par le citoyen Beauvais.

Les pièces que le premier Consul m'a chargé d'examiner ne

contenaient pas assez de détails pour motiver un jugement. Rien
n'indiquait la demeure du citoyen Beauvais (c'était l'associé
d'Alexandre) : je suis pourtant parvenu à me procurer deux conversations avec lui, et ce qu'elles m'ont appris ne me permet encore que de donner des *conjectures* sur les avantages et les inconvénients du *télégraphe intime*.

Le citoyen Beauvais sait le secret du citoyen Alexandre, mais il
a promis de ne le communiquer à personne, si ce n'est au premier Consul. Cette circonstance pourrait me dispenser de tout
rapport. Comment juger une machine qu'on n'a pas vue et dont
on ne connaît point l'agent ?

Tout ce que l'on sait, c'est que le télégraphe est composé de
deux boîtes pareilles, portant chacune un cadran à la circonférence duquel sont marquées les lettres de l'alphabet.

Au moyen d'une manivelle, on conduit l'aiguille du premier
cadran sur toutes les lettres dont on a besoin, et au même instant
l'aiguille de la seconde boîte répète dans le même ordre tous
les mouvements, toutes les indications de la première.

Quand ces deux boîtes seront placées dans deux appartements
séparés, deux personnes pourront s'écrire et se répondre sans se
voir et sans être vues, sans que personne puisse se douter de
leur correspondance. Ni la nuit ni les brouillards ne peuvent
empêcher la transmission d'une dépêche.

Au moyen de ce télégraphe, le gouverneur d'une place blo-
quée pourrait entretenir une correspondance secrète et conti-
nuelle avec une personne placée à quatre ou cinq lieues de là,
et même à une distance indéfinie. La communication peut s'établir entre les deux boîtes avec la même facilité qu'on poserait un
mouvement de sonnette. Rien, après cela, ne serait plus facile
qu'une expérience de la machine en présence de commissaires
nommés pour en rendre compte.

L'auteur en a fait deux : l'une à Poitiers et l'autre à Tours,
en présence des préfets et des maires. Les procès-verbaux attestent qu'elles ont parfaitement réussi. Aujourd'hui l'auteur et
son associé demandent que le premier Consul veuille bien permettre que l'une des boîtes soit placée dans son appartement et

l'autre chez le consul Cambacérès, afin de donner à l'expérience tout l'éclat et toute l'authenticité possible ; ou bien que le premier Consul accorde une audience de dix minutes au citoyen Beauvais, qui lui communiquera le secret, qui est si facile, que le simple exposé équivaudrait à une démonstration et tiendrait lieu d'expérience.

On ajoute que l'idée est si naturelle, qu'il est peu à craindre qu'elle soit rencontrée par un savant. On dit pourtant que le citoyen Montgolfier l'a devinée, après quelques heures de réflexion, sur la description qu'on lui en avait faite.

Après cet exposé, qui est le résultat de mes conversations avec le citoyen Beauvais, il suffira d'un petit nombre de réflexions.

Si, comme on serait tenté de le croire, d'après la comparaison avec un *mouvement de sonnette*, le moyen de l'auteur consistait en roues, mouvements et pièces de renvoi, l'invention ne serait pas bien étonnante, et l'on imagine aisément quels inconvénients elle aurait dans la pratique pour les distances de plusieurs lieues.

Si, au contraire, comme paraît le prouver le procès-verbal de Poitiers, le moyen de communication est un fluide, il y aurait plus de mérite à l'avoir su maitriser, au point de produire à de telles distances des effets aussi réguliers et aussi infaillibles. Mais alors on peut se demander qui nous garantira ces effets? Ce n'est pas l'expérience de Poitiers ni celle de Tours, dans lesquelles la distance n'était que de quelques mètres. Ce ne serait même pas celle qu'on propose de faire dans les salons du premier et du second Consul. Tant que l'agent restera caché, on ne pourra jamais attester que ce qu'on aura vu, et il ne sera nullement permis de conclure de la réussite en petit ce qui peut arriver à des distances plus considérables. Si l'effet n'est sûr qu'à quelques mètres de distance, la machine, quelque ingénieuse qu'on la suppose, devra être renvoyée aux cabinets de physique amusante.

Si le citoyen Beauvais, qui offre de faire les frais de l'expérience, eût proposé de l'exécuter en présence de commissaires désignés à cet effet, il n'y aurait aucun inconvénient à lui accorder sa demande. Quoiqu'une expérience en petit soit peu concluante, cependant elle pourrait faire entrevoir ce qu'il y aurait à espérer d'une épreuve plus en grand et plus dispendieuse. Mais le citoyen Beauvais, sans refuser expressément des commissaires, désire principalement avoir le premier Consul pour témoin de l'expérience et pour appréciateur de l'invention; il n'appartient donc qu'au premier Consul de décider si, malgré le peu de probabilité de succès que présente une invention si peu constatée et qui est annoncée comme merveilleuse, il voudra bien consacrer quelques moments à l'examen de la découverte d'un artiste qu'on dit aussi plein de *génie* que dépourvu de *science* et de fortune. Il fait mystère de sa découverte, et j'ai dû la juger avec sévérité et suivant les règles de la vraisemblance. Mais les limites du vraisemblable ne sont pas celles du possible, et il faut que le citoyen Alexandre soit bien sûr de son fait, puisqu'il offre d'exposer tout aux yeux du premier Consul. Il est donc à désirer que le premier Consul consente à l'entendre, et qu'il puisse trouver dans la communication qui lui sera faite des motifs pour bien accueillir l'inventeur et récompenser dignement l'auteur. Delambre.

Hélas! non-seulement le premier consul n'accueillit point Alexandre, mais il le confondit avec les charlatans qui l'obsédaient de leurs billevesées absurdes, et qui obstruaient du matin au soir ses antichambres.

Alexandre mourut peu de temps après cette suprême déconvenue, et on en resta aux télégraphes aériens de l'abbé Chappe, télégraphes dont l'autre jour nous avons vu enlever les derniers vestiges, oubliés longtemps sur les tours de Saint-Sulpice.

C'est après un demi-siècle environ qu'on réinventa, petit à petit, le télégraphe électrique créé de prime saut et de toutes pièces par Alexandre.

Il en est trop souvent ainsi des grandes découvertes; elles restent longtemps méconnues et se perdent même tout à fait, faute de pouvoir être comprises par les générations auxquelles elles s'adressent. D'autres inventeurs viennent plus tard, qui les cherchent et les trouvent à grand'peine, sans soupçonner que le problème dont ils poursuivent la solution a été résolu depuis longtemps.

L'idée féconde se fait jour lentement. Il ne faut point, hélas! qu'elle s'élève trop au-dessus du niveau des connaissances contemporaines. Plus d'un d'entre nous a souri et peut-être sourit encore dédaigneusement en traitant de rêves creux de grandes inventions qu'on proclamera, dans quelques années, des vérités sublimes.

FIN DU SECOND VOLUME.

TABLE DES MATIÈRES

JUIN.

AOUT.

SEPTEMBRE.

FIN DU DEUXIÈME VOLUME.

PARIS. — IMP. SIMON RAÇON ET COMP., RUE D'ERFURTH, 1.